해커스 주택관리사

주택관리사 1위 해커스
족도 교육(온·오프라인 주택관리사) 부문 1위 해커스

해커스 주택관리사 **2차 기초입문서**

입문이론 단과강의 20% 할인쿠폰

7 7 5 E 3 A 8 7 D 3 C 2 8 N 9 X

해커스 주택관리사 사이트(house.Hackers.com)에 접속 후 로그인
▶ [나의 강의실 – 결제관리 – 쿠폰 확인] ▶ 본 쿠폰에 기재된 쿠폰번호 입력

1. 본 쿠폰은 해커스 주택관리사 동영상강의 사이트 내 2025년도 입문이론 단과강의 결제 시 사용 가능합니다.
2. 본 쿠폰은 1회에 한해 등록 가능하며, 다른 할인수단과 중복 사용 불가합니다.
3. 쿠폰사용기한 : **2025년 9월 30일** (등록 후 7일 동안 사용 가능)

무료 온라인 전국 실전모의고사 응시방법

해커스 주택관리사 사이트(house.Hackers.com)에 접속 후 로그인
▶ [수강신청 – 전국 실전모의고사] ▶ 무료 온라인 모의고사 신청

* 기타 쿠폰 사용과 관련된 문의는 해커스 주택관리사 동영상강의 고객센터(1588-2332)로 연락하여 주시기 바랍니다.

해커스 주택관리사 인터넷 강의 & 직영학원

인터넷 강의
1588-2332
house.Hackers.com

강남학원
02-597-9000
2호선 강남역 9번 출구

해커스 주택관리사

수많은 합격생들이 증명하는
해커스 스타 교수진

민법	관리실무	관계법규	시설개론	회계원리
민희열	김성환	조민수	송성길	강양구

해커스를 통해 공인중개사 합격 후, 주택관리사에도 도전하여 합격했습니다.
환급반을 선택한 게 동기부여가 되었고, 1년 만에 동차합격과 함께 환급도 받았습니다.
해커스 커리큘럼을 충실하게 따라서 공부하니 동차합격할 수 있었고,
다른 분들도 해커스커리큘럼만 따라 학습하시면 충분히 합격할 수 있을 거라
생각합니다.

합격생 송*성 님

주택관리사를 준비하시는 분들은 해커스 인강과 함께 하면 반드시 합격합니다.
작년에 시험을 준비할 때 타사로 시작했는데 강의 내용이 어려워서 지인 추천을
받아 해커스 인강으로 바꾸고 합격했습니다. 해커스 교수님들은 모두 강의 실력이
1타 수준이기에 해커스로 시작하시는 것을 강력히 추천합니다.

합격생 송*섭 님

해커스 주택관리사

기초입문서

2차 주택관리관계법규/공동주택관리실무

해커스 주택관리사

해커스 주택관리사 기초입문서로 시작해야 하는 이유!

초심자를 위한 쉽고 정확한 설명

어려운 설명

저당권

저당권[抵當權, Hypothek(독)/Mortgage(영)]이란 채권자가 채무자 또는 제3자(물상보증인)가 채무의 담보로 제공한 부동산의 점유를 이전받지 않고 관념상으로만 지배하다가, 채무의 변제가 없는 경우에 담보된 부동산으로부터 자기채권을 변제받을 수 있는 담보물권을 의미한다.

어려운 용어의 나열

저당권

저당권자는 채무자 또는 제3자가 점유를 이전하지 아니하고 채무의 담보로 제공한 부동산에 대하여 다른 채권자보다 자기채권의 우선변제를 받을 권리가 있다.

법조문을 그대로 사용

해커스 주택관리사 기초입문서의 쉬운 설명

03 저당권 ★

1. 총설

제356조【저당권의 내용】저당권자는 채무자 또는 제3자가 점유를 이전하지 아니하고 채무의 담보로 제공한 부동산에 대하여 다른 채권자보다 자기채권의 우선변제를 받을 권리가 있다.

(1) 의의

저당권이란 채권자가 채무담보를 위하여 채무자 또는 제3자가 제공한 부동산 기타 목적물의 점유를 이전받지 않은 채 그 목적물을 관념상으로만 지배하다가, 채무의 변제가 없으면 그 목적물로부터 우선변제를 받을 수 있는 담보물권을 말한다(제356조).

(2) 특색

저당권이 설정되더라도 저당목적물에 대한 점유 및 사용·수익은 저당권자에게 있지 않고 여전히 저당권설정자에게 있다는 점에서, 목적물에 대하여 유치적 효력이 인정되는 질권과 근본적으로 다르다. 즉, 채권자는 저당목적물의 교환가치만을 파악하여, 피담보채권의 변제가 없으면 목적물을 경매하여 그 대금으로부터 우선변제를 받을 수 있다는 점에 특색이 있다. 저당권은 전형적인 가치권이다.

초심자도 쉽게 이해할 수 있도록 풀어서 설명

단번에 이해되는 도식화 정리

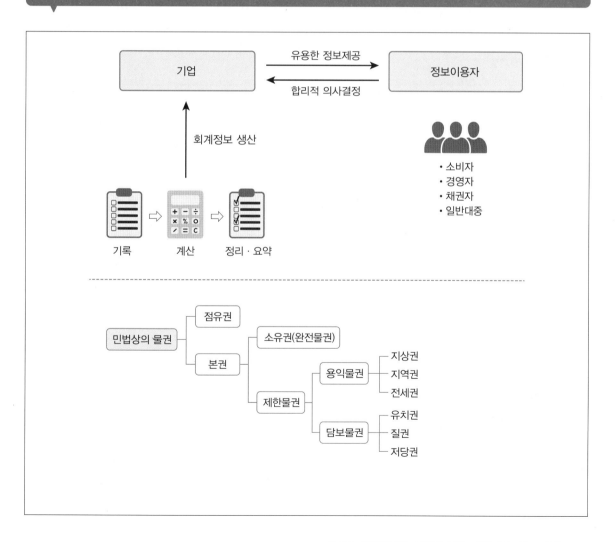

이 책의 구성과 특징

CHAPTER 1 서론

01 민법의 의의 ★

(1) 민법은 개인 사이의 생활관계를 규율하는 법이다. 형식적으로는 '민법'이라는 이름을 가진 성문법전, 즉 '민법전'을 가리키지만, 실질적으로는 모든 사람들에게 일반적으로 적용되는 사법, 즉 '일반사법'을 뜻한다.

(2) 실질적 민법과 형식적 민법은 일치하지 않는다. 민법학의 대상이 되는 민법은 실질적 민법이다.

핵심개념

노란색 밑줄과 별표를 통해 중요한 개념을 확인할 수 있어요.

02 민법의 법원 ★

(1) 민법의 법원의 종류

① 법률**(성문민법)**: 제1조의 법률은 모든 성문법(제정법)을 뜻한다.

> **핵심**
>
> 명령(대통령의 긴급명령, 긴급재정·경제명령 포함)과 대법원규칙, 조례·규칙(자치법규), 비준·공포된 조약과 일반적으로 승인된 국제법규도 민사에 관한 것일 경우에는 법률과 동일한 효력을 가지므로 민사에 관한 법원이 된다(헌법 제6조 제1항).

핵심코너

중요한 내용을 따로 정리한 핵심코너를 통해 체계적으로 학습할 수 있어요.

② 관습법

ⓐ 관습법이란 자연적으로 발생한 관행이나 관례가 수범자에 의해 인정된 법적 확신을 기초로 법규범화된 것을 말하는데, 이는 우리 민법상 법원이 된다(제1조).

ⓑ 관습법에 의해 인정되는 것으로는, 분묘기지권(대판 2001.8.21, 2001다28367), 관습법상의 법정지상권 등 관습법에 의해 인정되는 물권과 명인방법이라는 공시방법 등이 있다.

> **보충**
>
> 1. **분묘기지권**: 분묘를 수호하고 봉제사하는 목적을 달성하는 데 필요한 범위 내에서 타인의 토지를 사용할 수 있는 권리이다.
> 2. **관습법상의 법정지상권**: 동일인에게 속하였던 토지 및 건물이 매매 기타의 원인으로 소유자를 달리하게 된 때에 그 건물을 철거한다는 특약이 없으면 건물소유자가 당연히 취득하게 되는 법정지상권이다.

보충코너

알아두면 유익한 내용을 보충코너를 통해 확인할 수 있어요.

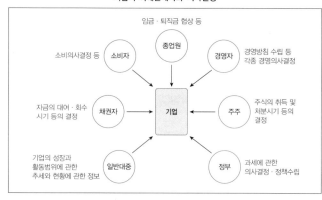

기업의 이해관계자와 의사결정

한눈에 보기

본문 학습시 중요 내용의
전체적인 흐름을 한눈에
파악할 수 있어요.

(2) 열량(heat quantity)

물의 온도를 높이는 데 소요되는 열의 양으로, 표준기압하에서 순수한 물 1kg을 1℃ 올리는 데 필요한 열량을 4.19kJ라 한다.

$$Q = G \cdot C \cdot \Delta t(kJ)$$
G: 질량(kg), C: 비열(kJ/kg·K), Δt: 가열 전후의 온도차(℃)

공식박스

학습에 필요한 수식을 실어
계산 문제에 대비하여
학습할 수 있어요.

03 불가분채권관계

제409조 【불가분채권】 채권의 목적이 그 **성질 또는 당사자의 의사표시**에 의하여 **불가분**인 경우에 채권자가 수인인 때에는 **각 채권자**는 모든 채권자를 위하여 **이행**을 **청구**할 수 있고 **채무자**는 모든 채권자를 위하여 **각 채권자**에게 **이행**할 수 있다.

제412조 【가분채권, 가분채무에의 변경】 불가분채권이나 불가분채무가 **가분채권 또는 가분채무**로 변경된 때에는 각 채권자는 자기부분만의 이행을 청구할 권리가 있고 각 채무자는 자기부담부분만을 이행할 의무가 있다.

법조문박스

학습에 필요한 법조문을
알맞게 배치하여 편하게
확인하며 학습할 수 있어요.

주택관리사(보) 시험안내

응시자격

연령, 학력, 경력, 성별, 지역 등에 제한이 없습니다.

* 단, 법에 의한 응시자격 결격사유에 해당하는 자는 제외합니다(www.Q-Net.or.kr/site/housing에서 확인 가능).

원서접수방법

1. 한국산업인력공단 큐넷 주택관리사(보) 홈페이지(www.Q-Net.or.kr/site/housing)에 접속하여 소정의 절차를 거쳐 원서를 접수합니다.
2. 원서접수시 최근 6개월 이내에 촬영한 탈모 상반신 사진을 파일(JPG 파일, 150픽셀 × 200픽셀)로 첨부합니다.
3. 응시수수료는 1차 21,000원, 2차 14,000원(제27회 시험 기준)이며, 전자결제(신용카드, 계좌이체, 가상계좌)방법을 이용하여 납부합니다.

시험과목

구분	시험과목	시험범위
1차 (3과목)	회계원리	세부과목 구분 없이 출제
	공동주택시설개론	• 목구조 · 특수구조를 제외한 일반 건축구조와 철골구조, 장기수선계획 수립 등을 위한 건축적산 • 홈네트워크를 포함한 건축설비개론
	민법	• 총칙 • 물권, 채권 중 총칙 · 계약총칙 · 매매 · 임대차 · 도급 · 위임 · 부당이득 · 불법행위
2차 (2과목)	주택관리관계법규	다음의 법률 중 주택관리에 관련되는 규정 「주택법」, 「공동주택관리법」, 「민간임대주택에 관한 특별법」, 「공공주택 특별법」, 「건축법」, 「소방기본법」, 「소방시설 설치 및 관리에 관한 법률」, 「화재의 예방 및 안전관리에 관한 법률」, 「승강기 안전관리법」, 「전기사업법」, 「시설물의 안전 및 유지관리에 관한 특별법」, 「도시 및 주거환경정비법」, 「도시재정비 촉진을 위한 특별법」, 「집합건물의 소유 및 관리에 관한 법률」
	공동주택관리실무	시설관리, 환경관리, 공동주택 회계관리, 입주자관리, 공동주거관리이론, 대외업무, 사무 · 인사관리, 안전 · 방재관리 및 리모델링, 공동주택 하자 관리(보수공사 포함) 등

* 시험과 관련하여 법률 · 회계처리기준 등을 적용하여 정답을 구하여야 하는 문제는 시험시행일 현재 시행 중인 법령 등을 적용하여 그 정답을 구하여야 함
* 회계처리 등과 관련된 시험문제는 한국채택국제회계기준(K-IFRS)을 적용하여 출제됨

시험시간 및 시험방법

구분	시험과목 수		입실시간	시험시간	문제형식
1차 시험	1교시	2과목(과목당 40문제)	09:00까지	09:30~11:10(100분)	객관식 5지 택일형
	2교시	1과목(과목당 40문제)		11:40~12:30(50분)	
2차 시험	2과목(과목당 40문제)		09:00까지	09:30~11:10(100분)	객관식 5지 택일형 (과목당 24문제) 및 주관식 단답형 (과목당 16문제)

제2차 시험 주관식 단답형 부분점수제도

문항 수		주관식 16문항
배점		각 2.5점(기존과 동일)
단답형 부분점수	3괄호	3개 정답(2.5점), 2개 정답(1.5점), 1개 정답(0.5점)
	2괄호	2개 정답(2.5점), 1개 정답(1점)
	1괄호	1개 정답(2.5점)

합격자 결정방법

1. 제1차 시험: 과목당 100점을 만점으로 하여 모든 과목 40점 이상이고, 전 과목 평균 60점 이상의 득점을 한 사람을 합격자로 합니다.
2. 제2차 시험
   - 1차 시험과 동일하나, 모든 과목 40점 이상이고 전 과목 평균 60점 이상의 득점을 한 사람의 수가 선발예정 인원에 미달하는 경우 모든 과목 40점 이상을 득점한 사람을 합격자로 합니다.
   - 2차 시험 합격자 결정시 동점자로 인하여 선발예정인원을 초과하는 경우 그 동점자 모두를 합격자로 결정하고, 동점자의 점수는 소수점 둘째 자리까지만 계산하며 반올림은 하지 않습니다.

최종정답 및 합격자 발표

시험시행일로부터 1차 약 1달 후, 2차 약 2달 후 한국산업인력공단 큐넷 주택관리사(보) 홈페이지 (www.Q-Net.or.kr/site/housing)에서 확인 가능합니다.

목차

1과목 주택관리관계법규

주택관리관계법규 입문하기   14

PART 1 주택법
CHAPTER 1   총칙   18
CHAPTER 2   주택의 건설   25
CHAPTER 3   주택의 공급   32
CHAPTER 4   보칙   39

PART 2 공동주택관리법
CHAPTER 1   총칙   46
CHAPTER 2   관리방법   48
CHAPTER 3   입주자대표회의 및 관리규약   50
CHAPTER 4   공동주택의 전문관리   54
CHAPTER 5   관리업무   59
CHAPTER 6   시설관리   63
CHAPTER 7   비용관리   66
CHAPTER 8   하자보수   69

PART 3 민간임대주택에 관한 특별법
CHAPTER 1   총칙   76
CHAPTER 2   임대사업자와 주택임대관리업자   78
CHAPTER 3   민간임대주택의 공급   80
CHAPTER 4   민간임대주택의 관리   82

PART 4 공공주택 특별법
CHAPTER 1   총칙   88
CHAPTER 2   공공주택의 공급 및 운영 · 관리   91

PART 5 건축법
CHAPTER 1   총칙   96
CHAPTER 2   건축물의 건축   105
CHAPTER 3   건축물의 대지와 도로   108

PART 6 도시 및 주거환경정비법
CHAPTER 1   총칙   116
CHAPTER 2   정비사업의 절차   118

PART 7 도시재정비 촉진을 위한 특별법   124

PART 8 시설물의 안전 및 유지관리에 관한 특별법   130

PART 9 승강기 안전관리법   136

PART 10 전기사업법   142

PART 11 집합건물의 소유 및 관리에 관한 법률   148

PART 12 소방기본법   156

PART 13 화재의 예방 및 안전관리에 관한 법률   164

PART 14 소방시설 설치 및 관리에 관한 법률   170

해커스 주택관리사 기초입문서로 시작해야 하는 이유!   2
이 책의 구성과 특징   4
주택관리사(보) 시험안내   6

2과목 공동주택관리실무

PART 1 행정실무

CHAPTER 1 공동주택관리법 총칙   178

CHAPTER 2 공동주택의 관리방법   182

CHAPTER 3 입주자대표회의 및 관리규약   194

CHAPTER 4 관리비 및 회계운영   213

PART 2 기술실무

CHAPTER 1 시설관리 및 행위허가   228

CHAPTER 2 하자담보책임   251

CHAPTER 3 공동주택의 전문관리   265

부록   초보자를 위한 용어정리

01 주택관리관계법규   280

02 공동주택관리실무   290

합격의 시작, 해커스 주택관리사
2025 해커스 주택관리사(보) 2차 기초입문서

1과목
주택관리관계법규

PART 1   주택법

PART 2   공동주택관리법

PART 3   민간임대주택에 관한 특별법

PART 4   공공주택 특별법

PART 5   건축법

PART 6   도시 및 주거환경정비법

PART 7   도시재정비 촉진을 위한 특별법

PART 8   시설물의 안전 및 유지관리에 관한 특별법

PART 9   승강기 안전관리법

PART 10   전기사업법

PART 11   집합건물의 소유 및 관리에 관한 법률

PART 12   소방기본법

PART 13   화재의 예방 및 안전관리에 관한 법률

PART 14   소방시설 설치 및 관리에 관한 법률

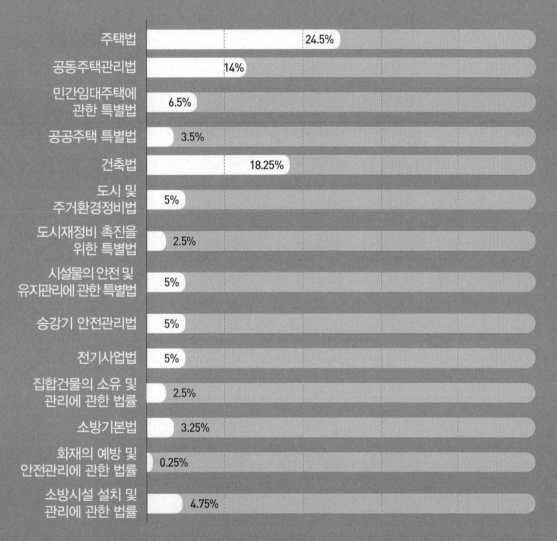

▶ 10개년 출제비율

법률	비율
주택법	24.5%
공동주택관리법	14%
민간임대주택에 관한 특별법	6.5%
공공주택 특별법	3.5%
건축법	18.25%
도시 및 주거환경정비법	5%
도시재정비 촉진을 위한 특별법	2.5%
시설물의 안전 및 유지관리에 관한 특별법	5%
승강기 안전관리법	5%
전기사업법	5%
집합건물의 소유 및 관리에 관한 법률	2.5%
소방기본법	3.25%
화재의 예방 및 안전관리에 관한 법률	0.25%
소방시설 설치 및 관리에 관한 법률	4.75%

▶ 1과목 주택관리관계법규는 어떻게 공부해야 할까요?

✔ 주택관리관계법규는 총 14개 법률의 방대한 내용을 시험범위로 하고 있어서 입문·기본·심화 과정을 통하여 그 내용을 충분히 숙지하고, 문제풀이와 모의고사를 통한 실전연습을 철저히 하여 시험에 대비하여야 할 것입니다.

✔ 객관식 문제의 경우 단순히 암기사항만을 묻는 것이 아니라, 종합적인 사고를 요하는 문제의 출제 가 더욱 늘어날 것으로 예상되므로 이에 대한 대비를 하여야 하고, 주관식 단답형 문제 또한 40문제 중 16문제가 출제되므로 이에 대한 철저한 대비가 필요합니다.

✔ 주택관리관계법규는 법령을 기준으로 출제되므로 개정법령 또는 신 법령에 항상 주의를 기울여야 합니다.

주택관리관계법규 입문하기

주택관리관계법규 입문하기

01 주택관리관계법규

(1) '주택관리관계법규'란 현 주거문화가 공동주택이라는 집단주택생활로 변화되어 가는 가운데 국민의 주거생활의 안락을 도모하며 국민의 쉼터이자 재산의 가장 중요한 근간이 되는 그 주택을 소중히 보존하며 분쟁을 예방하고 모든 시설과 인적 · 물적 자원을 효율적으로 관리함으로써 가정과 사회생활의 안정을 도모하기 위하여 제정된 법규정 일체를 말한다.

(2) 여기서 그 주체적 역할을 수행하는 주택관리사의 전문성을 배양시키고 평가하기 위하여 관리업무 수행상 꼭 필요한 14개 법률을 주택관리관계법규라고 하는 과목으로 설정하여 만든 법규정의 묶음이다.

02 주택관리관계법규의 성격

(1) 주택관리관계법규는 '공법'이다.

공법은 사법에 비교되는바, 사법이란 개인과 개인, 국민과 국민간에 발생하는 법률관계를 해결하고자 만들어진 법률을 말하며 그 대표적인 법률이 민법과 상법이다. 반면, 공법이란 국가의 질서유지와 공공복리, 기타 안전보장 등을 위하여 행정주체들간에 발생하는 관계를 규율하고 또 행정주체들과 국민들간에 발생하는 각종 관계를 규율하고자 만들어진 법률들을 말하는바, 주택관리관계법규는 주택관리와 관련하여 발생할 수 있는 국가기관, 공공기관, 국민들 상호간의 관계에서 공공복리라는 큰 목적을 위하여 원칙을 정하고 이에 따라 국가가 행정기관이나 공공기관, 그리고 국민들을 규율하고자 만든 법률들을 말한다.

(2) 주택관리관계법규는 '규제법'이다.

주택관리관계법규는 공동체생활에서의 공공복리를 위하여 규제와 조정을 할 수 있다는 특성을 가진다.

03 법체계에 대한 이해

(1) 헌법

법률체계에서 최상위의 법으로서 국민의 기본권과 국가의 통치구조를 규정한 법이며, 헌법은 전 국민에게 의견(국민투표)을 구하여 제정하며 그 헌법에 나와 있는 국민의 뜻을 실천하고자 각종 법률들이 제정되어진다.

(2) 법률

헌법에서 표현된 국민의 뜻을 이루고자 국회 또는 행정부에서 발의한 법안을 국회의 심의와 의결을 거쳐 대통령이 공포한 것이 법률이다.

(3) 시행령(대통령령)

법률의 내용을 구체적으로 시행하는 데 필요한 사항을 규정하는 법규로서 대통령이 국무회의 심의를 거쳐 제정하는 법규이다.

(4) 시행규칙(총리령, 부령)

대통령령, 즉 시행령의 시행에 필요한 사항을 상세하게 규정하는 법규로서 국무총리와 행정 각 부의 장이 제정한다.

(5) 자치법규

지방자치단체가 법령의 범위 안에서 제정한 지방자치에 관한 규정으로서 조례와 규칙이 있다.

04 자치행정조직에 대한 이해

국가의 행정조직은 대통령을 중심으로 중앙정부에 국무총리와 행정 각 부를 두며 지방자치단체로 특별시·광역시·특별자치도·특별자치시와 도를 두며 그 아래에 시·군 또는 구(자치구)를 둔다. 그리고 특별시와 광역시가 아닌 인구 50만명 이상인 시를 대도시라 부르며 대도시는 자치구가 아닌 구를 둘 수 있다. 최근 법률개정에 따라 특례시를 신설하였으며, 특례시의 기준은 특별시와 광역시가 아닌 인구 100만명 이상인 시를 말하며, 현재 창원시, 수원시, 용인시, 고양시가 여기에 해당한다.

▶ 핵심개념

CHAPTER 1
총칙

○
──────────────────────────

• 주요 용어의 이해 ★

CHAPTER 2
주택의 건설

○
──────────────────────────

• 주택조합 ★
• 사업계획승인 ★

각 CHAPTER별로 자주 출제되는 핵심개념을 정리하였습니다. 핵심개념은 본문에서도 ★로 표시되어 있으니 이 부분을 중점적으로 학습하세요.

PART 1
주택법

CHAPTER 1   총칙
CHAPTER 2   주택의 건설
CHAPTER 3   주택의 공급
CHAPTER 4   보칙

  선생님의 비법전수

주택법은 주택에 관한 기본법적 성격을 갖도록 제정되었고, 주택정책의 기본이념을 명확하게 제시하고, 이러한 기본이념에 입각하여 법령제도의 개편, 정부계획의 수립, 각종 정책의 전개 방향을 설정하는 취지의 법률입니다.

우리 시험에서 전체 8문제가 객관식 5문제, 주관식 3문제로 출제되고 있으며, 총칙에서 2문항, 건설에서 4문항, 공급에서 1문항, 기타 1문항이 출제되고 있습니다.

전체적인 법 구성을 이해하고 각 장별 핵심사항을 정리해가며 학습하도록 합니다.

CHAPTER 3 주택의 공급	**CHAPTER 4** 보칙
○	○

• 주택공급질서 교란행위 금지 ★
• 투기억제 ★

CHAPTER 1 총칙

01 주택법의 제정목적

이 법은 쾌적하고 살기 좋은 주거환경 조성에 필요한 주택의 건설·공급 및 주택시장의 관리 등에 관한 사항을 정함으로써 국민의 주거안정과 주거수준의 향상에 이바지함을 목적으로 한다.

02 주요 용어의 이해 ★

1. 주택

(1) 주택의 정의

주택이란 세대의 구성원이 장기간 독립된 주거생활을 할 수 있는 구조로 된 건축물의 전부 또는 일부 및 그 부속토지를 말하며, 이를 단독주택과 공동주택으로 구분한다.

⊕ 독립된 주거생활이란 공간의 구분은 물론 취사시설을 설치한 것을 말한다.

(2) 단독주택

단독주택이란 단독(공유관계 포함)으로 소유한 하나의 건축물 안에서 1세대가 독립된 주거생활을 할 수 있는 구조로 된 주택을 말하며, 그 종류와 범위는 다음과 같이 구분한다.

① **단독주택**: 규모와 관계없이 1세대만 거주하는 형태의 주택을 말한다.

② **다중주택**: 학생 또는 직장인 등 여러 사람이 장기간 거주할 수 있는 구조로 된 건축물로서 1개 동의 주택으로 쓰이는 바닥면적의 합계가 660m² 이하이고 주택으로 쓰는 층수(지하층 제외)가 3개 층 이하인 주택이며, 독립된 주거의 형태를 갖추지 않은(각 실별로 욕실은 설치할 수 있으나, 취사시설은 설치하지 않은 것을 말한다) 형태의 주택을 말한다.

③ **다가구주택**: 공동주택이 아니면서 주택으로 쓰는 층수(지하층 제외)가 3개 층 이하이며, 1개 동의 주택으로 쓰이는 바닥면적의 합계가 660m² 이하인 주택을 말하며, 19세대 이하가 거주하여야 한다.

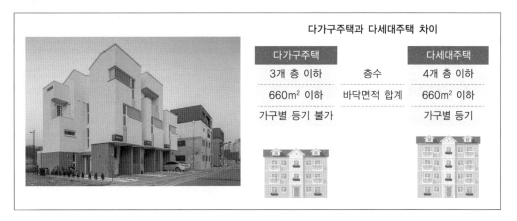

(3) 공동주택

공동주택이란 건축물의 벽, 복도, 계단이나 그 밖의 설비 등의 전부 또는 일부를 공동으로 사용하는 각 세대가 하나의 건축물 안에서 각각 독립된 주거생활을 할 수 있는 구조로 된 주택을 말하며, 그 종류와 범위는 다음과 같이 구분한다.

① **아파트**: 주택으로 쓰는 층수가 5개 층 이상인 주택

② **연립주택**: 주택으로 쓰는 1개 동의 바닥면적의 합계가 660m²를 초과하고, 층수가 4개 층 이하인 주택

③ **다세대주택**: 주택으로 쓰는 1개 동의 바닥면적의 합계가 660m² 이하이고, 층수가 4개 층 이하인 주택

* 이상 사진출처: 서울시

(4) 세대구분형 공동주택

세대구분형 공동주택이란 공동주택의 주택 내부 공간의 일부를 세대별로 구분하여 생활이 가능한 구조로 하되, 그 구분된 공간 일부에 대하여 구분소유를 할 수 없는 주택으로서 다음의 건설기준, 면적기준 등에 적합하게 건설된 공동주택을 말한다.

사업계획승인대상 공동주택	기존주택 행위허가대상
세대별로 구분된 각각의 공간마다 별도의 욕실, 부엌과 현관을 설치할 것	세대별로 구분된 각각의 공간마다 별도의 욕실, 부엌과 구분출입문을 설치할 것
세대간에 연결문 또는 경량구조의 경계벽을 설치할 것	구분된 공간의 세대수는 기존 세대를 포함하여 2세대 이하일 것
주택단지 공동주택 전체 세대수의 3분의 1을 넘지 아니할 것	주택단지 공동주택 전체 세대수의 10분의 1과 해당 동의 전체 세대수의 3분의 1을 각각 넘지 않을 것. 다만, 시장·군수·구청장이 인정하는 경우에는 넘을 수 있다.
주거전용면적 합계가 단지 전체 주거전용의 3분의 1을 넘지 아니할 것	구조, 화재, 소방, 피난안전 등 법령에서 정하는 안전기준을 충족할 것

(5) 도시형 생활주택

도시형 생활주택이란 300세대 미만의 국민주택규모에 해당하는 주택으로서 국토의 계획 및 이용에 관한 법률에 따른 도시지역에 건설하는 다음의 주택을 말한다.

소형주택	다음의 요건을 모두 갖춘 주택을 말한다. ① 세대별 주거전용면적은 60m² 이하일 것 ② 세대별로 독립주거가 가능하도록 욕실, 부엌을 설치할 것 ③ 지하층에 설치를 금지할 것 ⊕ 위 요건을 갖춘 경우에 주택으로 사용하는 층수에 따라 아파트, 연립주택, 다세대주택의 형태로 건축할 수 있다.

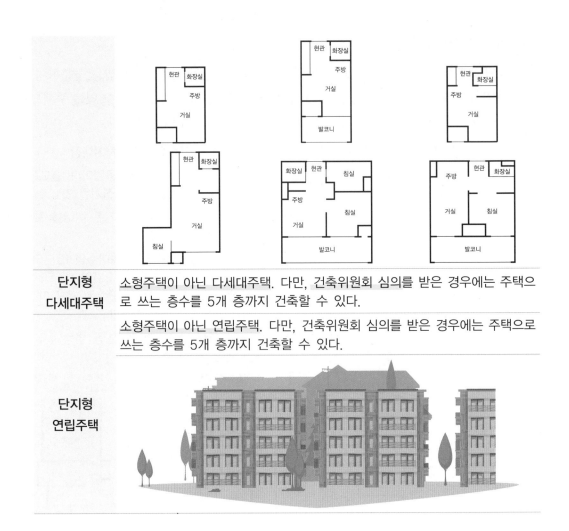

단지형 다세대주택	소형주택이 아닌 다세대주택. 다만, 건축위원회 심의를 받은 경우에는 주택으로 쓰는 층수를 5개 층까지 건축할 수 있다.
단지형 연립주택	소형주택이 아닌 연립주택. 다만, 건축위원회 심의를 받은 경우에는 주택으로 쓰는 층수를 5개 층까지 건축할 수 있다.

2. 기타 관련 주요 용어

(1) 준주택

준주택이란 주택 외의 건축물과 그 부속토지로서 주거시설로 이용가능한 시설 등을 말하며, 그 범위와 종류는 다음과 같다.

| 다중생활시설 | 노인복지주택 | 오피스텔 | 기숙사 |

(2) 부대시설

부대시설이라 함은 주택에 딸린 다음의 시설 또는 설비를 말한다.

> ① 주차장, 관리사무소, 담장 및 주택단지 안의 도로
> ② 건축법 제2조 제1항 제4호에 따른 건축설비
> ③ 위 시설과 설비에 준하는 것으로서 대통령령으로 정하는 시설 또는 설비

(3) 복리시설

주택단지의 입주자 등의 생활복리를 위한 다음의 공동시설을 말한다.

> ① 어린이놀이터, 근린생활시설, 유치원, 주민운동시설 및 경로당
> ② 그 밖의 입주자 등의 생활복리를 위하여 대통령령으로 정하는 공동시설

(4) 리모델링

리모델링이란 건축물의 노후화 억제 또는 기능 향상 등을 위한 다음의 어느 하나에 해당하는 행위를 말한다.

> ① 대수선
> ② 사용검사일 또는 사용승인일부터 15년이 지난 공동주택을 각 세대의 주거전용면적의 30% 이내 (세대의 주거전용면적이 85m² 미만인 경우에는 40% 이내)에서 증축하는 행위. 이 경우 공용부분에 대하여도 별도로 증축할 수 있다.
> ③ ②에 따른 각 세대의 증축 가능 면적을 합산한 면적의 범위에서 기존 세대수의 15% 이내에서 세대수를 증가하는 증축행위(세대수 증가형 리모델링). 다만, 수직으로 증축하는 행위(수직증축형 리모델링)는 다음 요건을 모두 충족하는 경우로 한정한다.
> ⓐ 기존 건축물의 층수가 15층 이상인 경우: 3개 층
> ⓑ 기존 건축물의 층수가 14층 이하인 경우: 2개 층
> ⓒ 기존 건축물의 신축 당시 구조도를 보유하고 있을 것

(5) 주거전용면적

① **단독주택**: 단독주택의 경우에는 그 바닥면적에서 지하실(거실로 사용되는 면적은 제외)과 본 건축물과 분리된 창고, 차고 및 화장실의 면적을 제외한 면적을 말한다.
② **공동주택**: 공동주택의 경우에는 외벽의 내부선을 기준으로 산정한 면적으로 한다. 이 경우 바닥면적에서 주거전용면적을 제외하고 남는 외벽면적은 공용면적에 가산한다.

> ⓐ 복도, 계단, 현관 등 공동주택의 지상층에 있는 공용면적
> ⓑ ⓐ의 공용면적을 제외한 지하층, 관리사무소 등 그 밖의 공용면적

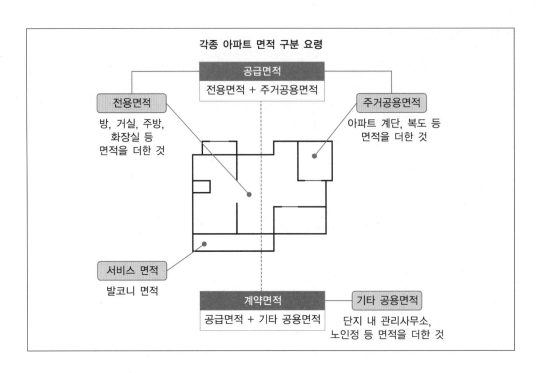

각종 아파트 면적 구분 요령

공급면적
전용면적 + 주거공용면적

전용면적
방, 거실, 주방,
화장실 등
면적을 더한 것

주거공용면적
아파트 계단, 복도 등
면적을 더한 것

서비스 면적
발코니 면적

계약면적
공급면적 + 기타 공용면적

기타 공용면적
단지 내 관리사무소,
노인정 등 면적을 더한 것

주택의 건설

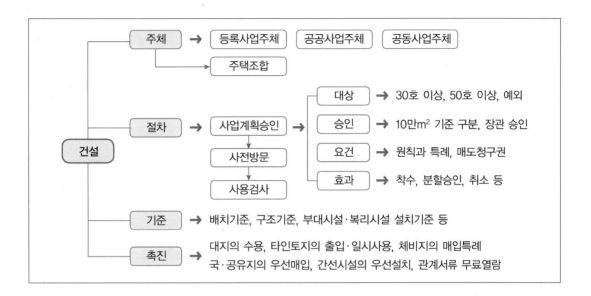

01 주택건설 사업주체

1. 사업주체

사업주체라 함은 이 법에 따라 주택건설사업계획 또는 대지조성사업계획의 승인을 얻어 그 사업을 시행하는 다음의 자를 말한다.

① 국가, 지방자치단체
② 한국토지주택공사 또는 지방공사
③ 등록한 주택건설사업자, 대지조성사업자
④ 그 밖에 주택법에 의하여 주택건설사업 또는 대지조성사업을 시행하는 자

2. 등록사업주체

(1) 등록

연간 단독주택 20호, 공동주택 20세대. 다만, 도시형 생활주택(소형주택과 주거전용면적이 85m²를 초과하는 주택 1세대를 함께 건축하는 경우를 포함한다)은 30세대 이상의 주택건설사업을 시행하려는 자 또는 연간 1만m² 이상의 대지조성사업을 시행하려는 자는 국토교통부장관에게 등록하여야 한다.

(2) 비등록사업주체

다음의 사업주체의 경우에는 등록하지 아니한다.

① 국가, 지방자치단체, 한국토지주택공사, 지방공사
② 공익법인의 설립·운영에 관한 법률에 따라 주택건설사업을 목적으로 설립된 공익법인
③ 주택조합(등록사업자와 공동으로 주택건설사업을 하는 주택조합만 해당한다)
④ 근로자를 고용하는 자(등록사업자와 공동으로 주택건설사업을 시행하는 고용자만 해당하며, 이하 '고용자'라 한다)

3. 공동사업주체

(1) 토지소유자와 등록사업자

토지소유자가 주택을 건설하는 경우에는 주택건설사업 등의 등록을 하지 아니하여도 등록사업자와 공동으로 사업을 시행할 수 있으며, 이 경우 토지소유자와 등록사업자를 공동사업주체로 본다.

(2) 주택조합과 등록사업자

주택조합(세대수를 늘리지 아니하는 리모델링주택조합은 제외한다)이 그 구성원의 주택을 건설하는 경우에는 등록사업자(지방자치단체, 한국토지주택공사 및 지방공사를 포함한다)와 공동으로 사업을 시행할 수 있으며, 이 경우 주택조합과 등록사업자를 공동사업주체로 본다.

(3) 고용자와 등록사업자

고용자가 그 근로자의 주택을 건설하는 경우에는 대통령령으로 정하는 바에 따라 등록사업자와 공동으로 사업을 시행하여야 하며, 이 경우 고용자와 등록사업자를 공동사업주체로 본다.

02 주택조합 ★

1. 주택조합의 종류

주택조합이란 많은 수의 구성원이 주택을 마련하거나 리모델링하기 위하여 결성하는 다음의 조합을 말한다.

지역주택조합	다음 구분에 따른 지역에 거주하는 주민이 주택을 마련하기 위하여 설립한 조합 ① 서울특별시, 인천광역시 및 경기도 ② 대전광역시, 충청남도 및 세종특별자치시 ③ 충청북도 ④ 광주광역시 및 전라남도 ⑤ 전라북도 ⑥ 대구광역시 및 경상북도 ⑦ 부산광역시, 울산광역시 및 경상남도 ⑧ 강원도 ⑨ 제주특별자치도
직장주택조합	같은 직장의 근로자가 주택을 마련하기 위하여 설립한 조합
리모델링주택조합	공동주택의 소유자가 그 주택을 리모델링하기 위하여 설립한 조합

2. 지역주택조합과 직장주택조합의 설립

(1) 설립인가

많은 수의 구성원이 주택을 마련하기 위하여 주택조합을 설립하려는 경우에는 관할 특별자치시장 · 특별자치도지사 · 시장 · 군수 또는 구청장의 인가를 받아야 한다. 인가받은 내용을 변경하거나 주택조합을 해산하려는 경우에도 또한 같다.

(2) 설립요건

① 주택조합설립인가를 받으려는 자는 해당 주택건설대지의 80% 이상에 해당하는 토지의 사용권원과 15% 이상의 토지소유권을 확보하여야 한다. 다만, 인가받은 내용을 변경하거나 해산하려는 경우에는 그러하지 아니하다.

② 주택조합(리모델링주택조합은 제외한다)은 주택건설예정세대수의 50% 이상의 조합원으로 구성하되, 조합원은 20명 이상이어야 한다.

(3) 조합원의 자격

① **지역주택조합의 조합원**
  ㉠ 조합설립인가 신청일부터 해당 조합주택의 입주가능일까지 세대주를 포함한 세대원 전원이 주택을 소유하고 있지 아니한 세대의 세대주일 것
  ㉡ 조합설립인가 신청일 현재 같은 지역에 6개월 이상 계속하여 거주하여 온 사람일 것

② **직장주택조합의 조합원**
  ㉠ 조합설립인가 신청일부터 해당 조합주택의 입주가능일까지 세대주를 포함한 세대원 전원이 주택을 소유하고 있지 아니한 세대의 세대주일 것. 다만, 국민주택을 공급받기 위한 직장주택조합의 경우에는 무주택자일 것
  ㉡ 조합설립인가 신청일 현재 동일한 특별시 · 광역시 · 특별자치시 · 특별자치도 · 시 또는 군(광역시의 관할 구역에 있는 군을 제외한다) 안에 소재하는 동일한 국가기관, 지방자치단체, 법인에 근무하는 자일 것

3. 리모델링주택조합의 설립

(1) 주택을 리모델링하기 위하여 주택조합을 설립하려는 경우에는 관할 특별자치시장 · 특별자치도지사 · 시장 · 군수 또는 구청장의 인가를 받아야 한다.

(2) 설립요건(결의증명)

주택을 리모델링하기 위하여 주택조합을 설립하려는 경우에는 다음의 구분에 따른 구분소유자와 의결권의 결의를 증명하는 서류를 첨부하여 인가를 받아야 한다.
① 주택단지 전체를 리모델링하고자 하는 경우에는 주택단지 전체의 구분소유자와 의결권의 각 3분의 2 이상의 결의 및 각 동의 구분소유자와 의결권의 각 과반수의 결의
② 동을 리모델링하고자 하는 경우에는 그 동의 구분소유자 및 의결권의 각 3분의 2 이상의 결의

(3) 조합원자격

리모델링주택조합의 조합원은 다음의 어느 하나에 해당하는 사람. 이 경우 소유권이 여러 명의 공유에 속할 때에는 대표하는 1명을 조합원으로 본다.
① 사업계획승인을 받아 건설한 공동주택의 소유자
② 복리시설을 함께 리모델링하는 경우에는 해당 복리시설의 소유자
③ 건축허가를 받아 분양을 목적으로 건설한 공동주택의 소유자

03 사업계획승인 ★

1. 사업계획승인대상

다음의 주택건설사업 또는 대지조성사업을 시행하려는 자는 사업계획승인을 받아야 한다.

(1) 주택건설사업의 경우

> ① 단독주택: 30호. 다만, 다음 하나에 해당하는 경우에는 50호로 한다.
>   ㉠ 개별 필지로 구분하지 아니하고 건설하는 단독주택
>   ㉡ 한옥
> ② 공동주택: 30세대. 다만, 다음 하나에 해당하는 경우에는 50세대로 한다.
>   ㉠ 다음의 요건을 모두 갖춘 단지형 연립주택·다세대주택
>   ⓐ 세대별 주거전용면적이 30m² 이상일 것
>   ⓑ 해당 주택단지 진입도로의 폭이 6m 이상일 것
>   ㉡ 정비구역에서 주거환경개선사업을 시행하기 위하여 건설하는 공동주택

(2) 대지조성사업의 경우

면적 1만m² 이상의 대지조성사업을 시행하려는 경우

2. 사업계획승인권자

① **주택건설사업 또는 대지조성사업으로서 해당 대지면적이 10만m² 이상인 경우**: 시·도지사 또는 인구 50만 이상의 대도시의 시장

② **주택건설사업 또는 대지조성사업으로서 해당 대지면적이 10만m² 미만인 경우**: 특별시장·광역시장·특별자치시장·특별자치도지사 또는 시장·군수

③ 국토교통부장관이 사업계획승인권자인 경우도 있다.

3. 사업계획승인의 요건 등

(1) 원칙

주택건설사업계획의 승인을 받으려는 자는 해당 주택건설대지의 소유권을 확보하여야 한다.

(2) 예외

다만, 다음의 어느 하나에 해당하는 경우에는 그러하지 아니하다.

> ① 사업주체가 주택건설대지의 소유권을 확보하지 못하였으나 그 대지를 사용할 수 있는 권원을
>   확보한 경우
> ② 국가, 지방자치단체, 한국토지주택공사, 지방공사가 주택건설사업을 하는 경우
> ③ 지구단위계획의 결정이 필요한 주택건설사업의 해당 대지면적의 80% 이상을 사용할 수 있는
>   권원[등록사업자와 공동으로 사업을 시행하는 주택조합(리모델링주택조합은 제외한다)의 경우
>   에는 95% 이상의 소유권을 말한다]을 확보하고, 확보하지 못한 대지가 매도청구대상이 되는
>   대지에 해당하는 경우

4. 사업계획승인의 통보

사업계획승인권자는 사업계획승인의 신청을 받았을 때에는 정당한 사유가 없으면 신청받
은 날부터 60일 이내에 사업주체에게 승인 여부를 통보하여야 한다.

5. 사업계획승인의 효과

(1) 착수

사업계획승인을 받은 사업주체는 승인받은 사업계획대로 사업을 시행하여야 하고, 다음
의 구분에 따라 공사를 시작하여야 한다.

> ① 사업계획승인을 받은 경우: 승인받은 날부터 5년 이내
> ② 공구별 분할사업계획승인을 받은 경우
>   ㉠ 최초로 공사를 진행하는 공구: 승인받은 날부터 5년 이내
>   ㉡ 최초로 공사를 진행하는 공구 외의 공구: 해당 주택단지에 대한 최초 착공신고일부터 2년 이내

(2) 취소

사업계획승인권자는 사업주체가 사업계획승인을 받은 후 5년 이내에 공사를 시작하지 아
니한 경우(단, 분할승인의 경우 최초 공구 외의 공구의 경우는 제외한다) 그 사업계획의
승인을 취소할 수 있다.

04 사용검사

(1) 사용검사권자와 검사단위

사업주체는 사업계획승인을 받아 시행하는 주택건설사업 또는 대지조성사업을 완료한 경우에는 주택(부대시설과 복리시설을 포함한다) 또는 대지에 대하여 국토교통부령으로 정하는 바에 따라 시장·군수·구청장(국가 또는 한국토지주택공사가 사업주체인 경우와 국토교통부장관으로부터 사업계획의 승인을 받은 경우에는 국토교통부장관)의 사용검사를 받아야 한다.

(2) 예외 – 공구별 및 동별 사용검사

공구별로 분할하여 사업계획을 승인받은 경우에는 완공된 주택에 대하여 공구별로 사용검사(분할 사용검사)를 받을 수 있고, 공사가 완료된 주택에 대하여 동별로 사용검사(동별 사용검사)를 받을 수 있다.

CHAPTER 3 주택의 공급

제1절 주택공급의 원칙

01 주택을 공급하는 자의 의무

1. 공급의 원칙

사업주체는 다음에서 정하는 바에 따라 주택을 건설·공급하여야 한다. 이 경우 국가유공자, 보훈보상대상자, 장애인, 철거주택의 소유자, 그 밖에 국토교통부령으로 정하는 대상자에게는 입주자모집조건 등을 달리 정하여 별도로 공급할 수 있다.

① **사업주체(공공주택사업자는 제외한다)가 입주자를 모집하려는 경우:** 국토교통부령으로 정하는 바에 따라 시장·군수·구청장의 승인(복리시설의 경우에는 신고를 말한다)을 받을 것

② **사업주체가 건설하는 주택을 공급하려는 경우**

　㉠ 국토교통부령으로 정하는 입주자모집의 조건·방법·절차, 입주금(입주예정자가 사업주체에게 납입하는 주택가격을 말한다. 이하 같다)의 납부 방법·시기·절차, 주택공급계약의 방법·절차 등에 적합할 것

　㉡ 국토교통부령으로 정하는 바에 따라 벽지, 바닥재, 주방용구, 조명기구 등을 제외한 부분의 가격을 따로 제시하고, 이를 입주자가 선택할 수 있도록 할 것

2. 마감자재목록표

(1) 목록표 등의 제출

사업주체가 시장·군수·구청장의 입주자모집승인을 받으려는 경우에는 견본주택에 사용되는 마감자재목록표와 견본주택의 각 실의 내부를 촬영한 영상물 등을 제작하여 승인권자에게 제출하여야 한다.

(2) 목록표 등의 보관

시장·군수·구청장은 마감자재목록표와 영상물 등을 사용검사가 있은 날부터 2년 이상 보관하여야 하며, 입주자가 열람을 요구하는 경우에는 이를 공개하여야 한다.

3. 저당권설정 등의 제한

(1) 제한행위 및 제한기간

사업주체는 주택건설사업에 의하여 건설된 주택 및 대지에 대하여는 입주자모집공고승인 신청일(주택조합의 경우에는 사업계획승인 신청일을 말한다) 이후부터 입주예정자가 그 주택 및 대지의 소유권이전등기를 신청할 수 있는 날 이후 60일까지의 기간 동안 입주예 정자의 동의 없이 다음의 어느 하나에 해당하는 행위를 하여서는 아니 된다. 여기서 '소유 권이전등기를 신청할 수 있는 날'이란 사업주체가 입주예정자에게 통보한 입주가능일을 말한다.

> ① 해당 주택 및 대지에 저당권 또는 가등기담보권 등 담보물권을 설정하는 행위
> ② 해당 주택 및 대지에 전세권, 지상권 또는 등기되는 부동산임차권을 설정하는 행위
> ③ 해당 주택 및 대지를 매매 또는 증여 등의 방법으로 처분하는 행위

(2) 부기등기

① 부기등기의 명시내용

㉠ **대지의 경우:** 저당권설정 등의 제한을 할 때 사업주체는 '이 토지는 주택법에 따라 입주자를 모집한 토지(주택조합의 경우에는 주택건설사업계획승인이 신청된 토지를 말한다)로서 입주예정자의 동의를 얻지 아니하고는 해당 토지에 대하여 양도 또는 제한물권을 설정하거나 압류, 가압류, 가처분 등 소유권에 제한을 가하는 일체의 행위를 할 수 없음'이라는 내용을 명시하여야 한다.

㉡ **주택의 경우:** 저당권설정 등의 제한을 할 때 사업주체는 '이 주택은 부동산등기법에 따라 소유권보존등기를 마친 주택으로서 입주예정자의 동의를 얻지 아니하고는 해당 주택에 대하여 양도 또는 제한물권을 설정하거나 압류, 가압류, 가처분 등 소유권에 제한을 가하는 일체의 행위를 할 수 없음'이라는 내용을 명시하여야 한다.

② 부기등기의 시기: 부기등기는 주택건설대지에 대하여는 입주자모집공고승인 신청과 동시에 하여야 하고, 건설된 주택에 대하여는 소유권보존등기와 동시에 하여야 한다.

③ 부기등기의 효력: 부기등기일 이후에 해당 대지 또는 주택을 양수하거나 제한물권을 설정받은 경우 또는 압류, 가압류, 가처분 등의 목적물로 한 경우에는 그 효력을 무효로 한다. 다만, 사업주체의 경영부실로 입주예정자가 그 대지를 양수받는 경우 등 다음에 해당하는 경우에는 그러하지 아니하다.

> ㉠ 대지에 저당권, 가등기담보권, 전세권, 지상권 및 등기되는 부동산임차권을 설정하는 경우
> ㉡ 다른 사업주체가 해당 대지를 양수하거나 시공보증자 또는 입주예정자가 해당 대지의 소유
>   권을 확보하거나 압류, 가압류, 가처분 등을 하는 경우

4. 사용검사 후 매도청구 등

① **매도청구**: 주택(복리시설을 포함한다)의 소유자들은 주택단지 전체 대지에 속하는 일부의
   토지에 대한 소유권이전등기말소소송 등에 따라 사용검사를 받은 이후에 해당 토지의 소
   유권을 회복한 자(실소유자)에게 해당 토지를 시가(市價)로 매도할 것을 청구할 수 있다.
② **매도청구 대상규모**: 매도청구를 하려는 경우에는 해당 토지의 면적이 주택단지 전체 대지
   면적의 5% 미만이어야 한다.
③ **매도청구 기간**: 매도청구의 의사표시는 실소유자가 해당 토지소유권을 회복한 날부터 2년
   이내에 해당 실소유자에게 송달되어야 한다.
④ **비용**: 주택의 소유자들은 매도청구로 인하여 발생한 비용의 전부를 사업주체에게 구상할
   수 있다.

02 주택을 공급받으려는 자의 의무

1. 주택공급질서 교란행위 금지★

누구든지 이 법에 따라 건설·공급되는 주택을 공급받거나 공급받게 하기 위하여 다음의
어느 하나에 해당하는 증서 또는 지위를 양도·양수(매매·증여나 그 밖에 권리변동을 수
반하는 모든 행위를 포함하되, 상속·저당의 경우는 제외한다), 알선하거나, 광고를 하여
서는 아니 된다.

> ① 주택조합의 설립 등에 따라 주택을 공급받을 수 있는 지위
> ② 주택상환사채
> ③ 입주자저축증서
> ④ 그 밖에 주택을 공급받을 수 있는 증서 또는 지위로서 다음에 해당하는 것
>   ㉠ 시장·군수 또는 구청장이 발행한 무허가건물확인서, 건물철거예정증명서 또는 건물철거확인서
>   ㉡ 공공사업의 시행으로 인한 이주대책에 의하여 주택을 공급받을 수 있는 지위 또는 이주대책대상
>   자확인서

2. 전매제한

(1) 제한대상

사업주체가 건설·공급하는 주택 또는 주택의 입주자로 선정된 지위로서 다음의 어느 하나에 해당하는 경우에는 10년 이내의 범위에서 대통령령으로 정하는 기간이 지나기 전에는 그 주택 또는 지위를 전매(매매·증여나 그 밖에 권리의 변동을 수반하는 모든 행위를 포함하되, 상속의 경우는 제외한다)하거나 이의 전매를 알선할 수 없다.

① 투기과열지구에서 건설·공급되는 주택
② 조정대상지역에서 건설·공급되는 주택(위축지역의 민간택지 제외)
③ 분양가상한제 적용주택(수도권, 광역시 외 지역은 제외)
④ 공공택지 외의 택지에서 건설·공급되는 주택
⑤ 공공재개발사업에서 건설·공급하는 주택
⑥ 토지임대부 분양주택

(2) 공통사항

① 전매행위 제한기간은 입주자모집을 하여 최초로 주택공급계약 체결이 가능한 날부터 기산한다.
② 주택에 대한 소유권이전등기에는 대지를 제외한 건축물에 대해서만 소유권이전등기를 하는 경우를 포함한다.

(3) 전매제한의 특례

다음의 경우에는 전매제한을 적용하지 아니한다.

① 세대원 전원이 다른 광역시, 시 또는 군으로 이전하는 경우. 다만, 수도권으로 이전하는 경우를 제외한다.
② 상속으로 취득한 주택으로 세대원 전원이 이전하는 경우
③ 세대원 전원이 해외로 이주하거나 2년 이상 해외에 체류하는 경우
④ 이혼으로 입주자로 선정된 지위·주택을 배우자에게 이전하는 경우
⑤ 이주대책용 주택의 경우로서 시장·군수·구청장이 확인하는 경우
⑥ 국가·지방자치단체 및 금융기관 채무불이행으로 경매·공매가 시행되는 경우
⑦ 입주자로 선정된 지위나 주택의 일부를 배우자에게 증여하는 경우
⑧ 실직·파산 또는 신용불량으로 경제적 어려움이 발생한 경우

01 주택의 분양가격의 제한

1. 분양가상한제

(1) 적용대상

사업주체가 일반인에게 공급하는 공동주택 중 공공택지 또는 공공택지 외의 택지로서 국토교통부장관이 공공택지 외의 택지에서 주택가격 상승 우려가 있어 주거정책심의위원회의 심의를 거쳐 지정하는 지역에서 공급하는 주택의 경우에는 법에서 정하는 기준에 따라 산정되는 분양가격 이하로 공급하여야 한다.

(2) 적용 제외

다음 어느 하나에 해당하는 경우에는 분양가상한제를 적용하지 아니한다.

> ① 도시형 생활주택
> ② 경제자유구역의 경제자유구역위원회에서 외자유치 촉진과 관련하여 심의·의결한 공동주택
> ③ 관광특구에서 50층 이상이거나 150m 이상인 공동주택
> ④ 한국토지주택공사 또는 지방공사가 시행자로 참여하고, 10% 이상을 임대주택으로 건설·공급하는 다음의 사업에서 건설·공급하는 주택
>   ⊙ 2만m² 미만 또는 200세대 미만인 정비사업
>   ⓒ 소규모주택정비사업
> ⑤ 주거환경개선사업과 공공재개발사업에서 건설·공급하는 주택
> ⑥ 주거재생혁신지구에서 시행하는 혁신지구재생사업에서 건설·공급하는 주택
> ⑦ 도심공공주택복합사업에서 건설·공급하는 주택

2. 분양가격의 구성

분양가격은 택지비와 건축비로 구성되며, 구체적인 명세, 산정방식, 감정평가기관 선정방법 등은 국토교통부령으로 정한다.

① **택지비**: 택지비는 다음에 따라 산정한 금액으로 한다.

> ⊙ 공공택지에서는 해당 택지의 공급가격에 국토교통부령으로 정하는 택지와 관련된 비용을 가산한 금액
> ⓒ 공공택지 외의 택지에서는 감정평가한 가액에 국토교통부령으로 정하는 택지와 관련된 비용을 가산한 금액

② **건축비**: 건축비는 국토교통부장관이 정하여 고시하는 건축비(기본형건축비)에 국토교통부령으로 정하는 금액을 더한 금액으로 한다. 이 경우 기본형건축비는 시장·군수·구청장이 해당 지역의 특성을 고려하여 따로 정하여 고시할 수 있다.

3. 분양가격의 공시

(1) 공공택지에서의 분양가 공시

사업주체는 분양가상한제 적용주택으로서 공공택지에서 공급하는 주택에 대하여 입주자모집승인을 받았을 때에는 입주자모집공고에 분양가격을 공시하여야 한다.

(2) 공공택지 외의 택지에서의 분양가 공시

시장·군수·구청장이 공공택지 외의 택지에서 공급되는 분양가상한제 적용주택 중 분양가 상승 우려가 큰 지역으로서 대통령령으로 정하는 기준에 해당되는 지역에서 공급되는 주택에 대하여 입주자모집승인을 하는 경우에는 공시하여야 한다.

02 투기억제 ★

1. 투기과열지구

(1) 지정권자

국토교통부장관 또는 시·도지사는 주택가격의 안정을 위하여 필요한 경우에는 주거정책심의위원회의 심의를 거쳐 일정한 지역을 투기과열지구로 지정하거나 이를 해제할 수 있다. 이 경우 그 지정목적을 위하여 최소한의 범위에서 시·군·구 또는 읍·면·동 지역단위로 지정한다.

(2) 지정대상지역

투기과열지구는 해당 지역의 주택가격상승률이 물가상승률보다 현저히 높은 지역으로서 그 지역의 청약경쟁률, 주택가격, 주택보급률 및 주택공급계획 등과 지역 주택시장 여건 등을 고려하였을 때 주택에 대한 투기가 성행하고 있거나 성행할 우려가 있는 지역 중 국토교통부령으로 정하는 기준을 충족하는 곳이어야 한다.

2. 조정대상지역

국토교통부장관은 국토교통부령으로 정하는 기준을 충족하는 지역을 주거정책심의위원회의 심의를 거쳐 조정대상지역으로 지정할 수 있다. 이 경우 조정대상지역의 지정은 그 지정목적을 위하여 최소한의 범위에서 시·군·구 또는 읍·면·동 지역단위로 지정한다.

CHAPTER 4 보칙

01 리모델링 허가 등

1. 리모델링 기본계획

(1) 리모델링 기본계획의 수립

특별시장·광역시장 및 대도시의 시장은 관할 구역에 대하여 리모델링 기본계획을 10년 단위로 수립하여야 하고, 5년마다 타당성 여부를 검토하여 그 결과를 리모델링 기본계획에 반영하여야 한다.

(2) 리모델링 지원센터

시장·군수·구청장은 리모델링의 원활한 추진을 지원하기 위하여 다음의 업무를 수행하는 리모델링 지원센터를 설치하여 운영할 수 있다.

① 리모델링주택조합 설립을 위한 업무 지원
② 설계자 및 시공자 선정 등에 대한 지원
③ 권리변동계획 수립에 관한 지원
④ 그 밖에 지방자치단체의 조례로 정하는 사항

2. 증축형 리모델링

(1) 안전진단의 실시

증축형 리모델링을 하려는 자는 시장·군수·구청장에게 안전진단을 요청하여야 하며, 안전진단을 요청받은 시장·군수·구청장은 해당 건축물의 증축 가능 여부의 확인 등을 위하여 다음의 기관에 의뢰하여 안전진단을 실시하여야 한다. 안전진단을 의뢰받은 기관은 리모델링을 하려는 자가 추천한 건축구조기술사와 함께 안전진단을 실시하여야 한다.

① 안전진단전문기관
② 국토안전관리원
③ 한국건설기술연구원

(2) 안전진단의 효과

시장·군수·구청장이 (1)에 따른 안전진단으로 건축물 구조의 안전에 위험이 있다고 평가하여 재건축사업 및 소규모재건축사업의 시행이 필요하다고 결정한 건축물은 증축형 리모델링을 하여서는 아니 된다.

3. 리모델링의 허가

(1) 리모델링의 허가요건

공동주택(부대시설과 복리시설을 포함한다)의 입주자, 사용자 또는 관리주체가 공동주택을 리모델링하려고 하는 경우에는 다음의 기준을 갖추어 시장·군수·구청장의 허가를 받아야 한다.

동의비율	① 입주자·사용자 또는 관리주체의 경우: 공사기간, 공사방법 등이 적혀 있는 동의서에 입주자 전체의 동의를 받아야 한다. ② 리모델링주택조합의 경우: 주택단지 전체를 리모델링하는 경우에는 주택단지 전체 구분소유자 및 의결권의 각 75% 이상의 동의와 각 동별 구분소유자 및 의결권의 각 50% 이상의 동의를 받아야 하며, 동을 리모델링하는 경우에는 그 동의 구분소유자 및 의결권의 각 75% 이상의 동의를 받아야 한다. ③ 입주자대표회의의 경우: 주택단지의 소유자 전원의 동의를 받아야 한다.

(2) 사용검사

공동주택의 입주자·사용자·관리주체·입주자대표회의 또는 리모델링주택조합이 리모델링에 관하여 시장·군수·구청장의 허가를 받은 후 그 공사를 완료하였을 때에는 시장·군수·구청장의 사용검사를 받아야 한다.

02 토지임대부 분양주택

토지임대부 분양주택이란 토지의 소유권은 사업계획의 승인을 받아 토지임대부 분양주택 건설사업을 시행하는 자가 가지고, 건축물 및 복리시설 등에 대한 소유권은 주택을 분양받은 자가 가지는 주택을 말한다.

(1) 토지임대부 분양주택의 토지에 관한 임대차관계

① **임대차기간 등**: 토지임대부 분양주택의 토지에 대한 임대차기간은 40년 이내로 한다. 이 경우 토지임대부 분양주택 소유자의 75% 이상이 계약갱신을 청구하는 경우

40년의 범위에서 이를 갱신할 수 있으며, 토지임대부 분양주택을 공급받은 자가 토지소유자와 임대차계약을 체결한 경우 해당 주택의 구분소유권을 목적으로 그 토지 위에 임대차기간 동안 지상권이 설정된 것으로 본다.

② **임대료의 전환**: 토지임대료는 월별 임대료를 원칙으로 하되, 토지소유자와 주택을 공급받은 자가 합의한 경우는 임대료를 보증금으로 전환하여 납부할 수 있다.

③ **임대료의 증액**: 토지소유자는 토지임대주택을 분양받은 자와 토지임대료에 관한 약정을 체결한 후 2년이 지나기 전에는 토지임대료의 증액을 청구할 수 없다.

(2) 토지임대부 분양주택의 재건축

토지임대부 분양주택의 소유자가 임대차기간이 만료되기 전에 재건축을 하고자 하는 경우 집합건물의 소유 및 관리에 관한 법률에 따라 토지소유자의 동의를 받아 재건축할 수 있다. 이 경우 토지소유자는 정당한 사유 없이 이를 거부할 수 없다.

03 주택상환사채

1. 발행

(1) 발행권자

한국토지주택공사와 등록사업자는 주택상환사채를 발행할 수 있다.

(2) 발행승인

주택상환사채를 발행하려는 자는 국토교통부장관의 승인을 받아야 한다.

(3) 등록사업자의 발행요건

등록사업자는 자본금, 자산평가액 및 기술인력 등이 다음의 기준에 맞고 금융기관 또는 주택도시보증공사의 보증을 받은 경우에만 주택상환사채를 발행할 수 있다.

> ① 등록사업자는 다음의 요건을 갖춘 경우 주택상환사채를 발행할 수 있다.
>   ⊙ 법인으로서 자본금이 5억원 이상일 것
>   ⓒ 건설산업기본법 제9조에 의한 건설업 등록을 한 자일 것
>   ⓒ 최근 3년간 연평균 주택건설실적이 300호 이상일 것
> ② 등록사업자가 발행할 수 있는 주택상환사채의 규모는 최근 3년간의 연평균 주택건설호수 이내로 한다.

(4) 발행방법 등

주택상환사채는 기명증권(記名證券)으로 하고, 액면 또는 할인의 방법으로 발행한다.

(5) 등록사업자의 등록말소와 주택상환사채의 효력

등록사업자의 등록이 말소된 경우에도 등록사업자가 발행한 주택상환사채의 효력에는 영향을 미치지 아니한다.

2. 상환

(1) 상환방법

주택상환사채를 발행한 자는 발행조건에 따라 주택을 건설하여 사채권자에게 상환하여야 한다. 주택상환사채를 상환함에 있어 주택상환사채권자가 원하는 경우에는 주택상환사채의 원리금을 현금으로 상환할 수 있다.

(2) 상환기간

주택상환사채의 상환기간은 3년을 초과할 수 없다. 이 경우 상환기간은 주택상환사채발행일부터 주택의 공급계약체결일까지의 기간으로 한다.

house.Hackers.com

▶ 핵심개념

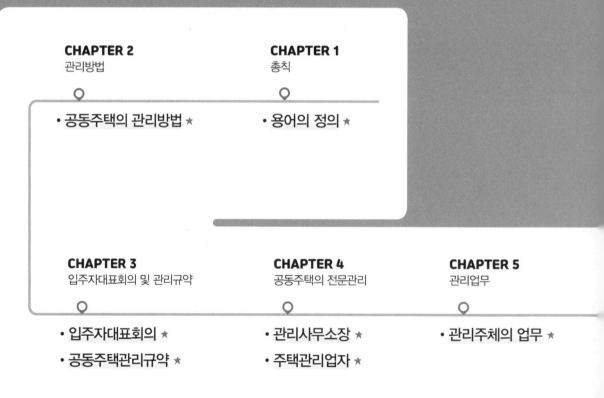

CHAPTER 2
관리방법

• 공동주택의 관리방법 ★

CHAPTER 1
총칙

• 용어의 정의 ★

CHAPTER 3
입주자대표회의 및 관리규약

• 입주자대표회의 ★
• 공동주택관리규약 ★

CHAPTER 4
공동주택의 전문관리

• 관리사무소장 ★
• 주택관리업자 ★

CHAPTER 5
관리업무

• 관리주체의 업무 ★

각 CHAPTER별로 자주 출제되는 핵심개념을 정리하였습니다. 핵심개념은 본문에서도 ★로 표시되어 있으니 이 부분을 중점적으로 학습하세요.

PART 2
공동주택관리법

CHAPTER 1 총칙
CHAPTER 2 관리방법
CHAPTER 3 입주자대표회의 및 관리규약
CHAPTER 4 공동주택의 전문관리
CHAPTER 5 관리업무
CHAPTER 6 시설관리
CHAPTER 7 비용관리
CHAPTER 8 하자보수

 선생님의 비법전수

공동주택관리법은 공동주택의 전문적이며 투명한 관리를 위하여 제정된 법으로, 출제 문항 수도 8문제로 주택법과 함께 가장 많이 출제되고 있습니다. 그러나 관리실무와 중복되어 출제되기 때문에 다소 쉽게 점수를 얻을 수 있는 부분이기도 합니다. 문항 구성은 통상 객관식 5문제, 주관식 3문제로 출제되고 있으며, 세분하면 총칙 1문항, 관리일반 2문항, 전문관리 1문항, 관리업무 4문항, 하자보수 1문항 정도로 출제되고 있습니다.
전체적인 법 구성을 이해하고 각 장별 핵심사항을 정리해 가는 방법으로 학습하여야 합니다.

CHAPTER 6 시설관리	**CHAPTER 7** 비용관리	**CHAPTER 8** 하자보수
• 장기수선계획과 장기수선충당금 ★		• 공동주택의 하자보수 ★ • 하자보수보증금 ★

총칙

1. 제정목적

이 법은 공동주택의 관리에 관한 사항을 정함으로써 공동주택을 투명하고 안전하며 효율적으로 관리할 수 있게 하여 국민의 주거수준 향상에 이바지함을 목적으로 한다.

2. 용어의 정의 ★

(1) 이 법에서 사용하는 용어의 뜻은 다음과 같다.

① **공동주택**: 다음의 주택 및 시설을 말한다. 이 경우 일반인에게 분양되는 복리시설은 제외한다.

> ㉠ 주택법에 따른 공동주택
> ㉡ 건축법에 따른 건축허가를 받아 주택 외의 시설과 주택을 동일 건축물로 건축하는 건축물
> ㉢ 주택법에 따른 입주자 공유인 부대시설 및 복리시설

② **의무관리대상 공동주택**: 150세대 이상 공동주택 중 해당 공동주택을 전문적으로 관리하는 자를 두고 자치의결기구를 의무적으로 구성하여야 하는 등 일정한 의무가 부과되는 공동주택을 말하며, 그 범위는 다음과 같다.

> ㉠ 300세대 이상의 공동주택
> ㉡ 150세대 이상으로서 승강기가 설치된 공동주택
> ㉢ 150세대 이상으로서 중앙집중식 난방방식(지역난방방식을 포함한다)의 공동주택
> ㉣ 건축법에 따른 건축허가를 받아 주택 외의 시설과 주택을 동일 건축물로 건축한 건축물로서 주택이 150세대 이상인 건축물
> ㉤ ㉠~㉣ 외 입주자 등이 전체 입주자 등의 3분의 2 이상이 서면으로 동의하여 정하는 공동주택

③ **혼합주택단지**: 분양을 목적으로 한 공동주택과 임대주택이 함께 있는 공동주택단지를 말한다.

④ **입주자**: 공동주택의 소유자 또는 그 소유자를 대리하는 배우자 및 직계존비속을 말한다.

⑤ **사용자**: 공동주택을 임차하여 사용하는 사람(임대주택의 임차인은 제외한다) 등을 말한다.

⑥ **입주자 등**: 입주자와 사용자를 말한다.

⑦ **입주자대표회의**: 공동주택의 입주자 등을 대표하여 관리에 관한 주요사항을 결정하기 위하여 구성하는 자치의결기구를 말한다.

⑧ **관리규약**: 공동주택의 입주자 등을 보호하고 주거생활의 질서를 유지하기 위하여 입주자 등이 정하는 자치규약을 말한다.

⑨ **관리주체**: 공동주택을 관리하는 다음의 자를 말한다.

> ㉠ 법 제6조 제1항에 따른 자치관리기구의 대표자인 공동주택의 관리사무소장
> ㉡ 법 제13조 제1항에 따라 관리업무를 인계하기 전의 사업주체
> ㉢ 주택관리업자
> ㉣ 임대사업자
> ㉤ 주택임대관리업자(주택관리업무를 수행하는 경우에 한한다)

⑩ **임대주택**: 민간임대주택에 관한 특별법에 따른 민간임대주택 및 공공주택 특별법에 따른 공공임대주택을 말한다.

⑪ **임대사업자**: 민간임대주택에 관한 특별법에 따른 임대사업자 및 공공주택 특별법에 따른 공공주택사업자를 말한다.

⑫ **임차인대표회의**: 민간임대주택에 관한 특별법에 따른 임차인대표회의 및 공공주택 특별법에 따라 준용되는 임차인대표회의를 말한다.

(2) 이 법에서 따로 정하지 아니한 용어의 뜻은 주택법에서 정한 바에 따른다.

관리방법

1. 공동주택의 관리방법 ★

① 입주자 등은 의무관리대상 공동주택을 자치관리하거나 주택관리업자에게 위탁관리하여 야 한다.

② 공동주택 관리방법의 결정 또는 변경은 다음의 하나에 해당하는 방법으로 한다.

> ⊙ 입주자대표회의의 의결로 제안하고 전체 입주자 등의 과반수가 찬성
> ⓒ 전체 입주자 등의 10분의 1 이상이 제안하고 전체 입주자 등의 과반수가 찬성

2. 자치관리

① 자치관리할 것을 정한 경우에는 입주자대표회의는 사업주체의 관리요구가 있은 날부터 6개월 이내에 관리사무소장을 선임하고, 자치관리기구를 구성하여야 한다.

② 관리사무소장은 입주자대표회의가 입주자대표회의 구성원 과반수의 찬성으로 선임한다.

③ 입주자대표회의는 관리사무소장이 해임되거나 결원이 되었을 때에는 그 사유가 발생한 날 부터 30일 이내에 새로운 관리사무소장을 선임하여야 한다.

3. 위탁관리

의무관리대상 공동주택의 입주자 등이 공동주택을 위탁관리할 것을 정한 경우에는 입주자 대표회의는 전자입찰방법에 따라 주택관리업자를 선정하여야 한다.

4. 공동관리와 구분관리

입주자대표회의는 해당 공동주택의 관리에 필요하다고 인정하는 경우에는 국토교통부령으 로 정하는 바에 따라 인접한 공동주택단지(임대주택단지를 포함한다)와 공동으로 관리하거 나 500세대 이상의 단위로 나누어 관리하게 할 수 있다.

5. 관리의 이관

① **사업주체의 직접관리**: 의무관리대상 공동주택을 건설한 사업주체는 입주예정자의 과반수가 입주할 때까지 그 공동주택을 관리하여야 하며, 입주예정자의 과반수가 입주하였을 때에는 입주자 등에게 통지하고 해당 공동주택을 관리할 것을 요구하여야 하며, 입주자대표회의의 구성에 협력하여야 한다.

② **입주자대표회의의 구성**: 입주자 등이 ①에 따른 요구를 받았을 때에는 그 요구를 받은 날부터 3개월 이내에 입주자를 구성원으로 하는 입주자대표회의를 구성하여야 한다.

6. 관리업무의 인계

사업주체는 다음의 어느 하나에 해당하는 경우에는 1개월 이내에 해당 관리주체에게 공동주택의 관리업무를 인계하여야 한다.

---

① 입주자대표회의의 회장으로부터 주택관리업자의 선정을 통지받은 경우
② 자치관리기구가 구성된 경우
③ 주택관리업자가 선정된 경우

---

7. 의무관리대상으로의 전환

① 의무관리대상으로의 전환 및 전환제외 결정은 전체 입주자 등의 3분의 2로써 결정한다.

② 전환되는 공동주택의 관리인은 시장·군수·구청장에게 전환신고를 하여야 한다. 다만, 신고하지 않는 경우에는 입주자 등의 10분의 1 이상이 연서하여 신고할 수 있다.

③ 전환공동주택의 입주자 등은 관리규약 제정신고가 수리된 날부터 3개월 이내에 입주자대표회의를 구성하여야 하며, 입주자대표회의의 구성신고가 수리된 날부터 3개월 이내에 관리방법을 결정하여야 한다.

④ 위탁관리할 것을 결정한 경우 입주자대표회의는 입주자대표회의의 구성신고가 수리된 날부터 6개월 이내에 주택관리업자를 선정하여야 한다.

⑤ 자치관리할 것을 결정한 경우 입주자대표회의는 구성신고가 수리된 날부터 6개월 이내에 소장을 선임하고, 자치관리기구를 구성하여야 한다.

입주자대표회의 및 관리규약

01 입주자대표회의 ★

1. 구성

입주자대표회의는 4명 이상으로 구성하되, 동별 세대수에 비례하여 관리규약으로 정한 선거구에 따라 선출된 대표자로 구성한다. 이 경우 선거구는 2개 동 이상으로 묶거나 통로나 층별로 구획하여 정할 수 있다.

2. 동별 대표자

(1) 동별 대표자의 자격

동별 대표자는 동별 대표자 선출공고에서 정한 각종 서류 제출 마감일을 기준으로 주민등록을 마친 후 계속하여 3개월 이상 거주하고 있는 입주자 중에서 선출한다. 다만, 입주자인 후보자가 없는 선거구에서는 사용자도 동별 대표자로 선출될 수 있다.

(2) 동별 대표자의 선출

동별 대표자는 선거구별로 1명씩 선출하되 그 선출방법은 다음의 구분에 따른다.

> ① 후보자가 2명 이상인 경우: 해당 선거구 전체 입주자 등의 과반수가 투표하고 후보자 중 최다 득표자를 선출
> ② 후보자가 1명인 경우: 해당 선거구 전체 입주자 등의 과반수가 투표하고 투표자 과반수의 찬성으로 선출

(3) 동별 대표자의 임기

동별 대표자의 임기는 2년이고, 한 번만 중임할 수 있다. 다만, 보궐선거, 재선거로 선출된 동별 대표자의 임기는 다음의 구분에 따른다. 이 경우 그 임기가 6개월 미만인 경우에는 횟수에 포함하지 않는다.

> ① 모든 동별 대표자의 임기가 동시에 시작하는 경우: 2년
> ② 그 밖의 경우: 전임자 임기(재선거의 경우 재선거 전에 실시한 선거에서 선출된 동별 대표자의 임기)의 남은 기간

(4) 중임의 예외

2회의 선출공고에도 불구하고 후보자가 없는 선거구의 경우에는 중임자도 해당 선거구 입주자 등의 2분의 1 이상의 찬성으로 다시 동별 대표자로 선출될 수 있다. 이 경우 후보자 중 동별 대표자를 중임하지 아니한 사람이 있으면 동별 대표자를 중임한 사람은 후보자의 자격을 상실한다.

3. 임원

(1) 구성

입주자대표회의에서는 동별 대표자 중에서 회장 1명, 감사 2명 이상, 이사 1명 이상의 임원을 두어야 하고, 그 이사 중 공동체생활의 활성화에 관한 업무를 담당하는 이사를 선임할 수 있다. 이 경우 사용자인 동별 대표자는 회장이 될 수 없다. 다만, 입주자인 회장 후보가 없는 경우에 선출 전 전체 입주자 과반수의 서면동의를 얻은 경우에는 그러하지 아니하다.

(2) 선출

대통령령에 따른다.

(3) 업무

① 입주자대표회의의 회장은 입주자대표회의를 대표하고, 그 회의의 의장이 된다.

② 이사는 회장을 보좌하고, 회장이 부득이한 사유로 그 직무를 수행할 수 없을 때에는 관리규약에서 정하는 바에 따라 그 직무를 대행한다.

③ 감사는 관리비, 사용료 및 장기수선충당금 등의 부과·징수·지출·보관 등 회계관계 업무와 관리업무 전반에 대하여 관리주체의 업무를 감사한다.

④ 감사는 감사를 한 경우에는 감사보고서를 작성하여 입주자대표회의와 관리주체에게 제출하고 인터넷 홈페이지에 공개하여야 한다.

⑤ 감사는 입주자대표회의에서 의결한 안건이 관계 법령 및 관리규약에 위반된다고 판단되는 경우에는 입주자대표회의에 재심의를 요청할 수 있다.

⑥ ⑤에 따라 재심의를 요청받은 입주자대표회의는 지체 없이 해당 안건을 다시 심의하여야 한다.

4. 선거관리위원회

(1) 구성

입주자 등은 동별 대표자나 입주자대표회의의 임원을 선출하거나 해임하기 위하여 선거관리위원회를 구성한다.

(2) 구성원

선거관리위원회는 입주자 등 중에서 위원장을 포함하여 다음의 구분에 따른 위원으로 구성하며, 위원장은 위원 중에서 호선한다.

> ① 500세대 이상인 공동주택: 5명 이상 9명 이하
> ② 500세대 미만인 공동주택: 3명 이상 9명 이하

02 공동주택관리규약 ★

1. 관리규약의 준칙

특별시장·광역시장·특별자치시장·도지사 또는 특별자치도지사(시·도지사)는 공동주택의 입주자 등을 보호하고 주거생활의 질서를 유지하기 위하여 관리규약의 준칙을 정하여야 한다.

2. 관리규약

(1) 제정

① **제안**: 사업주체는 입주예정자와 관리계약을 체결할 때 관리규약 제정안을 제안하여야 한다. 다만, 사업주체가 입주자대표회의가 구성되기 전에 공동주택의 어린이집, 공동육아나눔터, 다함께돌봄센터의 임대계약을 체결하려는 경우에는 입주개시일 3개월 전부터 관리규약 제정안을 제안할 수 있다.

② **제정**: 공동주택 분양 후 최초의 관리규약은 사업주체가 제안한 내용을 해당 입주예정자의 과반수가 서면으로 동의하는 방법으로 결정한다.

(2) 개정

입주자 등이 관리규약을 개정하려는 경우에는 관리방법의 결정 또는 변경과 같은 방법으로 결정한다.

(3) 관리규약 등의 신고

입주자대표회의의 회장(제정의 경우에는 사업주체 또는 의무관리대상 전환 공동주택의 관리인)은 관리규약이 제정·개정되거나 입주자대표회의가 구성·변경된 날부터 30일 이내에 시장·군수·구청장에게 그 사실을 신고하여야 한다. 신고한 사항이 변경되는 경우에도 또한 같다.

공동주택의 전문관리

1. 관리사무소장 ★

(1) 배치

의무관리대상 공동주택을 관리하는 다음의 어느 하나에 해당하는 자는 주택관리사를 해당 공동주택의 관리사무소장으로 배치하여야 한다. 다만, 500세대 미만의 공동주택에는 주택관리사를 갈음하여 주택관리사보를 해당 공동주택의 관리사무소장으로 배치할 수 있다.

① 입주자대표회의(자치관리의 경우)
② 관리업무를 인계하기 전의 사업주체
③ 주택관리업자
④ 임대사업자

(2) 배치신고

관리사무소장은 그 배치내용과 업무의 집행에 사용할 직인을 국토교통부령으로 정하는 바에 따라 시장·군수·구청장에게 신고하여야 한다. 신고한 배치내용과 직인을 변경할 때에도 또한 같다.

(3) 신고방법

신고하려는 관리사무소장은 배치된 날부터 15일 이내에 신고서에 서류를 첨부하여 주택관리사단체에 제출하여야 하며, 신고한 배치내용과 업무의 집행에 사용하는 직인을 변경하려는 관리사무소장은 변경사유가 발생한 날부터 15일 이내에 신고서에 변경내용을 증명하는 서류를 첨부하여 주택관리사단체에 제출하여야 한다.

(4) 신고처리 절차

신고 또는 변경신고를 접수한 주택관리사단체는 관리사무소장의 배치내용 및 직인신고 접수현황을 분기별로 시장·군수·구청장에게 보고하여야 하며, 관리사무소장이 신고 또는 변경신고에 대한 증명서 발급을 요청하면 즉시 증명서를 발급하여야 한다.

2. 관리사무소장의 손해배상책임

(1) 손해배상책임

주택관리사 등은 관리사무소장의 업무를 집행하면서 고의 또는 과실로 입주자 등에게 재산상의 손해를 입힌 경우에는 그 손해를 배상할 책임이 있다.

(2) 보증의 가입

① **가입의무**: (1)에 따른 손해배상책임을 보장하기 위하여 주택관리사 등은 다음의 구분에 따른 금액을 보장하는 보증보험 또는 공제에 가입하거나 공탁을 하여야 한다.

> ○ 500세대 미만의 공동주택: 3천만원
> ○ 500세대 이상의 공동주택: 5천만원

② **보증가입서류의 제출**: 주택관리사 등은 손해배상책임을 보장하기 위한 보증보험 또는 공제에 가입하거나 공탁을 한 후 해당 공동주택의 관리사무소장으로 배치된 날에 다음의 어느 하나에 해당하는 자에게 보증보험 등에 가입한 사실을 입증하는 서류를 제출하여야 한다.

> ○ 입주자대표회의의 회장
> ○ 임대주택의 경우에는 임대사업자
> ○ 입주자대표회의가 없는 경우에는 시장·군수·구청장

③ **보증의 보전**: 주택관리사 등은 보증보험금, 공제금 또는 공탁금으로 손해배상을 한 때에는 15일 이내에 보증보험 또는 공제에 다시 가입하거나 공탁금 중 부족하게 된 금액을 보전하여야 한다.

④ **공탁금의 회수제한**: 공탁한 공탁금은 주택관리사 등이 해당 공동주택의 관리사무소장의 직을 사임하거나 그 직에서 해임된 날 또는 사망한 날부터 3년 이내에는 회수할 수 없다.

3. 주택관리업자 ★

(1) 등록

의무관리대상 공동주택의 관리를 업으로 하려는 자는 등록기준을 갖추어 시장·군수·구청장에게 등록하여야 하며, 등록사항이 변경된 경우에는 변경사유가 발생한 날부터 15일 이내에 변경신고를 하여야 한다.

(2) 결격사유

등록을 한 주택관리업자가 그 등록이 말소된 후 2년이 지나지 아니한 때에는 다시 등록할 수 없다.

(3) 주택관리업자의 관리상 의무

① 주택관리업자는 관리하는 공동주택에 배치된 주택관리사 등이 해임, 그 밖의 사유로 결원이 된 때에는 그 사유가 발생한 날부터 15일 이내에 새로운 주택관리사 등을 배치하여야 한다.

② 주택관리업자는 공동주택을 관리할 때에는 기술인력 및 장비를 갖추고 있어야 한다.

(4) 주택관리업자에 대한 감독

① **등록말소 또는 영업정지**: 시장 · 군수 · 구청장은 주택관리업자가 법정 사유에 해당하면 그 등록을 말소하거나 1년 이내의 기간을 정하여 영업의 전부 또는 일부의 정지를 명할 수 있다.

② **처분절차**: 시장 · 군수 · 구청장은 주택관리업자에 대하여 등록말소 또는 영업정지처분을 하려는 때에는 처분일 1개월 전까지 해당 주택관리업자가 관리하는 공동주택의 입주자대표회의에 그 사실을 통보하여야 한다.

4. 주택관리사 등

(1) 자격 및 결격사유

① **주택관리사보**: 주택관리사보가 되려는 자는 국토교통부장관이 시행하는 자격시험에 합격한 후 시 · 도지사(대도시의 시장 포함)로부터 합격증서를 발급받아야 한다.

② **주택관리사**: 주택관리사는 아래 ③의 요건을 갖추고 시 · 도지사로부터 주택관리사 자격증을 발급받은 자로 한다.

③ **주택관리사 자격발급 요건**: 시 · 도지사는 주택관리사보 자격시험에 합격하기 전이나 합격한 후 다음의 어느 하나에 해당하는 경력을 갖춘 자에 대하여 주택관리사 자격증을 발급한다.

> ㉠ 사업계획승인을 받아 건설한 50세대 이상 500세대 미만의 공동주택(건축허가를 받아 주택과 주택 외의 시설을 동일 건축물로 건축한 건축물 중 주택이 50세대 이상 300세대 미만인 건축물 포함)의 관리사무소장으로 근무한 경력 3년 이상
> ㉡ 사업계획승인을 받아 건설한 50세대 이상의 공동주택(건축허가를 받아 주택과 주택 외의 시설을 동일 건축물로 건축한 건축물 중 주택이 50세대 이상 300세대 미만인 건축물 포함)의 관리사무소의 직원(경비원, 청소원 및 소독원은 제외한다) 또는 주택관리업자의 직원으로 주택관리업무에 종사한 경력 5년 이상

   © 한국토지주택공사 또는 지방공사의 직원으로서 주택관리업무에의 종사경력 5년 이상
   ② 공무원으로서 주택 관련 지도·감독 및 인·허가 업무 등에의 종사경력 5년 이상
   ⑩ 주택관리사단체와 국토교통부장관이 정하여 고시하는 공동주택관리와 관련된 단체의 임직
     원으로 주택 관련 업무에 종사한 경력 5년 이상
   ⑭ ⊙ 내지 ⑩의 경력을 합산한 기간 5년 이상

④ **결격사유**: 다음의 어느 하나에 해당하는 자는 주택관리사 등이 될 수 없다.

   ⊙ 피성년후견인 또는 피한정후견인
   © 파산선고를 받은 자로서 복권되지 아니한 자
   © 금고 이상의 실형을 선고받고 그 집행이 끝나거나(집행이 끝난 것으로 보는 경우를 포함한
     다) 집행이 면제된 날부터 2년이 지나지 아니한 자
   ② 금고 이상의 형의 집행유예를 선고받고 그 유예기간 중에 있는 자
   ⑩ 주택관리사 등의 자격이 취소된 후 3년이 지나지 아니한 사람(⊙ 및 ©에 해당하여 주택관
     리사 등의 자격이 취소된 경우는 제외한다)

(2) 감독

① **자격정지 또는 자격취소**: 시·도지사는 주택관리사 등이 법정 사유에 해당하면 그
자격을 취소하거나 1년 이내의 기간을 정하여 그 자격을 정지시킬 수 있다. 다만,
⊙부터 ②까지, ⓢ 중 어느 하나에 해당하는 경우에는 그 자격을 취소하여야 한다.

   ⊙ 거짓이나 그 밖의 부정한 방법으로 자격을 취득한 경우
   © 공동주택의 관리업무와 관련하여 금고 이상의 형을 선고받은 경우
   © 의무관리대상 공동주택에 취업한 주택관리사 등이 다른 공동주택 및 상가, 오피스텔 등 주
     택 외의 시설에 취업한 경우
   ② 주택관리사 등이 자격정지기간에 공동주택관리업무를 수행한 경우
   ⑩ 고의 또는 중대한 과실로 공동주택을 잘못 관리하여 소유자 및 사용자에게 재산상의 손해
     를 입힌 경우
   ⑭ 주택관리사 등이 업무와 관련하여 금품수수 등 부당이득을 취한 경우
   ⓢ 법 제90조 제4항을 위반하여 다른 사람에게 자기의 명의를 사용하여 이 법에서 정한 업무
     를 수행하게 하거나 자격증을 대여한 경우
   ◎ 법 제93조 제1항에 따른 보고, 자료의 제출, 조사 또는 검사를 거부·방해 또는 기피하거나
     거짓으로 보고를 한 경우
   ⓩ 법 제93조 제3항·제4항에 따른 감사를 거부·방해 또는 기피한 경우

② **처분기준**: 자격의 취소 및 정지처분에 관한 기준은 대통령령으로 정한다.

5. 관리주체에 대한 교육

(1) 배치교육

주택관리업자(법인인 경우에는 그 대표자)와 관리사무소장으로 배치받은 주택관리사 등은 다음의 구분에 따른 시기에 공동주택관리에 관한 교육과 윤리교육을 받아야 한다.

> ① 주택관리업자: 주택관리업의 등록을 한 날부터 3개월 이내
> ② 관리사무소장: 관리사무소장으로 배치된 날(주택관리사보로서 소장이던 사람이 주택관리사의 자격을 취득한 경우에는 그 자격취득일을 말한다)부터 3개월 이내

(2) 보수교육

관리사무소장으로 배치받으려는 주택관리사 등이 배치예정일부터 직전 5년 이내에 관리사무소장, 공동주택관리기구의 직원 또는 주택관리업자의 임직원으로서 종사한 경력이 없는 경우에는 시·도지사가 실시하는 공동주택관리에 관한 교육과 윤리교육을 이수하여야 관리사무소장으로 배치받을 수 있다. 이 경우 공동주택관리에 관한 교육과 윤리교육을 이수하고 관리사무소장으로 배치받은 주택관리사 등에 대하여는 교육의무를 이행한 것으로 본다.

(3) 직무교육

공동주택의 관리사무소장으로 배치받아 근무 중인 주택관리사 등은 (1) 또는 (2)에 따른 교육을 받은 후 3년마다 공동주택관리에 관한 교육과 윤리교육을 받아야 한다.

(4) 구분실시

(2)에 따른 관리사무소장의 직무에 관한 보수교육은 주택관리사와 주택관리사보로 구분하여 실시하며, 위 (1), (2), (3)에 따른 교육기간은 3일로 한다.

CHAPTER 5 관리업무

1. 관리일반

관리주체는 공동주택을 이 법 또는 이 법에 따른 명령에 따라 관리하여야 한다.

2. 관리주체의 업무★

(1) 관리비 등의 사업계획 및 예산안 수립 등

① **사업계획과 예산안**: 의무관리대상 공동주택의 관리주체는 다음 회계연도에 관한 관리비 등의 사업계획 및 예산안을 매 회계연도 개시 1개월 전까지 입주자대표회의에 제출하여 승인을 받아야 한다.

② **최초의 사업계획 및 예산안의 수립**: 사업주체로부터 공동주택의 관리업무를 인계받은 관리주체는 지체 없이 다음 회계연도가 시작되기 전까지의 기간에 대한 사업계획 및 예산안을 수립하여 입주자대표회의의 승인을 받아야 한다. 다만, 다음 회계연도가 시작되기 전까지의 기간이 3개월 미만인 경우로서 입주자대표회의 의결이 있는 경우에는 생략할 수 있다.

③ **사업실적과 결산서**: 의무관리대상 공동주택의 관리주체는 회계연도마다 사업실적서 및 결산서를 작성하여 회계연도 종료 후 2개월 이내에 입주자대표회의에 제출하여야 한다.

(2) 회계서류의 작성 · 보관

의무관리대상 공동주택의 관리주체는 관리비 등의 징수 · 보관 · 예치 · 집행 등 모든 거래행위에 관하여 장부를 월별로 작성하여 그 증빙서류와 함께 해당 회계연도 종료일부터 5년간 보관하여야 한다. 이 경우 관리주체는 정보처리시스템을 통하여 장부 및 증빙서류를 작성하거나 보관할 수 있다.

(3) 관리주체의 회계감사

① 300세대 이상인 공동주택의 관리주체는 매 회계연도 종료 후 9개월 이내에 다음의 재무제표에 대하여 감사인의 회계감사를 매년 1회 이상 받아야 한다. 다만, 회계감사를 받지 아니하기로 해당 공동주택 입주자 등의 3분의 2 이상의 서면동의를 받은 연도에는 그러하지 아니하다.

> ㉠ 재무상태표
> ㉡ 운영성과표
> ㉢ 이익잉여금처분계산서(또는 결손금처리계산서)
> ㉣ 주석(註釋)

② 300세대 미만인 공동주택으로서 의무관리대상 공동주택의 관리주체는 다음의 어느 하나에 해당하는 경우 감사인의 회계감사를 받아야 한다.

> ㉠ 입주자 등의 10분의 1 이상이 연서로 요구하는 경우
> ㉡ 입주자대표회의에서 의결하여 요구한 경우

(4) 관리비 등의 집행을 위한 사업자 선정

관리주체 또는 입주자대표회의는 다음의 구분에 따라 사업자를 선정(계약의 체결을 포함한다)하고 집행하여야 한다.

> ① 관리주체가 사업자를 선정하고 집행하는 다음의 사항
> ㉠ 청소, 경비, 소독, 승강기유지, 지능형 홈네트워크, 수선·유지(냉방·난방시설의 청소를 포함한다)를 위한 용역 및 공사
> ㉡ 주민운동시설의 위탁, 물품의 구입과 매각, 잡수입의 취득(공동주택의 어린이집 임대에 따른 잡수입의 취득은 제외한다), 보험계약 등 국토교통부장관이 정하여 고시하는 사항
> ② 입주자대표회의가 사업자를 선정하고 집행하는 다음의 사항
> ㉠ 하자보수보증금을 사용하여 보수하는 공사
> ㉡ 사업주체로부터 지급받은 공동주택 공용부분의 하자보수비용을 사용하여 보수하는 공사
> ③ 입주자대표회의가 사업자를 선정하고 관리주체가 집행하는 다음의 사항
> ㉠ 장기수선충당금을 사용하는 공사
> ㉡ 전기안전관리를 위한 용역

(5) 계약서의 공개

의무관리대상 공동주택의 관리주체 또는 입주자대표회의는 선정한 주택관리업자 또는 공사, 용역 등을 수행하는 사업자와 계약을 체결하는 경우 계약 체결일부터 1개월 이내에 그 계약서를 해당 공동주택단지의 인터넷 홈페이지와 동별 게시판에 공개하여야 한다. 이 경우 개인정보 보호법 제24조에 따른 고유식별정보 등 개인의 사생활의 비밀 또는 자유를 침해할 우려가 있는 정보는 제외하고 공개하여야 한다.

3. 관리업무의 감독

(1) 공동주택의 감사

① **요청에 따른 감사**: 공동주택의 입주자 등은 전체 입주자 등의 10분의 2 이상의 동의를 받아 지방자치단체의 장에게 입주자대표회의나 그 구성원, 관리주체, 관리사무소장 또는 선거관리위원회나 그 위원 등의 업무에 대하여 감사를 요청할 수 있다. 이 경우 감사 요청은 그 사유를 소명하고 이를 뒷받침할 수 있는 자료를 첨부하여 서면으로 하여야 하며, 지방자치단체의 장은 감사 요청이 이유가 있다고 인정하는 경우에는 감사를 실시한 후 감사를 요청한 입주자 등에게 그 결과를 통보하여야 한다.

② **직권감사**: 지방자치단체의 장은 ①에 따른 감사 요청이 없더라도 공동주택관리의 효율화와 입주자 등의 보호를 위하여 필요하다고 인정하는 경우에는 ①의 감사대상이 되는 업무에 대하여 감사를 실시할 수 있다.

(2) 공동주택 관리비리 신고센터

① **신고센터의 설치**: 국토교통부장관은 공동주택 관리비리와 관련된 불법행위 신고의 접수 · 처리 등에 관한 업무를 효율적으로 수행하기 위하여 공동주택 관리비리 신고센터를 설치 · 운영할 수 있다.

② **신고센터의 업무**: 신고센터는 다음의 업무를 수행한다.

> ㉠ 공동주택관리의 불법행위와 관련된 신고의 상담 및 접수
> ㉡ 해당 지방자치단체의 장에게 해당 신고사항에 대한 조사 및 조치 요구
> ㉢ 신고인에게 조사 및 조치 결과의 요지 등 통보

③ **불법행위의 신고**: 공동주택관리와 관련하여 불법행위를 인지한 자는 신고센터에 그 사실을 신고할 수 있다. 이 경우 신고를 하려는 자는 자신의 인적사항과 신고의 취지 · 이유 · 내용을 적고 서명한 문서와 함께 신고대상 및 증거 등을 제출하여야 한다.

④ **신고의 처리**: 위 ②의 ㉡에 따른 요구를 받은 지방자치단체의 장은 신속하게 해당 요구에 따른 조사 및 조치를 완료하고 완료한 날부터 10일 이내에 그 결과를 국토교통부장관에게 통보하여야 하며, 국토교통부장관은 통보를 받은 경우 즉시 신고자에게 그 결과의 요지를 알려야 한다.

(3) 부정행위의 금지

① 공동주택의 관리와 관련하여 입주자대표회의(구성원을 포함한다)와 관리사무소장은 공모(共謀)하여 부정하게 재물 또는 재산상의 이익을 취득하거나 제공하여서는 아니 된다.

② 공동주택의 관리와 관련하여 입주자 등, 관리주체, 입주자대표회의, 선거관리위원회(위원을 포함한다)는 부정하게 재물 또는 재산상의 이익을 취득하거나 제공하여서는 아니 된다.

③ 입주자대표회의 및 관리주체는 관리비, 사용료와 장기수선충당금을 이 법에 따른 용도 외의 목적으로 사용하여서는 아니 된다.

④ 주택관리업자 및 주택관리사 등은 다른 자에게 자기의 성명 또는 상호를 사용하여 이 법에서 정한 사업이나 업무를 수행하게 하거나 그 등록증 또는 자격증을 대여하여서는 아니 된다.

CHAPTER 6 시설관리

01 시설물 안전관리

의무관리대상 공동주택의 관리주체는 해당 공동주택의 시설물로 인한 안전사고를 예방하기 위하여 다음의 시설에 관한 안전관리계획을 수립하고, 이에 따라 시설물별로 안전관리자 및 안전관리책임자를 지정하여 이를 시행하여야 한다.

① 고압가스, 액화석유가스 및 도시가스시설
② 중앙집중식 난방시설
③ 발전 및 변전시설
④ 위험물 저장시설
⑤ 소방시설
⑥ 승강기 및 인양기
⑦ 연탄가스배출기(세대별로 설치된 것은 제외한다)
⑧ 석축, 옹벽, 담장, 맨홀, 정화조 및 하수도
⑨ 옥상 및 계단 등의 난간
⑩ 우물 및 비상저수시설
⑪ 펌프실, 전기실 및 기계실
⑫ 주차장, 경로당 또는 어린이놀이터에 설치된 시설

02 안전점검

(1) 안전점검의 주체

의무관리대상 공동주택의 관리주체는 그 공동주택의 기능유지와 안전성 확보로 입주자 등을 재해 및 재난 등으로부터 보호하기 위하여 반기마다 공동주택의 안전점검을 실시하여야 한다. 다만, 16층 이상의 공동주택 및 사용검사일부터 30년이 경과한 공동주택 또는 안전등급이 C등급, D등급 또는 E등급에 해당하는 15층 이하인 공동주택에 대하여는 다음의 자로 하여금 안전점검을 실시하도록 하여야 한다.

① 시설물의 안전 및 유지관리에 관한 특별법 시행령 제9조에 따른 책임기술자로서 해당 공동주택단지의 관리직원인 자
② 주택관리사 등이 된 후 국토교통부령으로 정하는 교육기관에서 시설물의 안전 및 유지관리에 관한 특별법 시행령 [별표 5]에 따른 정기안전점검교육을 이수한 자 중 관리사무소장으로 배치된 자 또는 해당 공동주택단지의 관리직원인 자
③ 안전진단전문기관
④ 건설산업기본법에 따라 국토교통부장관에게 등록한 유지관리업자

(2) 안전점검

① **점검결과에 대한 조치**: 관리주체는 안전점검의 결과 건축물의 구조 · 설비의 안전도가 매우 낮아 재해 및 재난 등이 발생할 우려가 있는 경우에는 지체 없이 입주자대표회의(임대주택은 임대사업자를 말한다)에 그 사실을 통보한 후 시장 · 군수 · 구청장에게 그 사실을 보고하고, 해당 건축물의 이용제한 또는 보수 등 필요한 조치를 하여야 한다.

② **예산 확보**: 의무관리대상 공동주택의 입주자대표회의 및 관리주체는 건축물과 공중의 안전 확보를 위하여 건축물의 안전점검과 재난예방에 필요한 예산을 매년 확보하여야 한다.

03 장기수선계획과 장기수선충당금 ★

1. 장기수선계획

(1) 수립대상과 수립절차

다음의 어느 하나에 해당하는 공동주택을 건설 · 공급하는 사업주체(건축허가를 받아 주택 외의 시설과 주택을 동일 건축물로 건축하는 건축주를 포함한다) 또는 리모델링을 하는 자는 그 공동주택의 공용부분에 대한 장기수선계획을 수립하여 사용검사를 신청할 때에 사용검사권자에게 제출하고, 사용검사권자는 이를 그 공동주택의 관리주체에게 인계하여야 한다.

① 300세대 이상의 공동주택
② 승강기가 설치된 공동주택
③ 중앙집중식 난방방식 또는 지역난방방식의 공동주택
④ 건축허가를 받아 주택 외의 시설과 주택을 동일 건축물로 건축한 건축물

(2) 계획의 조정

① 입주자대표회의와 관리주체는 장기수선계획을 3년마다 검토하고 필요한 경우 이를 조정하여야 한다.

② 입주자대표회의와 관리주체는 전체 입주자 과반수의 서면동의를 받은 경우에는 3년이 지나기 전에 장기수선계획을 조정할 수 있다.

2. 장기수선충당금

(1) 적립

관리주체는 장기수선계획에 따라 공동주택의 주요 시설의 교체 및 보수에 필요한 장기수선충당금을 해당 주택의 소유자로부터 징수하여 적립하여야 하며, 분양되지 아니한 세대의 장기수선충당금은 사업주체가 부담한다.

(2) 요율

장기수선충당금의 요율은 해당 공동주택의 관리규약으로 정한다.

(3) 적립시기

장기수선충당금은 해당 공동주택에 대한 사용검사일부터 1년이 경과한 날이 속하는 날부터 매달 적립한다.

(4) 적립금액

장기수선충당금의 적립금액은 장기수선계획으로 정한다.

(5) 사용

장기수선충당금의 사용은 장기수선계획에 따른다.

(6) 사용절차

장기수선충당금은 관리주체가 장기수선충당금 사용계획서를 장기수선계획에 따라 작성하고 입주자대표회의의 의결을 거쳐 사용한다.

(7) 대체납부

공동주택의 소유자는 장기수선충당금을 사용자가 대신하여 납부한 경우에는 그 금액을 반환하여야 한다. 관리주체는 공동주택의 사용자가 장기수선충당금의 납부 확인을 요구하는 경우에는 지체 없이 확인서를 발급해 주어야 한다.

비용관리

1. 관리비예치금

(1) 징수

관리주체는 해당 공동주택의 공용부분의 관리 및 운영 등에 필요한 경비(관리비예치금)를 공동주택의 소유자로부터 징수할 수 있다.

(2) 반환

관리주체는 소유자가 공동주택의 소유권을 상실한 경우에는 **(1)**에 따라 징수한 관리비예치금을 반환하여야 한다. 다만, 소유자가 관리비, 사용료 및 장기수선충당금 등을 미납한 때에는 관리비예치금에서 정산한 후 그 잔액을 반환할 수 있다.

2. 관리비

(1) 관리비의 징수

의무관리대상 공동주택의 입주자 등은 그 공동주택의 유지관리를 위하여 필요한 관리비를 관리주체에게 납부하여야 한다.

(2) 관리비의 항목

관리비는 다음 비목의 월별 금액의 합계액으로 한다.

① 일반관리비	② 청소비
③ 경비비	④ 소독비
⑤ 난방비	⑥ 급탕비
⑦ 수선유지비	⑧ 승강기유지비
⑨ 지능형 홈네트워크설비 유지비	⑩ 위탁관리수수료

⊕ **수선유지비의 세부항목**
- 장기수선계획에서 제외되는 공동주택의 공용부분의 수선·보수에 소요되는 비용으로 보수 용역시에는 용역금액, 직영시에는 자재 및 인건비
- 냉난방시설의 청소, 소화기충약비 등 공동으로 이용하는 시설의 보수유지비 및 제반 검사비
- 건축물의 안전점검비용
- 재난 및 재해 등의 예방에 따른 비용

3. 구분징수

관리주체는 다음의 비용에 대하여는 이를 관리비와 구분하여 징수하여야 한다.

① 장기수선충당금
② 안전진단 실시비용

4. 대행납부

공동주택의 관리주체는 입주자 등이 납부하는 다음의 사용료 등을 입주자 등을 대행하여 그 사용료 등을 받을 자에게 납부할 수 있다.

① 전기료(공동으로 사용되는 시설의 전기료를 포함한다)
② 수도료(공동으로 사용하는 수도료를 포함한다)
③ 가스사용료
④ 지역난방방식인 공동주택의 난방비와 급탕비
⑤ 정화조오물수수료
⑥ 생활폐기물수수료
⑦ 공동주택단지 안의 건물 전체를 대상으로 하는 보험료
⑧ 입주자대표회의의 운영비
⑨ 선거관리위원회의 운영경비

5. 사용료의 징수

관리주체는 주민공동시설, 인양기 등 공용시설물의 이용료를 해당 시설의 이용자에게 따로 부과할 수 있다.

6. 통합 부과 및 관리

관리주체는 관리비 등을 입주자대표회의가 지정하는 금융기관에 예치하여 관리하되, 장기수선충당금은 별도의 계좌로 예치·관리하여야 한다. 이 경우 계좌는 관리사무소장의 직인 외에 입주자대표회의의 회장 인감을 복수로 등록할 수 있다.

7. 관리비 등의 공개

관리주체는 다음의 내역(세대별 부과내역은 제외)을 다음 달 말일까지 해당 공동주택단지의 인터넷 홈페이지 및 동별 게시판과 공동주택관리정보시스템에 공개하여야 한다. 잡수입의 경우에도 동일한 방법으로 공개하여야 한다.

① 관리비
② 사용료 등
③ 장기수선충당금과 그 적립금액
④ 그 밖에 대통령령으로 정하는 사항

하자보수

01 공동주택의 하자보수 ★

1. 하자보수책임

(1) 하자보수책임자

다음의 사업주체는 공동주택의 하자에 대하여 분양에 따른 담보책임(③ 및 ④의 시공자는 수급인의 담보책임을 말한다)을 진다.

> ① 주택법 제2조 제10호 각 목에 따른 자(사업주체)
> ② 건축법 제11조에 따른 건축허가를 받아 분양을 목적으로 하는 공동주택을 건축한 건축주
> ③ 공동주택을 증축·개축·대수선하는 행위를 한 시공자
> ④ 주택법 제66조에 따른 리모델링을 수행한 시공자

(2) 하자보수청구권자

사업주체는 담보책임기간에 하자가 발생한 경우에는 해당 공동주택의 ①부터 ④까지에 해당하는 자(이하 '입주자대표회의 등'이라 한다) 또는 ⑤에 해당하는 자의 청구에 따라 그 하자를 보수하여야 한다.

> ① 입주자
> ② 입주자대표회의
> ③ 관리주체(하자보수청구 등에 관하여 입주자 또는 입주자대표회의를 대행하는 관리주체)
> ④ 집합건물의 소유 및 관리에 관한 법률에 따른 관리단
> ⑤ 공공임대주택의 임차인 또는 임차인대표회의(이하 '임차인 등'이라 한다)

(3) 하자의 범위

① 내력구조부별 하자의 범위

> ㉠ 공동주택 구조체의 일부 또는 전부가 붕괴된 경우
> ㉡ 공동주택의 구조안전상 위험을 초래하거나 그 위험을 초래할 우려가 있는 정도의 균열·침하(沈下) 등의 결함이 발생한 경우

② **시설공사별 하자의 범위**: 공사상의 잘못으로 인한 균열·처짐·비틀림·들뜸·침하·파손·붕괴·누수·누출·탈락, 작동 또는 기능불량, 부착·접지 또는 결선(結線) 불량, 고사(枯死) 및 입상(立像) 불량 등이 발생하여 건축물 또는 시설물의 안전상·기능상 또는 미관상의 지장을 초래할 정도의 결함이 발생한 경우를 말한다.

(4) 하자담보책임기간

① **내력구조부별(주요구조부, 지반공사) 하자에 대한 담보책임기간**: 10년
② **시설공사별 하자에 대한 담보책임기간**: 다음에 따른 기간

1. 마감공사		2년
2. 옥외급수·위생 관련 공사	3. 난방·냉방·환기, 공기조화 설비공사	
4. 급·배수 및 위생설비공사	5. 가스설비공사	
6. 목공사	7. 창호공사	
8. 조경공사	9. 전기 및 전력설비공사	3년
10. 신재생에너지 설비공사	11. 정보통신공사	
12. 지능형 홈네트워크 설비공사	13. 소방시설공사	
14. 단열공사	15. 잡공사	
16. 대지조성공사	17. 철근콘크리트공사	
18. 철골공사	19. 조적공사	5년
20. 지붕공사	21. 방수공사	

(5) 하자보수절차

① 입주자대표회의 등은 공동주택에 하자가 발생한 경우에는 담보책임기간 내에 사업주체에게 하자보수를 청구하여야 한다.
② 사업주체는 하자보수를 청구받은 날부터 15일 이내에 그 하자를 보수하거나 하자보수계획을 입주자대표회의 등에 서면(정보처리시스템을 사용한 전자문서를 포함한다)으로 통보하고 그 계획에 따라 하자를 보수하여야 한다. 다만, 하자가 아니라고 판단되는 사항에 대해서는 그 이유를 서면으로 통보하여야 한다.
③ 하자보수를 실시한 사업주체는 하자보수가 완료되면 즉시 그 보수결과를 하자보수를 청구한 입주자대표회의 등에 통보하여야 한다.

2. 담보책임의 종료

(1) 종료통지

사업주체는 담보책임기간이 만료되기 30일 전까지 그 만료 예정일을 해당 공동주택의 입주자대표회의(의무관리대상 공동주택이 아닌 경우에는 관리단을 말한다)에 서면으로 통보하여야 한다. 이 경우 사업주체는 다음의 사항을 함께 알려야 한다.

> ① 입주자대표회의 등이 하자보수를 청구한 경우에는 하자보수를 완료한 내용
> ② 담보책임기간 내에 하자보수를 신청하지 아니하면 하자보수를 청구할 수 있는 권리가 없어진다는 사실

(2) 종료조치

(1)에 따른 통보를 받은 입주자대표회의는 다음의 구분에 따른 조치를 하여야 한다.

> ① 전유부분에 대한 조치: 담보책임기간이 만료되는 날까지 하자보수를 청구하도록 입주자에게 개별통지하고 공동주택단지 안의 잘 보이는 게시판에 20일 이상 게시
> ② 공용부분에 대한 조치: 담보책임기간이 만료되는 날까지 하자보수 청구

(3) 사업주체의 조치

사업주체는 하자보수 청구를 받으면 지체 없이 보수하고 그 보수결과를 서면으로 입주자대표회의 등에 통보하여야 한다. 다만, 하자가 아니라고 판단한 사항에 대해서는 그 이유를 기재한 서면을 통보하여야 한다.

(4) 이의제기

(3)에 따라 보수결과를 통보받은 입주자대표회의 등은 통보받은 날부터 30일 이내에 이유를 명확히 기재한 서면으로 사업주체에게 이의를 제기할 수 있다. 이 경우 사업주체는 이의제기 내용이 타당하면 지체 없이 하자를 보수하여야 한다.

(5) 종료확인서의 작성

사업주체와 다음의 구분에 따른 자는 하자보수가 끝난 때에는 공동으로 담보책임 종료확인서를 작성하여야 한다. 이 경우 담보책임기간이 만료되기 전에 담보책임 종료확인서를 작성해서는 아니 된다.

> ① 전유부분: 입주자
> ② 공용부분: 입주자대표회의 회장(의무관리대상 공동주택이 아닌 경우는 관리인)

(6) 종료확인절차

입주자대표회의의 회장은 공용부분의 담보책임 종료확인서를 작성하려면 다음의 절차를 차례대로 거쳐야 한다. 이 경우 전체 입주자의 5분의 1 이상이 서면으로 반대하면 입주자대표회의는 의결을 할 수 없다.

> ① 의견청취를 위하여 입주자에게 다음의 사항을 서면으로 개별통지하고 공동주택단지 안의 게시판에 20일 이상 게시할 것
> ㉠ 담보책임기간이 만료된 사실
> ㉡ 완료된 하자보수의 내용
> ㉢ 담보책임 종료확인에 대하여 반대의견을 제출할 수 있다는 사실, 의견제출기간 및 의견제출서
> ② 입주자대표회의 의결

02 하자보수보증금 ★

1. 하자보수보증금의 예치 및 관리

(1) 예치자

사업주체는 대통령령으로 정하는 바에 따라 하자보수를 보장하기 위하여 하자보수보증금을 담보책임기간 동안 예치하여야 한다. 다만, 국가, 지방자치단체, 한국토지주택공사 및 지방공사인 사업주체의 경우에는 그러하지 아니하다.

(2) 예치방법과 예치명의

사업주체는 하자보수보증금을 은행에 현금으로 예치하거나 보증에 가입하여야 한다. 이 경우 그 예치명의 또는 가입명의는 사용검사권자로 하여야 한다.

(3) 명의변경 및 보관

사용검사권자는 입주자대표회의가 구성된 때에는 지체 없이 예치명의 또는 가입명의를 해당 입주자대표회의로 변경하고 입주자대표회의에 현금 예치증서 또는 보증서를 인계하여야 한다.

2. 하자보수보증금의 반환

입주자대표회의는 사업주체가 예치한 하자보수보증금을 다음의 구분에 따라 순차적으로 사업주체에게 반환하여야 한다.

---

① 2년이 경과된 때: 하자보수보증금의 100분의 15
② 사용검사일부터 3년이 경과된 때: 하자보수보증금의 100분의 40
③ 사용검사일부터 5년이 경과된 때: 하자보수보증금의 100분의 25
④ 사용검사일부터 10년이 경과된 때: 하자보수보증금의 100분의 20

▶ 핵심개념

CHAPTER 1
총칙

Ｑ

• 용어의 정의 ★

CHAPTER 2
임대사업자와 주택임대관리업자

Ｑ

• 주택임대관리업자 ★

각 CHAPTER별로 자주 출제되는 핵심개념을 정리하였습니다. 핵심개념은 본문에서도 ★로 표시되어 있으니 이 부분을 중점적으로 학습하세요.

PART 3
민간임대주택에 관한 특별법

CHAPTER 1 총칙
CHAPTER 2 임대사업자와 주택임대관리업자
CHAPTER 3 민간임대주택의 공급
CHAPTER 4 민간임대주택의 관리

 선생님의 비법전수

민간임대주택에 관한 특별법은 민간임대주택의 공급 활성화 및 임대사업자의 육성을 위해 제정된 법률로서 최근 시사하는 바가 큰 법률입니다.
출제 문항 수는 2문제로 출제비중은 다소 작은 편이나 학습해야 할 범위는 광범위하므로 전체적인 내용을 모두 숙지하기에는 시간상 불가하기 때문에 법 구성을 이해하고 파트별로 쟁점이 되고 자주 출제되는 영역을 중심으로 집중하여 학습할 필요가 있습니다.

CHAPTER 3
민간임대주택의 공급

• 임대보증금에 대한 보증 ★

CHAPTER 4
민간임대주택의 관리

• 임대주택의 관리방법 ★

01 제정목적

이 법은 민간임대주택의 건설·공급 및 관리와 민간 주택임대사업자 육성 등에 관한 사항을 정함으로써 민간임대주택의 공급을 촉진하고 국민의 주거생활을 안정시키는 것을 목적으로 한다.

02 용어의 정의 ★

이 법에서 사용하는 용어의 뜻은 다음과 같다.

(1) 민간임대주택

민간임대주택이란 임대 목적으로 제공하는 주택[토지를 임차하여 건설된 주택 및 다음의 요건을 갖춘 준주택 및 다가구주택으로서 임대사업자 본인이 거주하는 실(室)을 제외한 나머지 실 전부를 임대하는 주택을 포함한다]으로서 임대사업자가 등록한 주택을 말하며, 민간건설임대주택과 민간매입임대주택으로 구분한다.

> • 주택 외의 건축물을 기숙사로 리모델링한 건축물
> • 오피스텔(전용면적 120m² 이하이면서 전용 입식부엌, 수세식화장실, 목욕시설 갖춤)

① **민간건설임대주택**: 다음의 어느 하나에 해당하는 민간임대주택을 말한다.

> ㉠ 임대사업자가 임대를 목적으로 건설하여 임대하는 주택
> ㉡ 주택건설사업자가 사업계획승인을 받아 건설한 주택 중 사용검사 때까지 분양되지 아니하여 임대하는 주택

② **민간매입임대주택**: 임대사업자가 매매 등으로 소유권을 취득하여 임대하는 민간임대주택을 말한다.

(2) 공공지원민간임대주택

임대사업자가 공적인 지원을 받아 10년 이상 임대할 목적으로 취득(건설 또는 매입)하여 이 법에 따른 임대료 및 임차인의 자격제한 등을 받아 임대하는 민간임대주택을 말한다.

(3) 장기일반민간임대주택

임대사업자가 공공지원민간임대주택이 아닌 주택을 10년 이상 임대할 목적으로 취득하여 임대하는 민간임대주택[아파트(도시형 생활주택이 아닌 것)를 임대하는 민간매입임대주택은 제외한다]을 말한다.

(4) 임대사업자

임대사업자란 공공주택 특별법에 따른 공공주택사업자가 아닌 자로서 1호 이상의 민간임대주택을 취득하여 임대하는 사업을 할 목적으로 등록한 자를 말한다.

(5) 주택임대관리업

주택임대관리업이란 주택의 소유자로부터 임대관리를 위탁받아 관리하는 업(業)을 말하며, 다음으로 구분한다.

① **자기관리형 주택임대관리업**: 주택의 소유자로부터 주택을 임차하여 자기책임으로 전대(轉貸)하는 형태의 업
② **위탁관리형 주택임대관리업**: 주택의 소유자로부터 수수료를 받고 임대료 부과 · 징수 및 시설물 유지 · 관리 등을 대행하는 형태의 업

(6) 주택임대관리업자

주택임대관리업을 하기 위하여 등록한 자를 말한다.

(7) 역세권 등

철도역, 환승시설, 산업단지, 인구집중유발시설로서 대통령령으로 정하는 시설 등으로부터 1km 이내에 위치한 지역을 말한다. 이 경우 시 · 도지사는 조례로 그 거리를 50%의 범위에서 증감하여 달리 정할 수 있다.

(8) 주거지원대상자

청년 · 신혼부부 등 주거지원이 필요한 사람으로서 국토교통부령으로 정하는 요건을 충족하는 사람을 말한다.

(9) 복합지원시설

공공지원민간임대주택에 거주하는 임차인 등의 경제활동과 일상생활을 지원하는 시설로서 대통령령으로 정하는 시설을 말한다.

(10) 공유형 민간임대주택

가족관계가 아닌 2명 이상의 임차인이 하나의 주택에서 거실, 주방 등 어느 하나 이상의 공간을 공유하여 거주하는 민간임대주택으로서 임차인이 각각 임대차계약을 체결하는 민간임대주택을 말한다(예 셰어하우스).

임대사업자와 주택임대관리업자

01 임대사업자

(1) 등록

주택을 임대하려는 자는 특별자치시장 · 특별자치도지사 · 시장 · 군수 또는 구청장에게 등록을 신청할 수 있으며, 이 경우 2인 이상이 공동으로 건설하거나 소유하는 주택의 경우에는 공동명의로 등록하여야 한다.

(2) 등록결격

다음의 어느 하나에 해당하는 자는 법 제5조에 따른 임대사업자로 등록할 수 없다.

> ① 과거 5년 이내에 민간임대주택 또는 공공임대주택사업에서 부도(부도 후 부도 당시의 채무를 변제하고 사업을 정상화시킨 경우는 제외한다)가 발생한 사실이 있는 자
> ② 미성년자
> ③ 등록이 전부 말소된 후 2년이 지나지 아니한 자
> ④ 임차인에 대한 보증금반환채무의 이행과 관련하여 사기죄를 범하여 금고 이상의 형을 선고받고 집행이 종료되거나 그 집행이 면제된 날부터 2년이 지나지 아니한 자이거나 집행유예기간 중인 자

(3) 등록거부

시장 · 군수 · 구청장이 등록신청을 받은 경우 다음의 어느 하나에 해당하는 때에는 해당 등록신청을 거부할 수 있다.

> ① 해당 신청인의 신용도, 신청 임대주택의 부채비율 등을 고려하여 임대보증금 보증 가입이 현저히 곤란하다고 판단되는 경우
> ② 해당 주택이 정비사업 또는 소규모주택정비사업으로 인하여 임대의무기간 내 멸실 우려가 있다고 판단되는 경우
> ③ 해당 신청인의 국세 또는 지방세 체납 기간, 금액 등을 고려할 때 임차인에 대한 보증금반환채무의 이행이 현저히 곤란한 경우로서 대통령령으로 정하는 경우

02 주택임대관리업자 ★

(1) 등록

주택임대관리업을 하려는 자는 시장·군수·구청장에게 등록할 수 있다. 다만, 다음의 규모 이상으로 주택임대관리업을 하려는 자(국가, 지방자치단체, 공공기관, 지방공사는 제외한다)는 등록하여야 한다.

자기관리형 주택임대관리업의 경우	위탁관리형 주택임대관리업의 경우
① 단독주택: 100호 ② 공동주택: 100세대	① 단독주택: 300호 ② 공동주택: 300세대

(2) 구분등록

위 (1)에 따라 등록하는 경우에는 자기관리형 주택임대관리업과 위탁관리형 주택임대관리업을 구분하여 등록하여야 한다. 이 경우 자기관리형 주택임대관리업을 등록한 경우에는 위탁관리형 주택임대관리업도 등록한 것으로 본다.

(3) 등록기준

주택임대관리업의 등록을 하려는 자는 다음의 요건을 갖추어야 한다.

구분	자기관리형 주택임대관리업	위탁관리형 주택임대관리업
① 자본금	1.5억원 이상	1억원 이상
② 전문인력	2명 이상	1명 이상
③ 시설	사무실	

(4) 등록결격

다음의 어느 하나에 해당하는 자는 주택임대관리업의 등록을 할 수 없다.

① 파산선고를 받고 복권되지 아니한 자
② 피성년후견인 또는 피한정후견인
③ 주택임대관리업의 등록이 말소된 후 2년이 지나지 아니한 자
④ 이 법, 주택법, 공공주택 특별법 또는 공동주택관리법을 위반하여 금고 이상의 실형을 선고받고 집행이 종료되거나 그 집행이 면제된 날부터 3년이 지나지 아니한 사람이거나, 집행유예를 선고받고 그 유예기간 중에 있는 사람

민간임대주택의 공급

01 민간임대주택의 임대조건

1. 임차인의 선정

① 임대사업자는 다음에 따라 임차인을 선정하여야 한다.

> ㉠ 공공지원민간임대주택: 국토교통부령으로 정하는 기준에 따라 선정하고 공급한다.
> ㉡ 장기일반민간임대주택: 임대사업자가 정하는 기준에 따라 선정하고 공급한다.

② 동일한 단지에서 30호 이상의 민간임대주택을 건설 또는 매입한 임대사업자가 민간임대주택을 공급하려면 임대사업자는 최초로 공급하는 경우에 임차인을 모집하려는 날의 10일 전까지 시장·군수·구청장에게 신고하여야 한다.

2. 임대료

① 최초 임대료(임대보증금과 월임대료를 포함한다)는 다음과 같다.

> ㉠ 공공지원민간임대주택: 국토교통부령의 기준에 따라 임대사업자가 정하는 임대료
> ㉡ 장기일반민간임대주택: 임대사업자가 정하는 임대료

② 임대사업자는 임대기간 동안 임대료의 증액을 청구하는 경우에는 임대료의 5퍼센트의 범위에서 대통령령으로 정하는 증액 비율을 초과하여 청구해서는 아니 된다. 임차인은 증액 비율을 초과하여 증액된 임대료를 지급한 경우 초과 지급한 임대료 상당 금액의 반환을 청구할 수 있다.

③ 임대료 증액 청구는 임대차계약 또는 약정한 임대료의 증액이 있은 후 1년 이내에는 하지 못한다.

3. 임대보증금에 대한 보증 ★

(1) 가입의무와 가입기간

임대사업자는 다음 어느 하나에 해당하는 민간임대주택을 임대하는 경우 임대보증금에 대한 보증에 가입하여야 하며, 보증에 가입하는 경우 보증대상은 임대보증금 전액으로 한다.

① 민간건설임대주택
② 분양주택 전부를 우선 공급받아 임대하는 민간매입임대주택
③ 동일 주택단지에서 100호 이상으로서 대통령령으로 정하는 호수 이상의 주택을 임대하는 민간 매입임대주택
④ ②와 ③ 외의 민간매입임대주택

(2) 가입기간 및 절차

① **가입기간**: 보증의 가입기간은 임대차계약 기간과 같아야 한다. 이 경우 임대사업자는 보증의 수수료를 1년 단위로 재산정하여 분할납부할 수 있다.

② **보증계약의 해지**: 보증에 가입한 임대사업자가 가입 후 1년이 지났으나 ①에 따라 재산정한 보증수수료를 보증회사에 납부하지 아니하는 경우에는 보증회사는 그 보증계약을 해지할 수 있다. 다만, 임차인이 보증수수료를 납부하는 경우에는 그러하지 아니하다.

02 임대차계약 및 신고

(1) 표준임대차계약서

임대사업자가 민간임대주택에 대한 임대차계약을 체결하려는 경우에는 국토교통부령으로 정하는 표준임대차계약서를 사용하여야 한다.

(2) 임대차계약의 신고

임대사업자는 임대차계약 체결일부터 3개월 이내에 신고서에 표준임대차계약서를 첨부하여 해당 민간임대주택의 소재지를 관할하는 시장·군수·구청장에게 제출하여야 하며, 임대사업자의 주소지를 관할하는 시장·군수·구청장이 신고서를 받은 경우에는 즉시 민간임대주택의 소재지를 관할하는 시장·군수·구청장에게 이송하여야 한다.

민간임대주택의 관리

1. 관리대상 임대주택

임대사업자는 민간임대주택이 다음 어느 하나에 해당하는 규모 이상에 해당하면 주택법에 따른 주택관리업자에게 관리를 위탁하거나 자체관리하여야 한다.

① 300세대 이상의 공동주택
② 150세대 이상의 승강기가 설치된 공동주택
③ 150세대 이상의 중앙집중식 난방방식 또는 지역난방방식인 공동주택

2. 임대주택의 관리방법 ★

(1) 자체관리

임대사업자가 민간임대주택을 자체관리하려면 대통령령으로 정하는 기술인력 및 장비를 갖추고 국토교통부령으로 정하는 바에 따라 시장·군수·구청장의 인가를 받아야 한다.

(2) 공동관리

임대사업자(둘 이상의 임대사업자를 포함한다)가 동일한 시(특별시·광역시·특별자치시·특별자치도를 포함한다)·군 지역에서 민간임대주택을 관리하는 경우에는 단지별로 임차인대표회의의 서면동의를 받은 경우로서 둘 이상의 민간임대주택단지가 서로 인접하고 있어 공동으로 관리하는 것이 합리적이라고 특별시장, 광역시장, 시장 또는 군수가 인정하는 경우에는 공동으로 관리할 수 있다. 이 경우 기술인력 및 장비기준을 적용할 때에는 둘 이상의 민간임대주택단지를 하나의 민간임대주택단지로 본다.

(3) 관리비의 징수

임대사업자는 국토교통부령으로 정하는 바에 따라 임차인으로부터 민간임대주택을 관리하는 데에 필요한 경비를 받을 수 있다.

3. 장기수선계획의 수립

관리대상 민간임대주택의 임대사업자는 해당 민간임대주택의 공용부분, 부대시설 및 복리시설(분양된 시설은 제외한다)에 대한 장기수선계획을 수립하여 사용검사 신청시 함께 제출하여야 하며, 임대기간 중 해당 민간임대주택단지에 있는 관리사무소에 장기수선계획을 갖춰 놓아야 한다.

4. 특별수선충당금

(1) 적립

장기수선계획을 수립하여야 하는 민간임대주택의 임대사업자는 특별수선충당금을 사용검사일 또는 임시사용승인일부터 1년이 지난 날이 속하는 달부터 사업계획승인 당시 표준건축비의 1만분의 1의 요율로 매달 적립하여야 한다.

(2) 인계

임대사업자가 민간임대주택을 양도하는 경우에는 특별수선충당금을 최초로 구성되는 입주자대표회의에 넘겨주어야 한다.

(3) 관리

① **예치**: 특별수선충당금은 임대사업자와 해당 민간임대주택의 소재지를 관할하는 시장 · 군수 · 구청장의 공동명의로 금융회사 등에 예치하여 따로 관리하여야 한다.
② 임대사업자는 특별수선충당금을 사용하려면 미리 해당 민간임대주택의 소재지를 관할하는 시장 · 군수 · 구청장과 협의하여야 한다.

5. 임차인대표회의의 구성

(1) 대상

임대사업자가 20세대 이상의 민간임대주택을 공급하는 공동주택단지에 입주하는 임차인은 임차인대표회의를 구성할 수 있다. 다만, 임대사업자가 150세대 이상의 민간임대주택 중 다음 공동주택단지의 임차인은 임차인대표회의를 구성하여야 한다.

> ① 300세대 이상의 공동주택
> ② 150세대 이상의 승강기가 설치된 공동주택
> ③ 150세대 이상의 중앙집중식 난방방식 또는 지역난방방식인 공동주택

(2) 구성사실의 통지

임대사업자는 입주예정자의 과반수가 입주한 때에는 과반수가 입주한 날부터 30일 이내에 입주현황과 임차인대표회의를 구성할 수 있다는 사실을 입주한 임차인에게 통지하여야 한다. 다만, 임대사업자가 통지를 하지 아니하는 경우 시장·군수·구청장이 임차인대표회의를 구성하도록 임차인에게 통지할 수 있다.

(3) 구성

① 임차인대표회의는 민간임대주택의 동별 세대수에 비례하여 선출한 대표자로 구성한다.

② 동별 대표자가 될 수 있는 사람은 해당 민간임대주택단지에서 6개월 이상 계속 거주하고 있는 임차인으로 한다. 다만, 최초로 임차인대표회의를 구성하는 경우에는 그러하지 아니하다.

③ 임차인대표회의는 회장 1명, 부회장 1명 및 감사 1명을 동별 대표자 중에서 선출하여야 한다.

house.Hackers.com

PART 4
공공주택 특별법

CHAPTER 1 총칙
CHAPTER 2 공공주택의 공급 및 운영·관리

 선생님의 비법전수

공공주택 특별법은 공공임대주택 및 공공분양주택을 공급하여 서민의 주거안정에 기여하기 위하여 제정된 법률로서 최근 시사하는 바가 큰 법률입니다.
출제문항 수는 2문제로 출제비중은 작은 편이나 학습해야 할 범위는 광범위하므로 전체적인 내용을 모두 숙지하기에는 시간상 불가하기 때문에 법 구성을 이해하고 파트별로 쟁점이 되고 자주 출제되는 영역을 중심으로 집중하여 학습할 필요가 있습니다.

▶ 핵심개념

CHAPTER 1 총칙	**CHAPTER 2** 공공주택의 공급 및 운영·관리
• 용어의 정의 ★	• 공공임대주택의 매각제한 ★
	• 특별수선충당금 ★

각 CHAPTER별로 자주 출제되는 핵심개념을 정리하였습니다. 핵심개념은 본문에서도 ★로 표시되어 있으니 이 부분을 중점적으로 학습하세요.

01 제정목적

이 법은 공공주택의 원활한 건설과 효과적인 운영을 위하여 필요한 사항을 규정함으로써 서민의 주거안정 및 주거수준 향상을 도모하여 국민의 쾌적한 주거생활에 이바지함을 목적으로 한다.

02 용어의 정의 ★

(1) 공공주택

공공주택이란 공공주택사업자가 국가 또는 지방자치단체의 재정이나 주택도시기금을 지원받아 건설, 매입 또는 임차하여 공급하는 다음에 해당하는 주택을 말한다.

① **공공임대주택**

> ㉠ 영구임대주택: 국가나 지방자치단체의 재정을 지원받아 최저소득 계층의 주거안정을 위하여 50년 이상 또는 영구적인 임대를 목적으로 공급하는 공공임대주택
> ㉡ 국민임대주택: 재정이나 주택도시기금의 자금을 지원받아 저소득 서민의 주거안정을 위하여 30년 이상 장기간 임대를 목적으로 공급하는 공공임대주택
> ㉢ 행복주택: 재정이나 주택도시기금의 자금을 지원받아 대학생, 사회초년생, 신혼부부 등 젊은 층의 주거안정을 목적으로 30년 이상 공급하는 공공임대주택
> ㉣ 통합공공임대주택: 재정이나 주택도시기금의 자금을 지원받아 최저소득 계층, 저소득 서민, 젊은 층 및 장애인·국가유공자 등 사회 취약 계층 등의 주거안정을 목적으로 30년 이상 공급하는 공공임대주택
> ㉤ 장기전세주택: 재정이나 주택도시기금의 자금을 지원받아 전세계약의 방식으로 20년 이상 공급하는 공공임대주택
> ㉥ 분양전환공공임대주택: 일정 기간 임대 후 분양전환할 목적으로 공급하는 공공임대주택
> ㉦ 기존주택등매입임대주택: 재정이나 주택도시기금의 자금을 지원받아 기존주택 등을 매입하여 수급자 등 저소득층과 청년 및 신혼부부 등에게 공급하는 공공임대주택
> ㉧ 기존주택전세임대주택: 재정이나 주택도시기금의 자금을 지원받아 기존주택을 임차하여 수급자 등 저소득층과 청년 및 신혼부부 등에게 전대하는 공공임대주택

② **공공분양주택**: 분양을 목적으로 공급하는 국민주택규모 이하의 주택

(2) 공공건설임대주택

공공건설임대주택이란 공공주택사업자가 직접 건설하여 공급하는 공공임대주택을 말한다.

(3) 공공매입임대주택

공공매입임대주택이란 공공주택사업자가 직접 건설하지 아니하고 매매 등으로 취득하여 공급하는 공공임대주택을 말한다.

(4) 공공주택지구

공공주택지구란 공공주택의 공급을 위하여 공공주택이 전체 주택 중 100분의 50 이상이 되고, 법령에 따라 지정·고시하는 지구를 말한다. 이 경우 공공임대주택과 공공분양주택의 주택비율은 전체 주택 중 100분의 50 이상의 범위에서 다음과 같이 정한다.

① 공공임대주택: 공공주택지구 전체 주택 호수의 100분의 35 이상
② 공공분양주택: 공공주택지구 전체 주택 호수의 100분의 30 이하

(5) 지분적립형 분양주택

지분적립형 분양주택이란 공공주택사업자가 직접 건설하거나 매매 등으로 취득하여 공급하는 공공분양주택으로서 주택을 공급받은 자가 20년 이상 30년 이하의 범위에서 공공주택사업자와 주택의 소유권을 공유하면서 소유지분을 적립하여 취득하는 주택을 말한다.

(6) 이익공유형 분양주택

이익공유형 분양주택이란 공공주택사업자가 직접 건설하거나 매매 등으로 취득하여 공급하는 공공분양주택으로서 주택을 공급받은 자가 해당 주택을 처분하려는 경우 공공주택사업자가 환매하되 공공주택사업자와 처분손익을 공유하는 것을 조건으로 분양하는 주택을 말한다.

(7) 도심 공공주택 복합지구

도심 공공주택 복합지구란 도심 내 역세권, 준공업지역, 저층주거지에서 공공주택과 업무시설, 판매시설, 산업시설 등을 복합하여 조성하는 거점으로 지정·고시하는 지구를 말한다.

(8) 공공주택사업

공공주택사업이란 다음에 해당하는 사업을 말한다.

① **공공주택지구조성사업**: 공공주택지구를 조성하는 사업
② **공공주택건설사업**: 공공주택을 건설하는 사업
③ **공공주택매입사업**: 공공주택을 공급할 목적으로 주택을 매입하거나 인수하는 사업
④ **공공주택관리사업**: 공공주택을 운영·관리하는 사업
⑤ **도심 공공주택 복합사업**: 도심 내 역세권, 준공업지역, 저층주거지에서 공공주택과 업무시설, 판매시설, 산업시설 등을 복합하여 건설하는 사업

(9) 분양전환

분양전환이란 공공임대주택을 공공주택사업자가 아닌 자에게 매각하는 것을 말한다.

(10) 공공준주택

공공준주택이란 공공주택사업자가 재정이나 주택도시기금을 지원받아 건설, 매입 또는 임차하여 임대를 목적으로 공급하는 다음의 준주택을 말한다.

---

① 주택법 시행령에 따른 준주택(기숙사, 다중생활시설, 노인복지주택)으로서 전용면적이 $85m^2$ 이하인 것
② 주택법 시행령에 따른 오피스텔로서 다음의 요건을 모두 갖춘 것
   ㉠ 전용면적이 $85m^2$ 이하일 것
   ㉡ 상·하수도 시설이 갖추어진 전용 입식부엌, 전용 수세식화장실 및 목욕시설(전용 수세식화장실에 목욕시설을 갖춘 경우를 포함한다)을 갖출 것

CHAPTER 2 공공주택의 공급 및 운영·관리

01 공공주택의 운영

(1) 공공임대주택의 임대조건

① **임대료**: 공공임대주택의 최초의 임대료(임대보증금 및 월임대료)는 국토교통부장관이 정하여 고시하는 표준임대료를 초과할 수 없다. 다만, 전용면적이 85m²를 초과하거나 분납임대주택(분양전환공공임대주택 중 임대보증금 없이 분양전환금을 분할하여 납부하는 공공건설임대주택) 또는 장기전세주택으로 공급하는 공공임대주택의 최초의 임대보증금에는 적용하지 아니한다.

② **상호전환**: 공공임대주택의 최초의 임대보증금과 월임대료는 임차인이 동의한 경우에 임대차계약에 따라 상호전환할 수 있다.

③ **장기전세주택의 임대보증금**: 장기전세주택으로 공급하는 공공임대주택의 최초의 임대보증금은 공공주택사업자가 장기전세주택으로 공급하는 공공건설임대주택과 같거나 인접한 시·군 또는 자치구에 있는 주택 중 비슷한 2개 또는 3개 단지의 공동주택의 전세계약금액을 평균한 금액의 80%를 초과할 수 없다.

④ **기존주택등매입임대주택의 임대료**: 기존주택등매입임대주택의 최초의 임대료는 해당 기존주택매입임대주택의 주변 지역 임대주택의 임대료에 대한 감정평가금액의 50% 이내의 금액으로 한다.

⑤ **임대료의 증액**: 공공임대주택의 공공주택사업자가 임대료 증액을 청구하는 경우(재계약을 하는 경우를 포함한다)에는 임대료의 100분의 5 이내의 범위에서 증액하여야 한다. 이 경우 증액이 있은 후 1년 이내에는 증액하지 못한다.

(2) 공공임대주택의 양도·전대제한

공공임대주택의 임차인은 임차권을 다른 사람에게 양도(매매, 증여, 그 밖에 권리변동이 따르는 모든 행위를 포함하되, 상속의 경우는 제외한다)하거나 공공임대주택을 다른 사람에게 전대할 수 없다.

(3) 공공임대주택의 매각제한 ★ – 공공임대주택의 임대의무기간

공공주택사업자는 공공임대주택을 5년 이상의 범위에서 임대개시일부터 다음의 기간이 지나지 아니하면 매각할 수 없다.

① 영구임대주택: 50년
② 국민임대주택: 30년
③ 행복주택: 30년
④ 통합공공임대주택: 30년
⑤ 장기전세주택: 20년
⑥ ①부터 ⑤ 외 공공임대주택 중 임대조건을 신고할 때 임대차계약기간을 10년 이상으로 정하여 신고한 주택: 10년
⑦ ①부터 ⑤ 외 공공임대주택 중 임대조건을 신고할 때 임대차계약기간을 6년 이상 10년 미만으로 정하여 신고한 주택: 6년
⑧ 그 외 공공임대주택: 5년

(4) 공공건설임대주택의 우선분양전환

공공주택사업자는 임대 후 분양전환을 할 목적으로 건설한 공공건설임대주택을 임대의 무기간이 지난 후 분양전환하는 경우에는 분양전환 당시까지 거주한 무주택자, 국가기관 또는 법인으로서 다음의 어느 하나에 해당하는 임차인에게 우선분양전환하여야 한다.

① 입주일 이후부터 분양전환 당시까지 해당 임대주택에 거주한 무주택자인 임차인
② 공공건설임대주택에 입주한 후 상속, 판결 또는 혼인으로 다른 주택을 소유하게 된 경우 분양전환 당시까지 거주한 사람으로서 그 주택을 처분하여 무주택자가 된 임차인
③ 임차권을 양도받은 경우에는 양도일 이후부터 분양전환 당시까지 거주한 무주택자인 임차인
④ 선착순의 방법으로 입주자로 선정된 경우에는 분양전환 당시까지 거주하고 분양전환 당시 무주택자인 임차인
⑤ 전용면적 85m² 초과 주택에 분양전환 당시 거주하고 있는 임차인
⑥ 분양전환 당시 해당 임대주택의 임차인인 국가기관 또는 법인

02 공공주택의 관리

(1) 공공임대주택의 관리

주택의 관리, 임차인대표회의 및 분쟁조정위원회 등에 관하여는 민간임대주택에 관한 특별법을 준용하되, 자체관리를 위한 시장·군수 또는 구청장의 인가나 관리비와 관련된 회계감사는 국토교통부령으로 정하는 바에 따라 준용하지 아니한다.

(2) 특별수선충당금 ★

① **적립대상**: 다음 어느 하나에 해당하는 공공임대주택의 공공주택사업자는 주요 시설을 교체하고 보수하는 데에 필요한 특별수선충당금을 적립하여야 한다.

> ㉠ 300세대 이상의 공동주택
> ㉡ 승강기가 설치된 공동주택
> ㉢ 중앙집중식 난방방식의 공동주택

② **장기수선계획의 수립**: 위 ①의 어느 하나에 해당하는 공공임대주택을 건설한 공공주택사업자는 해당 공공임대주택의 공용부분, 부대시설 및 복리시설(분양된 시설은 제외한다)에 대하여 장기수선계획을 수립하여 사용검사를 신청할 때 사용검사신청서와 함께 제출하여야 하며, 임대기간 중 해당 임대주택단지에 있는 관리사무소에 장기수선계획을 갖춰 놓아야 한다.

③ **적립시기와 요율**: 공공주택사업자는 특별수선충당금을 사용검사일부터 1년이 지난 날이 속하는 달부터 매달 적립하되, 적립요율은 다음의 비율에 따른다.

> ㉠ 영구임대주택, 국민임대주택, 행복주택, 통합공공임대주택, 장기전세주택: 국토교통부장관이 고시하는 표준건축비의 1만분의 4
> ㉡ ㉠에 해당하지 아니하는 공공임대주택: 사업계획승인 당시 표준건축비의 1만분의 1

④ **관리 및 사용**: 공공주택사업자는 특별수선충당금을 금융회사 등에 예치하여 따로 관리하여야 하고, 특별수선충당금을 사용하려면 미리 해당 공공임대주택의 주소지를 관할하는 시장·군수 또는 구청장과 협의하여야 한다.

⑤ **인계 및 보고**: 공공주택사업자가 임대의무기간이 지난 공공건설임대주택을 분양전환하는 경우에는 특별수선충당금을 공동주택관리법 최초로 구성되는 입주자대표회의에 넘겨주어야 한다.

(3) 선수관리비

① 공공주택사업자는 공공임대주택의 유지관리 및 운영에 필요한 경비(선수관리비)를 부담하는 경우에는 해당 임차인의 입주가능일 전까지 관리주체에게 선수관리비를 지급해야 한다.

② 관리주체는 해당 임차인의 임대기간이 종료되는 경우 지급받은 선수관리비를 공공주택사업자에게 반환해야 한다. 다만, 다른 임차인이 해당 주택에 입주할 예정인 경우 등 공공주택사업자와 관리주체가 협의하여 정하는 경우에는 선수관리비를 반환하지 않을 수 있다.

③ 선수관리비의 금액은 해당 공공임대주택의 유형 및 세대수 등을 고려하여 공공주택사업자와 관리주체가 협의하여 정한다.

PART 5
건축법

CHAPTER 1   총칙
CHAPTER 2   건축물의 건축
CHAPTER 3   건축물의 대지와 도로

 선생님의 비법전수

건축법은 공동주택을 포함한 전체 건축물의 건축 및 구조안전에 관한 기본이 되는 일반법적인 성격을 가지고 있으며, 공동주택을 관리하는 주택관리사로서 건축에 대한 일반적인 용어와 흐름을 이해하고 있어야 하기에 평가항목에 포함시켜 놓은 것입니다.

시험에서 전체 7문제가 출제되는데 객관식 4문제, 주관식 3문제로 출제되고 있으며, 총칙에서 2문항, 건축절차에서 2문항, 건축규제에서 2문항, 기타 편에서 1문항이 출제되고 있습니다.

건축법도 전체적인 법 구성을 이해하고 각 장별 핵심사항을 정리해가는 방법으로 학습하여야 합니다.

▶ 핵심개념

CHAPTER 1 총칙	**CHAPTER 2** 건축물의 건축	**CHAPTER 3** 건축물의 대지와 도로
• 적용대상행위 ★ • 용어의 정의 ★	• 건축허가 등 ★	• 건축선 ★ • 건축선에 따른 건축제한 ★

각 CHAPTER별로 자주 출제되는 핵심개념을 정리하였습니다. 핵심개념은 본문에서도 ★로 표시되어 있으니 이 부분을 중점적으로 학습하세요.

총칙

01 건축법의 적용대상물: 건축물, 공작물, 대지, 건축설비

1. 건축물

건축물이란 토지에 정착하는 공작물 중 지붕과 기둥 또는 벽이 있는 것과 이에 딸린 시설물, 지하나 고가의 공작물에 설치하는 사무소, 공연장, 점포, 차고, 창고, 그 밖에 대통령령으로 정하는 것을 말한다.

2. 공작물

대지를 조성하기 위한 옹벽, 굴뚝, 광고탑, 고가수조, 지하대피호, 그 밖에 이와 유사한 것으로서 다음의 공작물을 축조(건축물과 분리하여 축조하는 것을 말한다)하려는 자는 특별자치시장·특별자치도지사 또는 시장·군수·구청장에게 신고하여야 한다.

신고대상 규모	신고대상 공작물
높이 2m를 넘는	옹벽 또는 담장
높이 4m를 넘는	광고탑·광고판, 장식탑·기념탑
높이 5m를 넘는	태양에너지를 이용하는 발전설비
높이 6m를 넘는	굴뚝, 골프연습장 등 운동시설을 위한 철탑, 주거·상업지역에 설치하는 통신용 철탑 등
높이 8m를 넘는	고가수조나 그 밖에 이와 비슷한 것
높이 8m 이하인	기계식 주차장, 철골조립식 주차장
바닥면적 30m²를 넘는	지하대피호

3. 대지

대지(垈地)란 공간정보의 구축 및 관리 등에 관한 법률에 따라 각 필지(筆地)로 나눈 토지를 말한다. 다만, 대통령령으로 정하는 토지는 둘 이상의 필지를 하나의 대지로 하거나, 하나 이상의 필지의 일부를 하나의 대지로 할 수 있다.

02 적용대상행위 ★: 건축, 대수선, 용도변경

1. 건축

건축이란 건축물을 신축, 증축, 개축, 재축하거나 건축물을 이전하는 것을 말한다.

신축	건축물이 없는 대지(기존 건축물이 철거되거나 멸실된 대지를 포함한다)에 새로 건축물을 축조하는 것(부속건축물만 있는 대지에 새로 주된 건축물을 축조하는 것을 포함하되, 개축 또는 재축하는 것은 제외한다)을 말한다.
증축	기존 건축물이 있는 대지에서 건축물의 건축면적, 연면적, 층수 또는 높이를 늘리는 것을 말한다.
개축	기존 건축물의 전부 또는 일부를 해체하고 그 대지에 종전과 같은 규모의 범위에서 건축물을 다시 축조하는 것을 말한다.

재축	건축물이 천재지변이나 그 밖의 재해로 멸실된 경우 그 대지에 다음의 요건을 모두 갖추어 다시 축조하는 것을 말한다.
	① 연면적 합계는 종전 규모 이하로 할 것
	② 동(棟)수, 층수 및 높이는 다음의 어느 하나에 해당할 것
	   ⊙ 동수, 층수 및 높이가 모두 종전 규모 이하일 것
	   ⓒ 동수, 층수 또는 높이의 어느 하나가 종전 규모를 초과하는 경우에는 해당 동수, 층수 및 높이가 건축법령 등에 모두 적합할 것

이전	건축물의 주요구조부를 해체하지 아니하고 같은 대지의 다른 위치로 옮기는 것을 말한다.

2. 대수선

대수선이란 건축물의 기둥, 보, 내력벽, 주계단 등의 구조나 외부 형태를 다음과 같이 수선·변경하거나 증설하는 것으로서 증축·개축 또는 재축에 해당하지 아니하는 것을 말한다.

① 다가구주택의 가구간 경계벽 또는 다세대주택의 세대간 경계벽을 증설 또는 해체하거나 수선 또는 변경하는 것
② 내력벽을 증설 또는 해체하거나 그 벽면적을 $30m^2$ 이상 수선 또는 변경하는 것
③ 기둥을 증설 또는 해체하거나 3개 이상 수선 또는 변경하는 것
④ 보를 증설 또는 해체하거나 3개 이상 수선 또는 변경하는 것
⑤ 지붕틀(한옥의 경우에는 지붕틀의 범위에서 서까래는 제외한다)을 증설 또는 해체하거나 3개 이상 수선 또는 변경하는 것
⑥ 방화벽 또는 방화구획을 위한 바닥 또는 벽을 증설 또는 해체하거나 수선 또는 변경하는 것
⑦ 주계단, 피난계단 또는 특별피난계단을 증설 또는 해체하거나 수선 또는 변경하는 것
⑧ 건축물의 외벽에 사용하는 마감재료를 증설 또는 해체하거나 벽면적 $30m^2$ 이상 수선 또는 변경하는 것

3. 용도변경

(1) 건축물의 용도

① **의의**: 건축물의 용도란 건축물의 종류를 유사한 구조, 이용 목적 및 형태별로 묶어 분류한 것을 말한다.

② **건축물의 용도분류**: 건축물의 용도는 다음과 같이 구분하되, 각 용도에 속하는 건축물의 세부 용도는 대통령령으로 정한다.

1. 단독주택	2. 공동주택
3. 제1종 근린생활시설	4. 제2종 근린생활시설
5. 문화 및 집회시설	6. 종교시설
7. 판매시설	8. 운수시설
9. 의료시설	10. 교육연구시설
11. 노유자시설	12. 수련시설
13. 운동시설	14. 업무시설
15. 숙박시설	16. 위락시설
17. 공장	18. 창고시설
19. 위험물저장 및 처리시설	20. 자동차 관련 시설
21. 동물 및 식물 관련 시설	22. 자원순환 관련 시설
23. 교정시설	24. 국방·군사시설
25. 방송통신시설	26. 발전시설
27. 묘지 관련 시설	28. 관광휴게시설
29. 장례시설	30. 야영장시설

(2) 시설군의 분류

시설군은 다음과 같고 각 시설군에 속하는 건축물의 세부 용도는 대통령령으로 정한다.

시설군	세부 용도
자동차 관련 시설군	자동차 관련 시설
산업 등 시설군	운수시설, 창고시설, 공장, 위험물저장 및 처리시설, 자원순환 관련 시설, 묘지 관련 시설, 장례시설
전기통신시설군	방송통신시설, 발전시설
문화집회시설군	문화 및 집회시설, 종교시설, 위락시설, 관광휴게시설
영업시설군	판매시설, 운동시설, 숙박시설, 제2종 근린생활시설 중 다중생활시설
교육 및 복지시설군	의료시설, 교육연구시설, 노유자시설, 수련시설, 야영장시설
근린생활시설군	제1종 근린생활시설, 제2종 근린생활시설(다중생활시설은 제외한다)
주거업무시설군	단독주택, 공동주택, 업무시설, 교정시설, 국방·군사시설
그 밖의 시설군	동물 및 식물 관련 시설

03 용어의 정의 ★

(1) 지하층

건축물의 바닥이 지표면 아래에 있는 층으로서 바닥에서 지표면까지 평균 높이가 해당 층 높이의 2분의 1 이상인 것을 말한다.

(2) 거실

건축물 안에서 거주, 집무, 작업, 집회, 오락, 그 밖에 이와 유사한 목적을 위하여 사용되는 방을 말한다.

(3) 주요구조부

내력벽, 기둥, 바닥, 보, 지붕틀 및 주계단을 말한다. 다만, 사이 기둥, 최하층 바닥, 작은 보, 차양, 옥외 계단, 그 밖에 이와 유사한 것으로 건축물의 구조상 중요하지 아니한 부분은 제외한다.

(4) 리모델링

건축물의 노후화를 억제하거나 기능 향상 등을 위하여 대수선하거나 일부 증축 또는 개축하는 행위를 말한다.

(5) 건축관계자

① **건축주**: 건축물의 건축 · 대수선 · 용도변경, 건축설비의 설치 또는 공작물의 축조에 관한 공사를 발주하거나 현장 관리인을 두어 스스로 그 공사를 하는 자를 말한다.

② **설계자**: 자기의 책임(보조자의 도움을 받는 경우를 포함한다)으로 설계도서를 작성하고 그 설계도서에서 의도하는 바를 해설하며, 지도하고 자문에 응하는 자를 말한다.

③ **공사감리자**: 자기의 책임으로 이 법으로 정하는 바에 따라 건축물, 건축설비 또는 공작물이 설계도서의 내용대로 시공되는지를 확인하고, 품질관리 · 공사관리 · 안전관리 등에 대하여 지도 · 감독하는 자를 말한다.

④ **공사시공자**: 건설공사를 하는 자를 말한다.

⑤ **관계전문기술자**: 건축물의 구조 · 설비 등 건축물과 관련된 전문기술자격을 보유하고 설계와 공사감리에 참여하여 설계자 및 공사감리자와 협력하는 자를 말한다.

⑥ **제조업자**: 건축물의 건축 · 대수선 · 용도변경, 건축설비의 설치 또는 공작물의 축조 등에 필요한 건축자재를 제조하는 사람을 말한다.

⑦ **유통업자**: 건축물의 건축 · 대수선 · 용도변경, 건축설비의 설치 또는 공작물의 축조에 필요한 건축자재를 판매하거나 공사현장에 납품하는 사람을 말한다.

(6) 설계도서

건축물의 건축 등에 관한 공사용 도면, 구조 계산서, 시방서, 그 밖에 국토교통부령으로 정하는 공사에 필요한 서류를 말한다.

(7) 내화 · 방화구조

① **내화구조**: 화재에 견딜 수 있는 성능을 가진 구조로서 국토교통부령으로 정하는 기준에 적합한 구조를 말한다.
② **방화구조**: 화염의 확산을 막을 수 있는 성능을 가진 구조로서 국토교통부령으로 정하는 기준에 적합한 구조를 말한다.

(8) 난연 · 불연 · 준불연 · 내수재료

① **난연재료**: 불에 잘 타지 아니하는 성능을 가진 재료로서 국토교통부령으로 정하는 기준에 적합한 재료를 말한다.
② **불연재료**: 불에 타지 아니하는 성질을 가진 재료로서 국토교통부령으로 정하는 기준에 적합한 재료를 말한다.
③ **준불연재료**: 불연재료에 준하는 성질을 가진 재료로서 국토교통부령으로 정하는 기준에 적합한 재료를 말한다.
④ **내수재료**: 인조석, 콘크리트 등 내수성을 가진 재료로서 국토교통부령으로 정하는 재료를 말한다.

(9) 발코니

건축물의 내부와 외부를 연결하는 완충공간으로서 전망이나 휴식 등의 목적으로 건축물 외벽에 접하여 부가적으로 설치되는 공간을 말한다.

(10) 부속건축물

같은 대지에서 주된 건축물과 분리된 부속용도의 건축물로서 주된 건축물을 이용 또는 관리하는 데에 필요한 건축물을 말한다.

(11) 부속구조물

건축물의 안전 · 기능 · 환경 등을 향상시키기 위하여 건축물에 추가적으로 설치하는 급기 및 배기를 위한 건축 구조물의 개구부인 환기구를 말한다.

(12) 부속용도

건축물의 주된 용도의 기능에 필수적인 용도로서 다음의 어느 하나에 해당하는 용도를 말한다.

① 건축물의 설비, 대피, 위생, 그 밖에 이와 비슷한 시설의 용도
② 사무, 작업, 집회, 물품저장, 주차, 그 밖에 이와 비슷한 시설의 용도
③ 구내식당, 직장어린이집, 구내운동시설 등 종업원 후생복리시설, 구내소각시설, 그 밖에 이와 비슷한 시설의 용도. 이 경우 다음의 요건을 모두 갖춘 휴게음식점(별표 1 제3호의 제1종 근린생활시설 중 같은 호 나목에 따른 휴게음식점을 말한다)은 구내식당에 포함되는 것으로 본다.
　㉠ 구내식당 내부에 설치할 것
　㉡ 설치면적이 구내식당 전체 면적의 3분의 1 이하로서 50m² 이하일 것
　㉢ 다류(茶類)를 조리·판매하는 휴게음식점일 것
④ 관계 법령에서 주된 용도의 부수시설로 설치할 수 있게 규정하고 있는 시설, 그 밖에 국토교통부장관이 이와 유사하다고 인정하여 고시하는 시설의 용도

(13) 고층건축물

고층건축물이란 층수가 30층 이상이거나 높이가 120m 이상인 건축물을 말한다.

(14) 초고층건축물

초고층건축물이란 고층건축물 중에서 층수가 50층 이상이거나 높이가 200m 이상인 건축물을 말한다.

(15) 준초고층건축물

준초고층건축물이란 고층건축물 중 초고층건축물이 아닌 것을 말한다.

(16) 실내건축

실내건축이란 건축물의 실내를 안전하고 쾌적하며 효율적으로 사용하기 위하여 내부공간을 칸막이로 구획하거나 벽지, 천장재, 바닥재, 유리 등 다음의 재료 또는 장식물을 설치하는 것을 말한다.

① 벽, 천장, 바닥 및 반자틀의 재료
② 실내에 설치하는 난간, 창호 및 출입문의 재료
③ 실내에 설치하는 전기, 가스, 급수(給水), 배수(排水), 환기시설의 재료
④ 실내에 설치하는 충돌·끼임 등 사용자의 안전사고 방지를 위한 시설의 재료

(17) 다중이용건축물

불특정한 다수의 사람들이 이용하는 건축물로서 다음의 어느 하나에 해당하는 건축물을 말한다.

① 다음 하나에 해당하는 용도로 쓰는 바닥면적의 합계가 5천m² 이상인 건축물
  ㉠ 문화 및 집회시설(동물원, 식물원은 제외한다)
  ㉡ 종교시설
  ㉢ 판매시설
  ㉣ 운수시설 중 여객용 시설
  ㉤ 의료시설 중 종합병원
  ㉥ 숙박시설 중 관광숙박시설
② 16층 이상인 건축물

(18) 준다중이용건축물

다중이용건축물 외의 건축물로서 다음 어느 하나에 해당하는 용도로 쓰는 바닥면적의 합계가 1천m² 이상인 건축물을 말한다.

① 문화 및 집회시설(동물원, 식물원은 제외한다)
② 종교시설
③ 판매시설
④ 운수시설 중 여객용 시설
⑤ 의료시설 중 종합병원
⑥ 교육연구시설
⑦ 노유자시설
⑧ 운동시설
⑨ 숙박시설 중 관광숙박시설
⑩ 위락시설
⑪ 관광휴게시설
⑫ 장례시설

(19) 특수구조건축물

특수구조건축물이란 다음의 어느 하나에 해당하는 건축물을 말한다.

① 한쪽 끝은 고정되고 다른 끝은 지지(支持)되지 아니한 구조로 된 보, 차양 등이 외벽의 중심선으로부터 3m 이상 돌출된 건축물
② 기둥과 기둥 사이의 거리(기둥의 중심선 사이의 거리를 말하며, 기둥이 없는 경우에는 내력벽과 내력벽의 중심선 사이의 거리를 말한다. 이하 같다)가 20m 이상인 건축물
③ 특수한 설계·시공·공법 등이 필요한 건축물로서 국토교통부장관이 정하여 고시하는 구조로 된 건축물

04 면적과 높이, 층수의 산정방법

(1) 대지면적

대지의 수평투영면적으로 한다.

(2) 건축면적

건축물의 외벽(외벽이 없는 경우에는 외곽 부분의 기둥)의 중심선으로 둘러싸인 부분의 수평투영면적으로 한다.

(3) 바닥면적

건축물의 각 층 또는 그 일부로서 벽, 기둥, 그 밖에 이와 비슷한 구획의 중심선으로 둘러싸인 부분의 수평투영면적으로 한다.

(4) 연면적

연면적이란 지하층을 포함하여 하나의 건축물의 각 층의 바닥면적의 합계를 말한다.

> **핵심** 용적률 산정시 연면적에서 제외되는 면적
>
> 1. 지하층의 면적
> 2. 지상층의 주차용(해당 건축물의 부속용도인 경우만 해당한다)으로 쓰는 면적
> 3. 초고층건축물과 준초고층건축물에 설치하는 피난안전구역의 면적
> 4. 11층 이상인 건축물로서 11층 이상인 층의 바닥면적의 합계가 1만m² 이상인 건축물 지붕을 경사지붕으로 하는 경우: 경사지붕 아래에 설치하는 대피공간

> **핵심** 용적률
>
> 용적률이란 대지면적에 대한 연면적(대지에 건축물이 2 이상이 있는 경우에는 이들 연면적의 합계로 한다)의 비율을 말한다.
>
> $$용적률(\%) = \frac{연면적}{대지면적} \times 100$$

05 건축물 높이와 층수의 산정방법

(1) 건축물의 높이

① 건축물의 높이는 지표면으로부터 그 건축물의 상단까지의 높이로 한다.

② **필로티 부분**: 건축물의 1층 전체에 필로티가 설치되어 있는 경우에는 건축물의 높이제한 및 일조 등의 확보를 위한 건축물의 높이제한을 적용할 때 필로티의 층고를 제외한 높이로 한다.

③ **층고**: 방의 바닥구조체 윗면으로부터 위층 바닥구조체의 윗면까지의 높이로 한다.

(2) 층수

① 층수를 산정하는 경우에 지하층은 제외되며, 층의 구분이 명확하지 아니한 건축물은 높이 4m마다 하나의 층으로 본다.

② 건축물이 부분에 따라 그 층수가 다른 경우에 그중 가장 많은 층수를 그 건축물의 층수로 본다.

CHAPTER 2 건축물의 건축

01 건축물의 입지와 규모에 대한 사전결정

(1) 사전결정의 대상

건축허가대상 건축물을 건축하려는 자는 건축허가를 신청하기 전에 허가권자에게 그 건축물의 건축에 관한 다음의 사항에 대한 사전결정을 신청할 수 있다.

① 해당 대지에 건축하는 것이 이 법이나 관계 법령에서 허용되는지 여부
② 이 법 또는 관계 법령에 따른 건축기준 및 건축제한, 그 완화에 관한 사항 등을 고려하여 해당 대지에 건축 가능한 건축물의 규모
③ 건축허가를 받기 위하여 신청자가 고려하여야 할 사항

(2) 사전결정의 효과

사전결정신청자는 사전결정을 통지받은 날부터 2년 이내에 건축허가를 신청하여야 하며, 이 기간에 건축허가를 신청하지 아니하면 사전결정의 효력이 상실된다.

02 건축허가 등 ★

1. 건축허가권자

(1) 원칙 – 특별자치시장·특별자치도지사 또는 시장·군수·구청장

건축물을 건축하거나 대수선하려는 자는 특별자치시장·특별자치도지사 또는 시장·군수·구청장의 허가를 받아야 한다.

(2) 예외 – 특별시장·광역시장

다만, 21층 이상의 건축물 등 다음의 건축물을 특별시나 광역시에 건축하려면 특별시장이나 광역시장의 허가를 받아야 한다. 단, 공장, 창고, 지방건축위원회의 심의를 거친 건축물은 제외한다.

① 층수가 21층 이상이거나 연면적의 합계가 10만m² 이상인 건축물의 건축
② 연면적의 10분의 3 이상을 증축하여 층수가 21층 이상으로 되거나 연면적의 합계가 10만m² 이상으로 되는 경우

2. 건축허가의 요건

건축허가를 받으려는 자는 해당 대지의 소유권을 확보하여야 한다. 다만, 다음의 어느 하나에 해당하는 경우에는 그러하지 아니하다.

① 건축주가 대지의 소유권을 확보하지 못하였으나 그 대지를 사용할 수 있는 권원을 확보한 경우. 다만, 분양을 목적으로 하는 공동주택은 제외한다.
② 건축주가 건축물을 신축, 개축, 재축 및 리모델링을 하기 위하여 건축물 및 해당 대지의 공유자 수의 100분의 80 이상의 동의를 얻고 동의한 공유자의 지분 합계가 전체 지분의 100분의 80 이상인 경우
③ 건축주가 건축허가를 받아 주택과 주택 외의 시설을 동일 건축물로 건축하기 위하여 대지 소유 등의 권리 관계를 증명한 경우
④ 건축하려는 대지에 포함된 국유지 또는 공유지에 대하여 허가권자가 해당 토지의 관리청이 해당 토지를 건축주에게 매각하거나 양여할 것을 확인한 경우
⑤ 건축주가 집합건물의 공용부분을 변경하기 위하여 집합건물의 소유 및 관리에 관한 법률에 따른 결의가 있었음을 증명한 경우
⑥ 건축주가 집합건물을 재건축하기 위하여 집합건물의 소유 및 관리에 관한 법률 제47조에 따른 결의가 있었음을 증명한 경우

3. 건축허가의 취소

허가권자는 건축허가를 받은 자가 다음의 어느 하나에 해당하면 허가를 취소하여야 한다. 다만, 정당한 사유가 있다고 인정되면 1년의 범위에서 착수기간을 연장할 수 있다.

① 허가를 받은 날부터 2년(공장은 3년) 이내에 공사에 착수하지 아니한 경우
② 기간 이내에 공사에 착수하였으나 공사의 완료가 불가능하다고 인정되는 경우
③ 착공신고 전에 경매 또는 공매 등으로 건축주가 대지의 소유권을 상실한 때부터 6개월이 경과한 이후 공사의 착수가 불가능하다고 판단되는 경우

4. 건축허가의 거부

허가권자는 다음의 어느 하나에 해당하는 경우에는 이 법이나 다른 법률에도 불구하고 건축위원회의 심의를 거쳐 건축허가를 하지 아니할 수 있다.

① 위락시설이나 숙박시설에 해당하는 건축물의 건축을 허가하는 경우 해당 대지에 건축하려는 건축물의 용도·규모 또는 형태가 주거환경이나 교육환경 등 주변 환경을 고려할 때 부적합하다고 인정되는 경우

② 방재지구 및 자연재해위험개선지구 등 상습적으로 침수되거나 침수가 우려되는 지역에 건축하려는 건축물에 대하여 일부 공간을 거실을 설치하는 것이 부적합하다고 인정되는 경우

5. 건축허가의 제한

(1) 국토교통부장관의 제한

국토교통부장관은 국토관리를 위하여 특히 필요하다고 인정하거나 주무부장관이 국방, 국가유산의 보존, 환경보전 또는 국민경제를 위하여 특히 필요하다고 인정하여 요청하면 허가권자의 건축허가나 허가를 받은 건축물의 착공을 제한할 수 있다.

(2) 특별시장 · 광역시장 · 도지사의 제한

특별시장 · 광역시장 · 도지사는 지역계획이나 도시계획에 특히 필요하다고 인정하면 시장 · 군수 · 구청장의 건축허가나 허가를 받은 건축물의 착공을 제한할 수 있으며 제한한 경우 즉시 국토교통부장관에게 보고하여야 하며, 보고를 받은 국토교통부장관은 제한내용이 지나치다고 인정하면 해제를 명할 수 있다.

(3) 제한기간

건축허가나 건축물의 착공을 제한하는 경우 제한기간은 2년 이내로 한다. 다만, 1회에 한하여 1년 이내의 범위에서 제한기간을 연장할 수 있다.

6. 사용승인

건축주가 건축허가, 건축신고대상 건축물 또는 허가대상 가설건축물의 건축공사를 완료한 후 그 건축물을 사용하려면 공사감리자가 작성한 감리완료보고서와 공사완료도서를 첨부하여 허가권자에게 사용승인을 신청하여야 하며, 허가권자는 사용승인신청을 받은 경우 그 신청서를 받은 날부터 7일 이내에 검사를 실시하고, 검사에 합격된 건축물에 대하여는 사용승인서를 내주어야 한다.

건축물의 대지와 도로

01 건축물의 대지

1. 대지의 조경

(1) 원칙

면적이 200m² 이상인 대지에 건축을 하는 건축주는 용도지역 및 건축물의 규모에 따라 해당 지방자치단체의 조례로 정하는 기준에 따라 대지에 조경이나 그 밖에 필요한 조치를 하여야 한다.

(2) 예외

① **조경설치의무의 예외:** 다음의 어느 하나에 해당하는 건축물에 대하여는 조경 등의 조치를 하지 아니할 수 있다.

> ㉠ 녹지지역에 건축하는 건축물
> ㉡ 면적 5천m² 미만인 대지에 건축하는 공장
> ㉢ 연면적의 합계가 1,500m² 미만인 공장
> ㉣ 산업단지의 공장
> ㉤ 대지에 염분이 함유되어 있는 경우 등
> ㉥ 축사
> ㉦ 허가대상 가설건축물
> ㉧ 연면적의 합계가 1,500m² 미만인 물류시설(주거지역, 상업지역 제외)
> ㉨ 자연환경보전지역, 농림지역 또는 관리지역의 건축물 등

② **옥상조경의 특례:** 건축물의 옥상에 국토교통부장관이 고시하는 기준에 따라 조경이나 그 밖에 필요한 조치를 하는 경우에는 옥상 부분 조경면적의 3분의 2에 해당하는 면적을 대지의 조경면적으로 산정할 수 있다. 이 경우 조경면적으로 산정하는 면적은 대지의 조경면적의 100분의 50을 초과할 수 없다.

2. 공개공지 등의 확보

(1) 확보대상 지역 및 확보대상 건축물

다음의 어느 하나에 해당하는 지역의 환경을 쾌적하게 조성하기 위하여 다음의 어느 하나에 해당하는 건축물의 대지에는 일반이 사용할 수 있도록 소규모 휴식시설 등의 공개공지 또는 공개공간(이하 '공개공지 등'이라 한다)을 설치하여야 한다.

① 대상 지역

> ㉠ 일반주거지역, 준주거지역
> ㉡ 상업지역
> ㉢ 준공업지역
> ㉣ 특별자치시장·특별자치도지사 또는 시장·군수·구청장이 도시화의 가능성이 크다고 인정하여 지정·공고하는 지역

② 대상 건축물

> ㉠ 문화 및 집회시설, 종교시설, 판매시설(농수산물유통시설은 제외한다), 운수시설(여객용 시설만 해당한다), 업무시설 및 숙박시설로서 해당 용도로 쓰는 바닥면적의 합계가 5천m² 이상인 건축물
> ㉡ 그 밖에 다중이 이용하는 시설로서 건축조례로 정하는 건축물

(2) 설치면적

공개공지 등의 면적은 대지면적의 100분의 10 이하의 범위에서 건축조례로 정한다. 이 경우 조경면적과 매장문화재의 현지보존 조치면적을 공개공지 등의 면적으로 할 수 있다.

(3) 설치효과

공개공지 등의 확보대상 건축물에 공개공지 등을 설치하는 경우에는 건축물의 건폐율, 건축물의 용적률과 건축물의 높이제한을 다음에 따라 완화할 수 있다.

> ① 건축물의 용적률(법 제56조)은 해당 지역에 적용하는 용적률의 1.2배 이하
> ② 건축물의 높이제한(법 제60조)은 해당 건축물에 적용하는 높이기준의 1.2배 이하

3. 대지의 분할제한

건축물이 있는 대지는 다음의 어느 하나에 해당하는 규모 이상의 범위에서 해당 지방자치단체의 조례로 정하는 면적에 못 미치게 분할할 수 없다.

① 주거지역: 60m²
② 상업지역: 150m²
③ 공업지역: 150m²
④ 녹지지역: 200m²
⑤ ①부터 ④까지에 해당하지 아니하는 지역: 60m²

02 대지와 도로와의 관계

1. 도로의 의의

도로란 보행과 자동차통행이 가능한 너비 4m 이상의 도로로서 다음의 어느 하나에 해당하는 도로나 그 예정도로를 말한다.

① 국토의 계획 및 이용에 관한 법률, 도로법, 사도법, 그 밖의 관계 법령에 따라 신설 또는 변경에 관한 고시가 된 도로
② 건축허가 또는 신고시에 시·도지사 또는 시장·군수·구청장이 위치를 지정하여 공고한 도로

2. 대지와 도로와의 관계

(1) 건축물의 대지는 2m 이상이 도로(자동차만의 통행에 사용되는 도로는 제외한다)에 접하여야 한다. 다만, 다음의 어느 하나에 해당하면 그러하지 아니하다.

① 해당 건축물의 출입에 지장이 없다고 인정되는 경우
② 건축물의 주변에 광장, 공원, 유원지, 그 밖에 관계 법령에 따라 건축이 금지되고 공중의 통행에 지장이 없는 공지로서 허가권자가 인정한 공지가 있는 경우
③ 농지법 제2조 제1호 나목에 따른 농막을 건축하는 경우

(2) 연면적의 합계가 2천m²(공장인 경우에는 3천m²) 이상인 건축물의 대지는 너비 6m 이상의 도로에 4m 이상 접하여야 한다.

3. 건축선 ★

(1) 의의

건축선이라 함은 대지와 도로의 접한 부분의 대지 안에서 건축물을 건축하거나 공작물을 설치할 수 있는 한계선을 의미하며, 일반적으로 건축선은 도로의 경계선과 일치하나, 다르게 설치할 수도 있다.

(2) 법정건축선

① **원칙**: 도로와 접한 부분에 건축물을 건축할 수 있는 선은 대지와 도로의 경계선으로 한다.

② **소요너비에 못 미치는 도로에서의 건축선**: 소요너비(4m)에 못 미치는 너비의 도로인 경우에는 그 중심선으로부터 그 소요너비의 2분의 1의 수평거리만큼 물러난 선을 건축선으로 하되, 그 도로의 반대쪽에 경사지, 하천, 철도, 선로부지, 그 밖에 이와 유사한 것이 있는 경우에는 그 경사지 등이 있는 쪽의 도로경계선에서 소요너비에 해당하는 수평거리의 선을 건축선으로 한다.

핵심 도로 양쪽에 대지가 있는 경우의 건축선

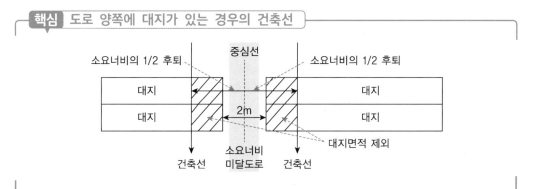

핵심 도로 한쪽에 경사지 등이 있는 경우의 건축선

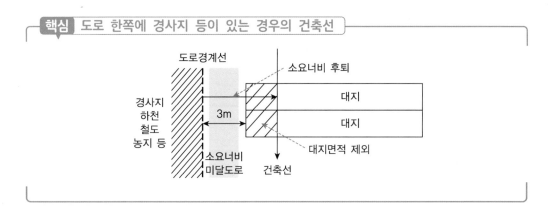

③ **도로의 모퉁이에 위치한 대지의 건축선**: 너비 8m 미만인 도로의 모퉁이에 위치한 대지의 도로모퉁이 부분의 건축선은 그 대지에 접한 도로경계선의 교차점으로부터 도로경계선에 따라 다음의 표에 따른 거리를 각각 후퇴한 두 점을 연결한 선으로 한다.

도로의 교차각	해당 도로의 너비		교차되는 도로의 너비
	6m 이상 8m 미만	4m 이상 6m 미만	
90° 미만	4m	3m	6m 이상 8m 미만
	3m	2m	4m 이상 6m 미만
90° 이상 120° 미만	3m	2m	6m 이상 8m 미만
	2m	2m	4m 이상 6m 미만

(3) 지정건축선

특별자치시장·특별자치도지사 또는 시장·군수·구청장은 시가지 안에서 건축물의 위치나 환경을 정비하기 위하여 필요하다고 인정하면 (2)에도 불구하고 국토의 계획 및 이용에 관한 법률에 따른 도시지역에는 4m 이하의 범위에서 건축선을 따로 지정할 수 있다.

4. 건축선에 따른 건축제한 ★

(1) 건축물과 담장은 건축선의 수직면을 넘어서는 아니 된다. 다만, 지표 아래 부분은 그러하지 아니하다.

(2) 도로면으로부터 높이 4.5m 이하에 있는 출입구, 창문, 그 밖에 이와 유사한 구조물은 열고 닫을 때 건축선의 수직면을 넘지 아니하는 구조로 하여야 한다.

house.Hackers.com

PART 6
도시 및 주거환경정비법

CHAPTER 1   총칙
CHAPTER 2   정비사업의 절차

 선생님의 비법전수

도시 및 주거환경정비법에서는 2문항이 출제되지만, 그 학습의 범위는 상당합니다. 방향성 없이 준비하며 지레 포기하게 되는 부분이기에 본 파트에서 소개된 부분만이라도 집중학습하시면 2문항의 극복은 가능합니다. 특히 용어정의 부분과 정비사업조합 부분은 반드시 학습을 하여야 합니다.

▶ 핵심개념

CHAPTER 1 총칙	**CHAPTER 2** 정비사업의 절차
• 용어의 정의 ★	• 조합설립추진위원회 ★
	• 분양신청 ★

각 CHAPTER별로 자주 출제되는 핵심개념을 정리하였습니다. 핵심개념은 본문에서도 ★로 표시되어 있으니 이 부분을 중점적으로 학습하세요.

01 제정목적

이 법은 도시기능의 회복이 필요하거나 주거환경이 불량한 지역을 계획적으로 정비하고 노후·불량건축물을 효율적으로 개량하기 위하여 필요한 사항을 규정함으로써 도시환경을 개선하고 주거생활의 질을 높이는 데 이바지함을 목적으로 한다.

02 용어의 정의 ★

이 법에서 사용하는 용어의 정의는 다음과 같다.

(1) 정비구역

정비구역이라 함은 정비사업을 계획적으로 시행하기 위하여 지정·고시된 구역을 말한다.

(2) 정비사업

이 법에서 정한 절차에 따라 도시기능을 회복하기 위하여 정비구역에서 정비기반시설을 정비하거나 주택 등 건축물을 개량 또는 건설하는 다음의 사업을 말한다.

주거환경 개선사업	도시저소득 주민이 집단거주하는 지역으로서 정비기반시설이 극히 열악하고 노후·불량건축물이 과도하게 밀집한 지역의 주거환경을 개선하거나 단독주택 및 다세대주택이 밀집한 지역에서 정비기반시설과 공동이용시설 확충을 통하여 주거환경을 보전·정비·개량하기 위한 사업
재개발사업	정비기반시설이 열악하고 노후·불량건축물이 밀집한 지역에서 주거환경을 개선하거나 상업지역, 공업지역 등에서 도시기능의 회복 및 상권활성화 등을 위하여 도시환경을 개선하기 위한 사업. 이 경우 다음 요건을 모두 갖추어 시행하는 재개발사업을 '공공재개발사업'이라 한다. ① 시장·군수 등 또는 토지주택공사 등(조합과 공동으로 시행하는 경우를 포함)이 주거환경개선사업 또는 재개발사업의 시행자나 재개발사업의 대행자일 것

② 건설·공급되는 주택의 전체 세대수 또는 전체 연면적 중 토지등소유자 대상 분양분(지분형 주택은 제외)을 제외한 나머지 주택의 세대수 또는 연면적의 100분의 20 이상 100분의 50 이하의 범위에서 다음의 구분에 따른 기준에 따라 시·도조례로 정하는 비율 이상을 법 제80조에 따른 지분형 주택, 공공임대주택, 공공지원민간임대주택으로 건설·공급할 것
　㉠ 과밀억제권역에서 시행하는 경우: 100분의 30 이상 100분의 40 이하
　㉡ 과밀억제권역 외의 지역에서 시행하는 경우: 100분의 20 이상 100분의 30 이하
③ 위 ②에 따른 공공임대주택 건설비율은 건설·공급되는 주택의 전체 세대수의 100분의 20 이하에서 국토교통부장관이 정하여 고시하는 비율 이상으로 한다.

재건축사업	정비기반시설은 양호하나 노후·불량건축물에 해당하는 공동주택이 밀집한 지역에서 주거환경을 개선하기 위한 사업. 이 경우 다음 요건을 모두 갖추어 시행하는 재건축사업을 '공공재건축사업'이라 한다. ① 시장·군수 등 또는 토지주택공사 등(조합과 공동으로 시행하는 경우를 포함)이 재건축사업의 시행자나 재건축사업의 대행자일 것 ② 종전의 용적률, 토지면적, 기반시설 현황 등을 고려하여 대통령령으로 정하는 세대수 이상을 건설·공급할 것

(3) 토지등소유자

토지등소유자란 다음의 어느 하나에 해당하는 자를 말한다.

① 주거환경개선사업 및 재개발사업의 경우에는 정비구역에 위치한 토지 또는 건축물의 소유자 또는 그 지상권자
② 재건축사업의 경우에는 정비구역에 위치한 건축물 및 그 부속토지의 소유자

정비사업의 절차

01 정비사업을 위한 계획

(1) 정비기본방침

국토교통부장관은 도시 및 주거환경을 개선하기 위하여 10년마다 기본방침을 수립하고, 5년마다 그 타당성을 검토하여 그 결과를 기본방침에 반영하여야 한다.

(2) 도시·주거환경정비기본계획

특별시장·광역시장·특별자치시장·특별자치도지사 또는 시장은 관할 구역에 대하여 도시·주거환경정비기본계획을 10년 단위로 수립하고 5년마다 타당성 여부를 검토하여 그 결과를 기본계획에 반영하여야 한다.

(3) 정비계획의 수립과 정비구역의 지정

특별시장·광역시장·특별자치시장·특별자치도지사·시장 또는 군수(광역시의 군수는 제외한다)는 기본계획에 적합한 범위에서 정비계획을 결정하여 정비구역을 지정할 수 있다. 자치구의 구청장 또는 광역시의 군수(구청장 등)는 정비계획을 입안하여 특별시장·광역시장에게 정비구역 지정을 신청하여야 한다.

02 정비사업의 시행

(1) 조합설립추진위원회 ★

① 조합을 설립하려는 경우에는 정비구역 지정·고시 후 토지등소유자 과반수의 동의를 받아 조합설립을 위한 추진위원회를 구성하여 시장·군수 등의 승인을 받아야 한다.

② 추진위원회는 수행한 업무를 총회에 보고하여야 하며, 그 업무와 관련된 권리·의무는 조합이 포괄승계한다.

(2) 정비사업조합

① 설립

㉠ 시장·군수 등, 토지주택공사 등 또는 지정개발자가 아닌 자가 정비사업을 시행하려는 경우에는 토지등소유자로 구성된 조합을 설립하여야 한다.

㉡ 조합은 그 명칭 중에 '정비사업조합'이라는 문자를 사용하여야 한다.

㉢ 조합에 관하여는 이 법에 규정된 것을 제외하고는 민법 중 사단법인에 관한 규정을 준용한다.

② 설립 동의 등

㉠ **재개발사업**: 재개발사업의 추진위원회가 조합을 설립하려면 토지등소유자의 4분의 3 이상 및 토지면적의 2분의 1 이상의 토지소유자의 동의를 받아 시장·군수 등의 인가를 받아야 한다.

㉡ **재건축사업**

ⓐ 재건축사업의 추진위원회가 조합을 설립하려는 때에는 주택단지의 공동주택의 각 동별 구분소유자의 과반수 동의와 주택단지의 전체 구분소유자의 4분의 3 이상 및 토지면적의 4분의 3 이상의 토지소유자의 동의를 받아 관련 사항을 첨부하여 시장·군수 등의 인가를 받아야 한다.

ⓑ 주택단지가 아닌 지역이 정비구역에 포함된 때에는 주택단지가 아닌 지역의 토지 또는 건축물 소유자의 4분의 3 이상 및 토지면적의 3분의 2 이상의 토지소유자의 동의를 받아야 한다. 이 경우 인가받은 사항을 변경하려는 때에도 또한 같다.

③ **정비사업조합의 조합원**

㉠ **조합원의 인정**: 정비사업의 조합원은 토지등소유자(재건축사업은 동의한 자만 해당한다)로 한다.

㉡ **조합원의 지위 이전**: 투기과열지구에서 재건축사업은 조합설립인가 후, 재개발사업은 관리처분계획의 인가 후 해당 정비사업의 건축물 또는 토지를 양수(상속·이혼은 제외한다)한 자는 조합원이 될 수 없다.

(3) 사업시행계획의 인가

① 사업시행자는 정비사업을 시행하고자 하는 경우에는 사업시행계획서를 시장·군수 등에게 제출하고 사업시행인가를 받아야 하며, 인가받은 내용을 변경하거나 정비사업을 중지 또는 폐지하고자 하는 경우에도 또한 같다.

② 시장·군수 등은 특별한 사유가 없으면 사업시행계획서의 제출이 있은 날부터 60일 이내에 인가 여부를 결정하여 사업시행자에게 통보하여야 한다.

(4) 분양신청 ★

① 사업시행자는 사업시행계획인가의 고시가 있은 날부터 120일 이내에 다음의 사항을 토지등소유자에게 통지하고, 일간신문에 공고하여야 한다.

> ㉠ 분양대상자별 종전의 토지 또는 건축물의 명세 및 사업시행계획인가의 고시가 있은 날을 기준으로 한 가격
> ㉡ 분양대상자별 분담금의 추산액
> ㉢ 분양신청기간

② 분양신청기간은 통지한 날부터 30일 이상 60일 이내로 하여야 한다. 다만, 사업시행자는 관리처분계획의 수립에 지장이 없다고 판단하는 경우에는 분양신청기간을 20일의 범위에서 한 차례만 연장할 수 있다.

③ 대지 또는 건축물에 대한 분양을 받으려는 토지등소유자는 분양신청기간에 사업시행자에게 대지 또는 건축물에 대한 분양신청을 하여야 한다.

(5) 관리처분계획의 수립

① 사업시행자는 분양신청기간이 종료된 때에는 분양신청의 현황을 기초로 관리처분계획을 수립하여 시장·군수 등의 인가를 받아야 하며, 관리처분계획을 변경·중지·폐지하려는 경우에도 또한 같다.

② 시장·군수 등은 사업시행자의 관리처분계획인가의 신청이 있은 날부터 30일 이내에 인가 여부를 결정하여 사업시행자에게 통보하여야 한다. 다만, 시장·군수 등은 관리처분계획의 타당성 검증을 요청하는 경우에는 관리처분계획인가의 신청을 받은 날부터 60일 이내에 인가 여부를 결정하여 사업시행자에게 통지하여야 한다.

(6) 준공인가와 공사완료고시

① 시장·군수 등이 아닌 사업시행자가 정비사업 공사를 완료한 때에는 시장·군수 등의 준공인가를 받아야 한다.

② 시장·군수 등은 준공검사를 실시한 결과 정비사업이 인가받은 사업시행계획대로 완료되었다고 인정되는 때에는 준공인가를 하고 공사의 완료를 해당 지방자치단체의 공보에 고시하여야 한다.

(7) 소유권이전

① 사업시행자는 준공인가, 공사완료의 고시가 있은 때에는 지체 없이 대지확정측량을 하고 토지의 분할절차를 거쳐 관리처분계획에 정한 사항을 분양을 받을 자에게 통지하고 대지 또는 건축물의 소유권을 이전하여야 한다.

② 대지 또는 건축물을 분양받을 자는 고시가 있은 날의 다음 날에 그 대지 또는 건축물에 대한 소유권을 취득한다.

house.Hackers.com

PART 7
도시재정비 촉진을 위한 특별법

01 용어의 정의
02 재정비촉진사업의 시행

 선생님의 비법전수

1문항이 출제되는 법률입니다. 용어의 정의를 반드시 숙지하시고 사업시행자 부분 또한 학습하시기 바랍니다.

 핵심개념

> **PART 7**
> 도시재정비 촉진을 위한 특별법
>
> ○──────────────────────────────
>
> • 재정비촉진지구의 지정 ★
> • 재정비촉진계획의 수립 ★

각 CHAPTER별로 자주 출제되는 핵심개념을 정리하였습니다. 핵심개념은 본문에서도 ★로 표시되어 있으니 이 부분을 중점적으로 학습하세요.

PART 7 도시재정비 촉진을 위한 특별법

01 용어의 정의

(1) 재정비촉진지구

재정비촉진지구라 함은 낙후된 지역에 대한 주거환경 개선과 기반시설의 확충 및 도시기능의 회복을 광역적으로 계획하고 체계적이고 효율적으로 추진하기 위하여 지정하는 다음의 지구를 말한다.

주거지형	노후 · 불량주택과 건축물이 밀집한 지역으로서 주로 주거환경의 개선과 기반시설의 정비가 필요한 지구
중심지형	상업지역, 공업지역 등으로서 토지의 효율적 이용과 도심 또는 부도심 등의 도시기능의 회복이 필요한 지구
고밀복합형	주요 역세권, 교차지 등 양호한 기반시설을 갖추고 있어 대중교통 이용이 용이한 지역으로서 도심 내 소형주택의 공급확대, 토지의 고도이용과 건축물의 복합개발이 필요한 지구

(2) 기타 용어의 정의

재정비촉진구역	재정비촉진사업의 각 해당 사업별로 결정된 구역
우선사업구역	재정비촉진구역 중 재정비촉진사업의 활성화, 소형주택 공급확대, 주민이주대책 지원 등을 위하여 다른 구역에 우선하여 개발하는 구역으로서 재정비촉진계획으로 결정되는 구역
존치지역	재정비촉진지구 안에서 재정비촉진사업의 필요성이 적어 재정비촉진계획에 따라 존치하는 지역
존치정비구역	재정비촉진구역의 지정요건에는 해당하지 아니하나 시간의 경과 등 여건의 변화에 따라 재정비촉진사업 요건에 해당할 수 있거나 재정비촉진사업의 필요성이 높아질 수 있는 구역
존치관리구역	재정비촉진구역의 지정요건에 해당하지 아니하거나 기존의 시가지로 유지 · 관리할 필요가 있는 구역

(3) 재정비촉진사업

재정비촉진사업이라 함은 재정비촉진지구에서 시행되는 다음의 사업을 말한다.

① 도시 및 주거환경정비법에 따른 주거환경개선사업, 재개발사업 및 재건축사업, 빈집 및 소규모
주택 정비에 관한 특례법에 따른 가로주택정비사업, 소규모재건축사업 및 소규모재개발사업
② 도시개발법에 따른 도시개발사업
③ 전통시장 및 상점가 육성을 위한 특별법에 따른 시장정비사업
④ 국토의 계획 및 이용에 관한 법률에 따른 도시·군계획시설사업
⑤ 도시재생 활성화 및 지원에 관한 특별법에 따른 주거재생혁신지구의 혁신지구재생사업
⑥ 공공주택 특별법에 따른 도심 공공주택 복합사업

02 재정비촉진사업의 시행

(1) 재정비촉진지구의 지정 ★

① **지정신청**: 시장·군수·구청장은 특별시장·광역시장·도지사에게 재정비촉진지구의 지정을 신청할 수 있다.

② **지정**

㉠ **지정권자**: 특별시장·광역시장·도지사는 신청받은 경우 또는 신청이 없어도 해당 시장·군수·구청장과 협의를 거쳐 직접 재정비촉진지구를 지정할 수 있고, 특별자치시장·특별자치도지사, 대도시의 시장은 직접 지정할 수 있다.

㉡ **지정요건(면적)**: 재정비촉진지구의 면적은 면적은 10만m² 이상으로 하여야 하며, 재정비촉진지구는 2개 이상의 재정비촉진사업을 포함하여 지정하여야 한다.

(2) 재정비촉진계획의 수립 ★

① **수립**: 시장·군수·구청장은 재정비촉진계획을 수립하여 특별시장·광역시장·도지사에게 결정을 신청하여야 한다. 특별시장·광역시장·특별자치시장·특별자치도지사, 대도시 시장이 직접 재정비촉진지구를 지정한 경우에는 직접 재정비촉진계획을 수립한다.

② **실효**: 재정비촉진지구 지정을 고시한 날부터 2년이 되는 날까지 재정비촉진계획이 결정되지 않은 경우, 그 2년이 되는 날의 다음 날 재정비촉진지구 지정의 효력이 상실된다. 다만, 시·도지사, 대도시 시장은 해당 기간을 1년의 범위 내에서 연장할 수 있다.

(3) 사업시행자

① **원칙**: 재정비촉진사업은 재정비촉진구역별 각 사업시행자가 시행한다.

② **예외**

    ㉠ 정비사업은 토지등소유자의 과반수의 동의가 있는 경우에는 시장·군수·구청 장이 재정비촉진사업을 직접 시행하거나 한국토지주택공사 또는 지방공사를 사 업시행자로 지정할 수 있다.

    ㉡ 우선사업구역의 재정비촉진사업은 토지등소유자의 과반수의 동의를 받아 시 장·군수·구청장이 직접 시행하거나 총괄사업관리자를 사업시행자로 지정하 여 시행하도록 하여야 한다.

PART 8
시설물의 안전 및 유지관리에 관한 특별법

01 시설물   **03** 안전점검

02 용어의 정의   **04** 정밀안전진단

 선생님의 비법전수

이 법은 2문항이 출제되는 부분이고 학습해야 할 내용이 다소 많은 편입니다.
안전점검 부분과 정밀안전진단 부분은 꼭 출제가 되는 부분이니 집중정리하시고 용어의 정의도 확인해 주셔야 합니다.

 핵심개념

> **PART 8**
> 시설물의 안전 및 유지관리에 관한 특별법
>
> ○
>
> • 용어의 정의 ★
> • 안전점검 ★
> • 정밀안전진단 ★
>
>
>
> 각 CHAPTER별로 자주 출제되는 핵심개념을 정리하였습니다. 핵심개념은 본문에서도 ★로 표시되어 있으니 이 부분을 중점적으로 학습하세요.

PART 8 시설물의 안전 및 유지관리에 관한 특별법

01 시설물

(1) 제1종 시설물, 제2종 시설물

구분	제1종 시설물	제2종 시설물
공동주택		16층 이상의 공동주택
기타 건축물	21층 또는 연면적 5만m² 이상	16층 또는 연면적 3만m² 이상
	연면적 3만m² 이상의 철도역 연면적 3만m² 이상의 관람장	제1종 시설물 외 철도역시설 제1종 시설물 외 다중이용건축물 제1종 시설물 외 연면적 5천m² 이상의 전시장
	연면적 1만m² 이상의 지하도상가	제1종 시설물 외 연면적 5천m² 이상의 지하도

(2) 제3종 시설물

제1종 · 제2종 시설물 외의 안전관리가 필요한 소규모 시설물로서 중앙기관의 장 또는 지방자치단체의 장이 지정하거나, 관리주체의 요청에 따라서 지정 · 고시된 시설물

02 용어의 정의 ★

안전점검	경험과 기술을 갖춘 자가 육안이나 점검기구 등으로 검사하여 시설물에 내재되어 있는 위험요인을 조사하는 행위
정기안전점검	시설물의 상태를 판단하고 시설물이 점검 당시의 사용요건을 만족시키고 있는지 확인할 수 있는 수준의 외관조사를 실시하는 안전점검
정밀안전점검	시설물 주요 부재의 상태를 확인할 수 있는 수준의 외관조사 및 측정, 시험장비를 이용한 조사를 실시하는 안전점검
긴급안전점검	시설물의 붕괴 등으로 인한 재난 · 재해가 발생할 우려가 있는 경우에 시설물의 물리적 · 기능적 결함을 신속하게 발견하기 위하여 실시하는 점검
정밀안전진단	시설물의 물리적 · 기능적 결함을 발견하고 그에 대한 신속하고 적절한 조치를 하기 위하여 구조적 안전성과 결함의 원인 등을 조사 · 측정 · 평가하여 보수 · 보강 등의 방법을 제시하는 행위

내진성능평가	지진으로부터 시설물의 안전성을 확보하고 기능을 유지하기 위하여 지진·화산 재해대책법에 따라 시설물별로 정하는 내진설계기준에 따라 시설물이 지진에 견딜 수 있는 능력을 평가하는 것
유지관리	완공된 시설물의 기능을 보전하고 시설물을 일상적으로 점검·정비하고 손상된 부분을 원상복구하며 경과시간에 따라 요구되는 시설물의 개량·보수·보강에 필요한 활동을 하는 것
성능평가	시설물의 기능을 유지하기 위하여 요구되는 시설물의 구조적 안전성, 내구성, 사용성 등의 성능을 종합적으로 평가하는 것

03 안전점검 ★

① 관리주체는 소관 시설물에 대한 안전점검을 실시하여야 한다.
② 정기점검(A·B·C등급은 반기 1회, D·E등급은 1년 중 3회 이상), 긴급점검(필요·요청 시), 정밀점검(주기적)
③ 정밀점검 ⇨ A등급: 4년, B·C등급: 3년, D·E등급: 2년마다 − 1회 이상
④ 관리주체는 직접 또는 안전진단전문기관이나 유지관리업자로 하여금 안전점검을 하게 하여야 한다. 다만, 하자담보책임기간이 끝나기 전에 마지막으로 실시하는 정밀점검은 안전진단전문기관으로 하여금 실시하게 하여야 한다.
⑤ 민간관리주체가 부도 등으로 안전점검을 실시하지 못하게 될 때에는 관할 시장·군수·구청장이 대신하여 실시할 수 있다. 다만, 그 비용은 민간관리주체가 부담한다.

04 정밀안전진단 ★

① 관리주체는 안전점검 결과 필요하다고 인정되면 정밀안전진단을 실시하여야 한다. 이 경우 그 실적제출일부터 1년 이내에 정밀안전진단을 착수하여야 한다.
② **의무적 실시**: 제1종 시설물은 완공 후 10년이 지난 때부터 1년 이내에 실시하여야 한다. 다만, 준공 후 10년이 지난 후에 구조형태의 변경으로 제1종 시설물로 된 경우에는 구조형태의 변경에 따른 준공일부터 1년 이내에 실시한다. 이후 정기적으로(A등급 − 6년, B·C등급 − 5년, D·E등급 − 4년) 실시하여야 한다.

③ 정밀점검, 긴급점검, 정밀안전진단의 실시 완료일이 속한 반기에 실시하는 정기점검은 생략할 수 있으며, 정밀안전진단의 실시 완료일부터 6개월 전 이내에 그 실시주기의 마지막 날이 속하는 정밀점검은 생략할 수 있다.

④ 정밀안전진단은 안전진단전문기관 또는 국토안전관리원이 실시한다. 다만, 제1종 시설물 중 대통령령으로 정하는 시설물에 대한 정밀안전진단은 국토안전관리원이 실시한다.

⑤ 안전진단전문기관이나 관리원은 다른 안전진단전문기관과 공동으로 정밀안전진단을 실시할 수 있다.

⑥ 관리주체는 정밀안전진단을 실시할 때 내진성능평가를 포함하여 실시할 수 있고, 준공 후 20년이 지나도록 내진성능평가를 받지 아니한 경우에는 내진성능평가를 하여야 한다.

house.Hackers.com

PART 9
승강기 안전관리법

01 용어의 정의
02 승강기 검사

  선생님의 비법전수

이 편에서는 승강기의 사후관리와 승강기 검사가 가장 중요합니다. 특히 승강기 검사 파트에서 대부분 출제되므로 꼼꼼히 정리하도록 합니다.

▶ 핵심개념

> **PART 9**
> 승강기 안전관리법
>
> ○────────────────────────────
>
> • 승강기의 자체점검 ★
> • 승강기의 안전검사 ★
>
> 각 CHAPTER별로 자주 출제되는 핵심개념을 정리하였습니다. 핵심개념은 본문에서도 ★로 표시되어 있으니 이 부분을 중점적으로 학습하세요.

01 용어의 정의

구분	승강기의 세부종류	분류기준
엘리베이터	승객용 엘리베이터	사람의 운송에 적합하게 제조·설치된 엘리베이터
	전망용 엘리베이터	승객용 엘리베이터 중 내부에서 외부를 전망하기에 적합하게 제조·설치된 엘리베이터
	병원용 엘리베이터	병원의 병상 운반에 적합하게 제조·설치된 엘리베이터로서 평상시에는 승객용으로 사용하는 엘리베이터
	장애인용 엘리베이터	장애인 등의 운송에 적합하게 제조·설치된 엘리베이터로서 평상시에는 승객용 엘리베이터로 사용하는 엘리베이터
	소방구조용 엘리베이터	비상시 소방관의 소화활동이나 구조활동에 적합하게 제조·설치된 엘리베이터(비상용승강기를 말한다)로서 평상시에는 승객용 엘리베이터로 사용하는 엘리베이터
	피난용 엘리베이터	화재 등 재난 발생시 거주자의 피난활동에 적합하게 제조·설치된 엘리베이터로서 평상시에는 승객용으로 사용하는 엘리베이터
	주택용 엘리베이터	단독주택 거주자의 운송에 적합하게 제조·설치된 엘리베이터로서 왕복 운행거리가 12m 이하인 엘리베이터
	승객화물용 엘리베이터	사람의 운송과 화물 운반을 겸용하기에 적합하게 제조·설치된 엘리베이터
	화물용 엘리베이터	화물의 운반에 적합하게 제조·설치된 엘리베이터로서 조작자 또는 화물취급자가 탑승할 수 있는 엘리베이터(적재용량이 300kg 미만인 것은 제외한다)
	자동차용 엘리베이터	운전자가 탑승한 자동차의 운반에 적합하게 제조·설치된 엘리베이터
	소형화물용 엘리베이터	음식물이나 서적 등 소형화물의 운반에 적합하게 제조·설치된 엘리베이터로서 사람의 탑승을 금지하는 엘리베이터(바닥면적 $0.5m^2$ 이하, 높이가 0.6m 이하인 것은 제외한다)

02 승강기 검사

(1) 승강기의 자체점검 ★

① 관리주체는 승강기에 관한 자체점검을 월 1회 이상 하고, 그 결과를 승강기안전종합정보망에 입력하여야 한다.

② 관리주체는 자체점검 결과 승강기에 결함이 있다는 사실을 알았을 경우에는 즉시 보수하여야 하며, 보수가 끝날 때까지 해당 승강기의 운행을 중지하여야 한다.

③ 관리주체는 자체점검을 스스로 할 수 없다고 판단하는 경우에는 승강기의 유지관리를 업으로 하기 위하여 등록을 한 자로 하여금 이를 대행하게 할 수 있다.

(2) 승강기의 안전검사 ★

① **정기검사**: 설치검사 후 정기적으로 하는 검사

    ㉠ **검사주기**: 정기검사의 검사주기는 1년(설치검사 또는 직전 정기검사를 받은 날부터 매 1년)으로 한다.

    ㉡ **검사기간**: 정기검사의 검사기간은 정기검사의 검사주기 도래일 전후 각각 30일 이내로 한다.

    ㉢ 정기검사의 검사주기 도래일 전에 수시검사 또는 정밀안전검사를 받은 경우 해당 정기검사의 검사주기는 수시검사 또는 정밀안전검사를 받은 날부터 계산한다.

    ㉣ 안전검사가 연기된 경우 해당 정기검사의 검사주기는 연기된 안전검사를 받은 날부터 계산한다.

② **수시검사**: 다음의 어느 하나에 해당하는 경우에 하는 검사

> ㉠ 승강기 종류, 제어방식, 정격속도, 정격용량, 왕복운행거리를 변경한 경우. 단, 다음의 경우는 제외한다.
>   ⓐ 다음 어느 하나에 해당하는 엘리베이터를 승객용 엘리베이터로 변경한 경우
>   가. 장애인용 엘리베이터
>   나. 소방구조용 엘리베이터
>   다. 피난용 엘리베이터
>   ⓑ 그 밖에 검사의 기준이 같은 수준으로 승강기의 종류가 변경된 경우
> ㉡ 승강기의 제어반 또는 구동기를 교체한 경우
> ㉢ 승강기에 사고가 발생하여 수리한 경우
> ㉣ 관리주체가 요청하는 경우

③ **정밀안전검사**: 다음의 어느 하나에 해당하는 경우에 하는 검사

ⓒ에 해당할 때에는 정밀안전검사를 받고, 그 후 3년마다 정기적으로 정밀안전검사를 받아야 한다.

> ㉠ 정기검사 또는 수시검사 결과 결함 원인이 불명확한 경우
> ㉡ 결함으로 중대한 사고 또는 중대한 고장이 발생한 경우
> ㉢ 설치검사를 받은 날부터 15년이 지난 경우
> ㉣ 그 밖에 행정안전부장관이 정밀안전검사가 필요하다고 인정한 경우

house.Hackers.com

PART 10
전기사업법

01 용어의 정의
02 전기사업의 허가
03 전기신사업의 등록
04 전기의 공급

 선생님의 비법전수

전기사업법 또한 학습량이 많은 법률로서 그중에서도 용어정의를 꼭 정리해야 하고, 전기사업과 신사업의 허가와 등록 절차를 정리하도록 합니다.

 핵심개념

PART 10
전기사업법

- **용어의 정의** ★
- **전기사업의 허가** ★

각 CHAPTER별로 자주 출제되는 핵심개념을 정리하였습니다. 핵심개념은 본문에서도 ★로 표시되어 있으니 이 부분을 중점적으로 학습하세요.

PART 10 전기사업법

01 용어의 정의 ★

전기 사업	발전	전기를 생산하여 전력시장을 통하여 전기판매사업자에게 공급
	송전	전기를 배전사업자에게 송전하는 데 필요한 전기설비를 설치·관리
	배전	송전된 전기를 전기사용자에게 배전하는 설비를 설치·운용
	판매	전기사용자에게 전기를 공급하는 것을 주된 목적으로 하는 사업
	구역	3만 5천kW 이하의 발전설비를 갖추고 특정구역의 수요에 맞추어 전기를 생산하여 전력시장을 통하지 아니하고 그 구역의 전기사용자에게 공급하는 것을 주된 목적으로 하는 사업
전력시장		전력거래를 위하여 설립된 한국전력거래소가 개설하는 시장
소규모 전력중개시장		소규모전력중개사업자가 소규모전력자원을 모집·관리할 수 있도록 한국전력거래소가 개설하는 시장
전력계통		전기의 원활한 흐름과 품질유지를 위하여 전기의 흐름을 통제·관리하는 체제
보편적 공급		전기사용자가 언제 어디서나 적정한 요금으로 전기를 사용할 수 있도록 전기를 공급하는 것
변전소		변전소의 밖으로부터 전압 5만V 이상의 전기를 전송받아 이를 변성하여 변전소 밖의 장소로 전송할 목적으로 설치하는 변압기와 전기설비 전체
전압		① 저압: 직류 1,500V, 교류 1,000V 이하 ② 고압: 직류 1,500V, 교류 1,000V 초과~7,000V 이하 ③ 특고압: 7,000V 초과
전기 신사업	전기자동차 충전사업	전기자동차에 전기를 유상으로 공급하는 것을 주된 목적으로 하는 사업
	소규모전력 중개사업	소규모전력자원에서 생산 또는 저장된 전력을 모아서 전력시장을 통하여 거래하는 것을 주된 목적으로 하는 사업
	재생에너지 전기공급사업	재생에너지를 이용하여 생산한 전기를 전기사용자에게 공급하는 것을 주된 목적으로 하는 사업
	통합발전소 사업	정보통신 및 자동제어 기술을 이용해 대통령령으로 정하는 에너지자원을 연결·제어하여 하나의 발전소처럼 운영하는 시스템을 활용하는 사업

02 전기사업의 허가 ★

(1) 허가대상

전기사업을 하려는 자는 전기사업의 종류별 또는 규모별로 산업통상자원부장관 또는
시 · 도지사(허가권자)의 허가를 받아야 한다.

(2) 전기사업의 복수허가

동일인에게는 두 종류 이상의 전기사업을 허가할 수 없다. 다만, 일정한 경우에 복수허가
를 하는 경우도 있다.

(3) 허가단위

허가권자는 필요한 경우 사업구역 및 특정한 공급구역별로 구분하여 전기사업의 허가를
할 수 있다. 다만, 발전사업의 경우에는 발전소별로 허가할 수 있다.

(4) 허가절차

허가권자는 전기사업을 허가 또는 변경허가를 하려는 경우에는 미리 전기위원회의 심의
를 거쳐야 한다.

(5) 준비기간

전기사업자는 허가권자가 지정한 준비기간에 사업에 필요한 전기설비를 설치하고 사업
을 시작하여야 한다. 그 준비기간은 10년을 넘을 수 없다. 다만, 허가권자가 인정하는 경
우에는 준비기간을 연장할 수 있다.

(6) 개시신고

전기사업자는 사업을 시작한 경우에는 지체 없이 그 사실을 허가권자에게 신고하여야 한다.

(7) 과징금 부과

허가권자는 전기사업자가 사업정지처분사유에 해당하는 경우 그 사업정지명령을 갈음하
여 5천만원 이하의 과징금을 부과할 수 있다.

03 전기신사업의 등록

(1) 등록

전기신사업을 하려는 자는 전기신사업의 종류별로 산업통상자원부장관에게 등록하여야 한다.

(2) 과징금 부과

산업통상자원부장관은 전기신사업자가 사업정지처분사유에 해당하는 경우 그 사업정지 명령을 갈음하여 5천만원 이하의 과징금을 부과할 수 있다.

04 전기의 공급

(1) 공급의 의무

발전사업자, 전기판매사업자 및 전기자동차충전사업자는 대통령령으로 정하는 정당한 사유 없이 전기의 공급을 거부하여서는 아니 된다.

(2) 전기판매사업자 또는 구역전기사업자는 정당한 사유 없이 전기자동차충전사업자와의 전력거래를 거부해서는 아니 된다.

(3) 전기판매사업자는 전기요금과 기본공급약관을 작성하여 산업통상자원부장관의 인가를 받아야 한다. 산업통상자원부장관은 인가를 하려는 경우에는 전기위원회의 심의를 거쳐야 한다.

(4) 전기판매사업자는 기본공급약관으로 정한 것과 다른 요금이나 선택공급약관을 작성할 수 있으며, 전기사용자는 선택공급약관으로 정한 사항을 선택할 수 있다.

(5) 구역전기사업자는 전력이 부족하거나 남는 경우에는 전기판매사업자와 거래할 수 있으며, 전기판매사업자는 정당한 사유 없이 이의 거래를 거부하여서는 안 된다. 이의 거래를 위하여 전기판매사업자는 보완공급약관을 작성하여 산업통상자원부장관의 인가를 받아야 한다.

(6) 전기신사업자는 요금과 그 밖의 이용조건에 관한 약관을 작성하여 산업통상자원부장관에게 신고할 수 있다. 전기신사업자는 약관의 신고 또는 변경신고를 한 경우에는 신고 또는 변경신고한 약관을 사용하여야 한다.

(7) 표준약관

산업통상자원부장관은 전기신사업의 공정한 거래질서를 확립하기 위하여 공정거래위원회 위원장과 협의를 거쳐 표준약관을 제정 또는 개정할 수 있으며, 약관의 신고 또는 변경신고를 하지 아니한 전기신사업자는 표준약관을 사용하여야 한다.

PART 11
집합건물의 소유 및 관리에 관한 법률

01 구분소유
02 공용부분
03 규약
04 담보책임 및 분양자의 관리의무
05 관리단

06 관리인
07 관리위원회
08 회계감사
09 재건축

  선생님의 비법전수

이 편은 1문항이 출제되며 그 내용도 그리 어렵지 않습니다. 입문서 내용으로도 충분히 대비할 수 있습니다.

▶ 핵심개념

> **PART 11**
> 집합건물의 소유 및 관리에 관한 법률
>
> ○─────────────────────────────────
>
> • **공용부분** ★
> • **관리단** ★
> • **관리인** ★

각 CHAPTER별로 자주 출제되는 핵심개념을 정리하였습니다. 핵심개념은 본문에서도 ★로 표시되어 있으니 이 부분을 중점적으로 학습하세요.

PART 11 집합건물의 소유 및 관리에 관한 법률

01 구분소유

(1) 일반건물의 구분소유

구조상 구분성 + 이용상 독립성

(2) 상가건물의 구분소유

이용상 구분성과 다음의 요건에 해당하여야 한다.
① **용도**: 구분점포의 용도가 판매시설 및 운수시설일 것
② **경계표지**: 경계를 명확하게 알아볼 수 있는 표지를 바닥에 설치하고 건물번호표지를 붙여야 한다.

02 공용부분 ★

(1) 공용부분의 일반

① **구조상 공용부분**: 전유부분에 속하지 아니하는 복도, 계단, 주차장 등이다.
② **규약상 공용부분**: 구분소유의 목적이 될 수 있는 부분으로서 규약으로 공용부분으로 할 수 있고 공정증서로 규약에 상응하는 것을 정할 수 있다. 규약 또는 공정증서로서 공용부분을 정하는 경우에는 그 취지를 등기하여야 한다.
③ **사용 및 지분**: 공용부분은 그 용도에 따라 각 공유자는 사용할 수 있으나, 그 지분은 전유부분의 면적비율에 따른다.
④ **처분**: 공용부분의 지분은 전유부분의 처분에 따르며, 전유부분과 분리하여 처분할 수 없다. 공용부분에 관한 물권의 득실변경은 등기가 필요하지 아니하다.
⑤ **비용부담**: 각 공유자는 규약에 달리 정한 바가 없으면 그 지분의 비율에 따라 공용부분의 관리비용과 그 밖의 의무를 부담하며 공용부분에서 생기는 이익을 취득한다.

(2) 공용부분의 변경과 관리

① **원칙**: 공용부분의 변경에 관한 사항은 관리단집회에서 구분소유자의 3분의 2 이상 및 의결권의 3분의 2 이상의 결의로써 결정한다.

② **강화**: 건물의 노후화 억제 또는 기능 향상 등을 위한 것으로 구분소유권 및 대지사용권의 범위나 내용에 변동을 일으키는 공용부분의 변경에 관한 사항은 관리단집회에서 구분소유자의 5분의 4 이상 및 의결권의 5분의 4 이상의 결의로써 결정한다.

③ 공용부분의 관리에 관한 사항은 공용부분의 변경(권리변동 있는 공용부분의 변경 포함)의 경우를 제외하고는 통상의 집회결의로써 결정한다. 다만, 보존행위는 각 공유자가 할 수 있다.

(3) 수선적립금

① **수선계획**: 관리단은 규약에 달리 정한 바가 없으면 관리단집회의 결의에 따라 건물이나 대지 또는 부속시설의 교체 및 보수에 관한 수선계획을 수립할 수 있다.

② **징수·적립**: 관리단은 규약에 달리 정한 바가 없으면 관리단집회의 결의에 따라 수선적립금을 징수하여 적립할 수 있다.

③ **귀속**: 수선적립금은 구분소유자로부터 징수하며 관리단에 귀속된다.

03 규약

① 시·도지사는 이 법을 적용받는 건물과 대지 및 부속시설의 효율적이고 공정한 관리를 위하여 표준규약을 마련하여 보급하여야 한다.

② 규약의 설정·변경·폐지는 집회에서 구분소유자의 4분의 3 및 의결권의 4분의 3으로 한다. 이 경우 규약의 설정·변경 및 폐지가 일부 구분소유자의 권리에 특별한 영향을 미칠 때에는 그 구분소유자의 승낙을 받아야 한다.

04 담보책임 및 분양자의 관리의무

(1) 담보책임의 발생

구분건물을 건축하여 분양한 자와 시공자는 구분소유자에 대하여 담보책임을 진다.

(2) 담보책임기간

① **주요구조부 및 지반공사의 하자**: 10년

② **대지조성공사, 철근콘크리트공사, 철골공사, 조적공사, 지붕 및 방수공사의 하자 등 건물의 구조상 또는 안전상의 하자**: 5년

③ 건축설비공사, 목공사, 창호공사 및 조경공사의 하자 등 건물의 기능상 또는 미관상의 하자: 3년

④ 마감공사 하자 등 하자의 발견·교체 및 보수가 용이한 하자: 2년

(3) 분양자의 관리의무

① 분양자는 선임된 관리인이 사무를 개시할 때까지 선량한 관리자의 주의로 건물과 대지 및 부속시설을 관리하여야 한다.

② 분양자는 예정된 매수인의 2분의 1 이상이 이전등기를 한 때에는 규약 설정 및 관리인 선임을 위한 관리단집회를 소집할 것을 구분소유자에게 통지하여야 한다. 이 경우 통지받은 날부터 3개월 이내에 관리단집회를 소집할 것을 명시하여야 한다.

③ 분양자는 구분소유자가 ②의 통지를 받은 날부터 3개월 이내에 관리단집회를 소집하지 아니하는 경우에는 지체 없이 관리단집회를 소집하여야 한다.

05 관리단 ★

(1) 관리단의 당연설립

건물에 대하여 구분소유관계가 성립되면 구분소유자 전원을 구성원으로 하여 건물과 그 대지 및 부속시설의 관리에 관한 사업의 시행을 목적으로 하는 관리단이 설립된다.

(2) 관리단의 채무에 대한 구분소유자의 책임

① 관리단이 그의 재산으로 채무를 전부 변제할 수 없는 경우에는 구분소유자는 공용부분에 대한 지분비율에 따라 관리단의 채무를 변제할 책임을 진다. 다만, 규약으로써 그 부담비율을 달리 정할 수 있다.

② 구분소유자의 특별승계인은 승계 전에 발생한 관리단의 채무에 관하여도 책임을 진다.

06 관리인 ★

① 구분소유자가 10인 이상일 때에는 관리단을 대표하고 관리단의 사무를 집행할 관리인을 선임하여야 한다.

② 관리인은 구분소유자일 필요가 없으며, 그 임기는 2년의 범위에서 규약으로 정한다.

③ 관리인에게 부정한 행위나 그 밖에 그 직무를 수행하기에 적합하지 아니한 사정이 있을 때에는 각 구분소유자는 관리인의 해임을 법원에 청구할 수 있다.

④ 전유부분이 50개 이상인 건물(의무관리대상 공동주택 및 임대주택과 관리자가 있는 대규모점포 및 준대규모점포는 제외한다)의 관리인으로 선임된 자는 선임된 사실을 특별자치시장·특별자치도지사·시장·군수 또는 자치구의 구청장(소관청)에게 신고하여야 한다.

07 관리위원회

① 관리단에는 관리위원회를 둘 수 있으며, 위원회는 관리인의 사무집행을 감독하며, 관리위원회를 둔 경우에 관리인은 일정한 행위를 하려면 관리위원회의 의결을 거쳐야 한다.

② 관리위원회의 위원은 구분소유자 중에서 관리단집회의 결의에 의하여 선출하고, 규약에서 정한 경우에는 해임할 수 있다.

③ 관리인은 규약에 달리 정한 바가 없으면 위원이 될 수 없고, 관리위원회 위원의 임기는 2년의 범위에서 규약으로 정한다.

08 회계감사

① **의무감사**: 전유부분이 150개 이상으로서 대통령령으로 정하는 건물의 관리인은 감사인의 회계감사를 매년 1회 이상 받아야 한다. 다만, 관리단집회에서 구분소유자의 3분의 2 이상 및 의결권의 3분의 2 이상이 회계감사를 받지 아니하기로 결의한 연도에는 그러하지 아니하다.

② 전유부분이 50개 이상 150개 미만으로서 대통령령으로 정하는 건물의 관리인은 구분소유자의 5분의 1 이상이 연서하여 요구하는 경우에는 감사인의 회계감사를 받아야 한다. 이 경우 구분소유자의 승낙을 받아 전유부분을 점유하는 자가 구분소유자를 대신하여 연서할 수 있다.

③ 의무관리대상 공동주택 및 임대주택과 관리자가 있는 대규모점포 및 준대규모점포에는 회계감사에 관한 규정을 적용하지 아니한다.

09 재건축

① 재건축 결의는 관리단집회에서 구분소유자의 5분의 4 및 의결권의 5분의 4 이상의 결의에 따른다.
② 결의 후 지체 없이 집회를 소집한 자는 반대자에게 참가 여부를 촉구해야 한다.
③ 2개월 내에 회답하지 않거나, 불참을 통지한 경우에 회답기간 만료일부터 2개월 이내에 시가로 매도할 것을 청구할 수 있다.
④ 재건축 결의부터 2년 이내에 철거공사를 착수하지 아니하는 경우에 매도한 자는 그 기간 만료일부터 6개월 이내에 재매도할 것을 청구할 수 있다.

house.Hackers.com

PART 12
소방기본법

01 용어의 정의

02 소방업무의 지휘 · 감독

03 소방활동

04 소방활동구역

05 소방활동 종사명령

06 소방 관계 활동

07 손실보상

 선생님의 비법전수

소방기본법은 1문항이 출제되는 부분이고 그 내용도 어렵지 않습니다. 소방활동과 기타 관계 활동 중심으로 정리하여 학습하도록 합니다.

 핵심개념

PART 12
소방기본법

- 용어의 정의 ★
- 소방 관계 활동 ★

각 CHAPTER별로 자주 출제되는 핵심개념을 정리하였습니다. 핵심개념은 본문에서도 ★로 표시되어 있으니 이 부분을 중점적으로 학습하세요.

PART 12 소방기본법

01 용어의 정의 ★

(1) 소방대상물

건축물, 차량, 선박(선박법에 따른 선박으로서 항구에 매어둔 선박만 해당한다), 선박건조구조물, 산림, 그 밖의 인공구조물 또는 물건을 말한다.

(2) 관계지역, 관계인

① **관계지역**: 관계지역이란 소방대상물이 있는 장소 및 그 이웃지역으로서 화재의 예방·경계·진압, 구조·구급 등의 활동에 필요한 지역을 말한다.

② **관계인**: 관계인이란 소방대상물의 소유자, 관리자 또는 점유자를 말한다.

(3) 소방본부장, 소방대, 소방대장

① **소방본부장**: 소방본부장이란 특별시·광역시·도 또는 특별자치도(시·도)에서 화재의 예방·경계·진압·조사 및 구조·구급 등의 업무를 담당하는 부서의 장을 말한다.

② **소방대**: 소방대란 화재를 진압하고 화재, 재난·재해, 그 밖의 위급한 상황에서 구조·구급활동 등을 하기 위하여 다음의 사람으로 구성된 조직체를 말한다.

> ㉠ 소방공무원법에 따른 소방공무원
> ㉡ 의무소방대설치법에 따라 임용된 의무소방원
> ㉢ 의용소방대 설치 및 운영에 관한 법률에 따른 의용소방대원

③ **소방대장**: 소방대장이란 소방본부장 또는 소방서장 등 화재, 재난·재해, 그 밖의 위급한 상황이 발생한 현장에서 소방대를 지휘하는 사람을 말한다.

(4) 기타 용어

① **비상소화장치**: 시·도지사는 소방자동차의 진입이 곤란한 지역 등 화재 발생시에 초기 대응이 필요한 화재경계지구와 시·도지사가 필요하다고 인정하는 지역에 소방호스 또는 호스 릴 등을 소방용수시설에 연결하여 화재를 진압하는 시설이나 장치(비상소화장치)를 설치하고 유지·관리할 수 있다.

② **소방용수시설**: 시·도지사는 소방활동에 필요한 소화전, 급수탑, 저수조(이하 '소방용수시설'이라 한다)를 설치하고 유지·관리하여야 한다. 다만, 수도법에 따라 소화전을 설치하는 일반수도사업자는 관할 소방서장과 사전협의를 거친 후 소화전을 설치하여야 한다.

02 소방업무의 지휘·감독

① 시·도에서 소방업무를 수행하기 위하여 시·도지사의 직속으로 소방본부를 둔다.
② 소방본부장 또는 소방서장은 그 소재지를 관할하는 시·도지사의 지휘와 감독을 받는다.
③ 소방청장은 화재예방 및 대형 재난 등 필요한 경우 시·도 소방본부장 및 소방서장을 지휘·감독할 수 있다.
④ 소방기관 및 소방본부에는 지방자치단체에 두는 국가공무원의 정원에 관한 법률에도 불구하고 대통령령으로 정하는 바에 따라 소방공무원을 둘 수 있다.

03 소방활동

(1) 관계인의 소방활동

관계인은 소방대상물에 화재 등이 발생한 경우 소방대가 도착할 때까지 인명구출활동과 소방활동에 필요한 조치를 하여야 하며, 소방대상물에 위급한 상황이 발생한 경우에는 소방대에게 소방대상물 내부의 소방활동 방해 물건, 구조대상 인원 등 소방활동에 필요한 정보를 제공하고, 소방대가 요청하는 경우 설계도 등 구조 확인을 위한 자료를 신속하게 제출하여야 한다.

(2) 긴급통행

모든 차와 사람은 소방자동차(지휘차와 구조·구급차를 포함한다)가 화재진압 및 구조·구급활동을 위하여 출동을 할 때에는 이를 방해하여서는 아니 된다.

04 소방활동구역

소방대장은 소방활동구역을 정하여 다음에 해당하는 자 외에는 출입을 제한할 수 있다.

---
① 소방대상물의 소유자, 관리자 또는 점유자
② 전기, 가스, 수도, 통신, 교통의 업무에 종사하는 자
③ 의사, 간호사 등
④ 취재인력
⑤ 수사업무에 종사하는 자, 기타 소방대장이 출입을 허가한 자
---

05 소방활동 종사명령

(1) 소방본부장, 소방서장, 소방대장 등은 위급시 그 관할 구역에 사는 사람 또는 현장에 있는 사람으로 하여금 인명구출, 소방진압활동을 하게 할 수 있다.

(2) 시 · 도지사는 이로 인하여 발생할 부상 등 손해를 보상하여야 한다. 다만, 소방대상물의 관계인, 고의과실로 불을 낸 자, 현장에서 물건을 가져간 자에 대하여는 보상을 하지 아니한다.

06 소방 관계 활동 ★

(1) 소방응원

① 긴급한 경우 이웃 소방본부장 · 소방서장에게 응원을 요청할 수 있고, 요청이 있는 경우 이를 거절하지 못한다.
② 파견된 경우 요청한 소방본부장 등의 지휘를 받으며, 경비에 대하여는 이웃 시 · 도지사와 협의하여 미리 규약으로 정한다.

(2) 소방동원

① 소방청장은 시 · 도별 소방력으로 활동이 어렵거나, 국가적인 필요성이 있는 경우에 각 시 · 도지사에게 소방력 동원을 요청할 수 있고, 요청받은 경우에 이에 따라야 한다.

② 파견된 소방대원은 현장 소방본부장 등의 지휘에 따라야 하고, 소방청장이 직접 소방대를 편성한 경우에는 소방청장의 지휘에 따라야 한다.

③ 비용부담에 대하여는 상황이 발생한 시·도에서 부담하는 것을 원칙으로 하되 구체적인 내용은 해당 시·도간에 협의하여 정한다.

(3) 소방지원업무

① 소방청장, 소방본부장 또는 소방서장은 소방활동에 지장을 주지 않는 범위에서 소방활동 외의 다음의 업무를 하게 할 수 있다.

> ㉠ 산불에 대한 예방·진압 등 지원활동
> ㉡ 자연재해에 따른 급수·배수 및 제설 등 지원활동
> ㉢ 집회·공연 등 각종 행사시 사고에 대비한 근접대기 등 지원활동
> ㉣ 화재, 재난·재해로 인한 피해복구 지원활동
> ㉤ 그 밖에 총리령으로 정하는 활동

② 위 ①의 활동비용 등은 지원요청한 단체 등에게 부담하게 할 수 있다.

(4) 생활안전활동

① 소방청장, 소방본부장 또는 소방서장은 신고가 접수된 생활안전 및 위험제거활동(위급한 상황은 제외한다)을 하게 하여야 한다.

> ㉠ 붕괴, 낙하 등이 우려되는 고드름, 나무, 위험 구조물 등의 제거활동
> ㉡ 위해동물, 벌 등의 포획 및 퇴치활동
> ㉢ 끼임, 고립 등에 따른 위험제거 및 구출활동
> ㉣ 단전사고시 비상전원 또는 조명의 공급
> ㉤ 그 밖에 방치하면 급박해질 우려가 있는 위험을 예방하기 위한 활동

② 누구든지 정당한 사유 없이 소방대의 생활안전활동을 방해하여서는 아니 되며, 시·도지사는 이로 인한 조치로 인하여 손실을 입은 자가 있으면 그 손실을 보상하여야 한다.

07 손실보상

(1) 손실보상의 대상

소방청장 또는 시·도지사는 다음에 해당하는 자에게 손실보상심의위원회의 심사·의결에 따라 정당한 보상을 하여야 한다.

① 생활안전활동에 따른 조치로 인하여 손실을 입은 자
② 소방활동 종사로 인하여 사망하거나 부상을 입은 자
③ 소방강제처분으로 인하여 손실을 입은 자. 다만, 법령을 위반하여 소방자동차의 통행과 소방활동에 방해가 된 경우는 제외한다.
④ 소방용수를 위한 또는 화염 확산 방지 등을 위한 가스 등 공급차단 등 조치로 인하여 손실을 입은 자
⑤ 그 밖에 소방기관 또는 소방대의 적법한 소방업무 또는 소방활동으로 인하여 손실을 입은 자

(2) 소멸시효

위 (1)에 따라 손실보상을 청구할 수 있는 권리는 손실이 있음을 안 날부터 3년, 손실이 발생한 날부터 5년간 행사하지 아니하면 시효의 완성으로 소멸한다.

house.Hackers.com

PART 13
화재의 예방 및 안전관리에 관한 법률

01 용어의 정의

02 화재안전조사

03 화재의 예방조치 등

04 특정소방대상물의 소방안전관리

05 소방안전관리대상물

 선생님의 비법전수

이 편은 1문항이 출제될 것으로 예상되며 특정소방대상물의 소방안전관리 파트와 소방안전관리대상물의 구분을 정확히 정리하셔야 합니다.

 핵심개념

PART 13
화재의 예방 및 안전관리에 관한 법률

○ ─────────────────────────────

- 용어의 정의 ★
- 화재안전조사 ★
- 특정소방대상물의 소방안전관리 ★

각 CHAPTER별로 자주 출제되는 핵심개념을 정리하였습니다. 핵심개념은 본문에서도 ★로 표시되어 있으니 이 부분을 중점적으로 학습하세요.

PART 13 화재의 예방 및 안전관리에 관한 법률

01 용어의 정의 ★

① **예방**: 화재의 위험으로부터 사람의 생명·신체 및 재산을 보호하기 위하여 화재발생을 사전에 제거하거나 방지하기 위한 모든 활동을 말한다.

② **안전관리**: 화재로 인한 피해를 최소화하기 위한 예방, 대비, 대응 등의 활동을 말한다.

③ **화재안전조사**: 소방청장, 소방본부장 또는 소방서장(소방관서장)이 소방대상물, 관계지역 또는 관계인에 대하여 소방시설 등이 소방 관계 법령에 적합하게 설치·관리되고 있는지, 소방대상물에 화재의 발생 위험이 있는지 등을 확인하기 위하여 실시하는 현장조사·문서열람·보고요구 등을 하는 활동을 말한다.

④ **화재예방강화지구**: 시·도지사가 화재발생 우려가 크거나 화재가 발생할 경우 피해가 클 것으로 예상되는 지역에 대하여 화재의 예방 및 안전관리를 강화하기 위해 지정·관리하는 지역을 말한다.

⑤ **화재예방안전진단**: 화재가 발생할 경우 사회·경제적으로 피해 규모가 클 것으로 예상되는 소방대상물에 대하여 화재위험요인을 조사하고 그 위험성을 평가하여 개선대책을 수립하는 것을 말한다.

02 화재안전조사 ★

(1) 화재안전조사 대상

소방관서장은 다음의 어느 하나에 해당하는 경우 화재안전조사를 실시할 수 있다. 다만, 개인의 주거에 대한 화재안전조사는 관계인의 승낙이 있거나 화재발생의 우려가 뚜렷하여 긴급한 필요가 있는 때에 한정한다.

① 자체점검이 불성실하거나 불완전하다고 인정되는 경우
② 화재예방강화지구 등 법령에서 화재안전조사를 하도록 규정되어 있는 경우
③ 화재예방안전진단이 불성실하거나 불완전하다고 인정되는 경우
④ 국가적 행사 등 주요 행사가 개최되는 장소 및 그 주변의 관계지역에 대하여 소방안전관리 실태를 조사할 필요가 있는 경우

⑤ 화재가 자주 발생하였거나 발생할 우려가 뚜렷한 곳에 대한 조사가 필요한 경우
⑥ 재난예측정보, 기상예보 등을 분석한 결과 소방대상물에 화재의 발생 위험이 크다고 판단되는 경우
⑦ ①부터 ⑥까지에서 규정한 경우 외에 화재, 그 밖의 긴급한 상황이 발생할 경우 인명 또는 재산 피해의 우려가 현저하다고 판단되는 경우

(2) 화재안전조사의 방법 등

소방관서장은 화재안전조사를 조사의 목적에 따라 화재안전조사의 항목 전체에 대하여 종합적으로 실시하거나 특정 항목에 한정하여 실시할 수 있다.

(3) 화재안전조사단 편성 · 운영

소방관서장은 화재안전조사를 효율적으로 수행하기 위하여 대통령령으로 정하는 바에 따라 소방청에는 중앙화재안전조사단을, 소방본부 및 소방서에는 지방화재안전조사단을 편성하여 운영할 수 있다.

03 화재의 예방조치 등

(1) 화재의 예방조치

누구든지 화재예방강화지구 및 이에 준하는 대통령령으로 정하는 장소에서는 다음의 어느 하나에 해당하는 행위를 하여서는 아니 된다.

① 모닥불, 흡연 등 화기의 취급
② 풍등 등 소형열기구 날리기
③ 용접 · 용단 등 불꽃을 발생시키는 행위
④ 그 밖에 대통령령으로 정하는 화재발생 위험이 있는 행위

(2) 화재예방강화지구의 지정

시 · 도지사는 다음의 어느 하나에 해당하는 지역을 화재예방강화지구로 지정하여 관리할 수 있다.

① 시장지역
② 공장, 창고가 밀집한 지역
③ 목조건물이 밀집한 지역
④ 노후 · 불량건축물이 밀집한 지역

⑤ 위험물의 저장 및 처리시설이 밀집한 지역
⑥ 석유화학제품을 생산하는 공장이 있는 지역
⑦ 산업단지
⑧ 소방시설, 소방용수시설 또는 소방출동로가 없는 지역
⑨ 그 밖에 ①부터 ⑧까지에 준하는 지역으로서 소방관서장이 화재예방강화지구로 지정할 필요가 있다고 인정하는 지역

04 특정소방대상물의 소방안전관리 ★

① 특정소방대상물 중 소방안전관리대상물의 관계인은 소방안전관리업무를 수행하기 위하여 소방안전관리자 자격증을 발급받은 사람을 소방안전관리자로 선임하여야 한다. 이 경우 소방안전관리자의 업무에 대하여 보조가 필요한 대통령령으로 정하는 소방안전관리대상물의 경우에는 소방안전관리자 외에 소방안전관리보조자를 추가로 선임하여야 한다.

② 위 ①에도 불구하고 소방안전관리대상물의 관계인은 소방안전관리업무를 대행하는 관리업자(소방시설관리업의 등록을 한 자)를 감독할 수 있는 사람을 지정하여 소방안전관리자로 선임할 수 있다. 이 경우 소방안전관리자로 선임된 자는 선임된 날부터 3개월 이내에 교육을 받아야 한다.

③ 소방안전관리대상물의 관계인이 소방안전관리자 또는 소방안전관리보조자를 선임한 경우에는 선임한 날부터 14일 이내에 소방본부장 또는 소방서장에게 신고하여야 한다.

05 소방안전관리대상물

특급	① 50층 이상(지하층 제외)이거나 높이가 200m 이상인 아파트 ② 30층 이상(지하층 포함)이거나 높이가 120m 이상인 특정소방대상물(아파트 제외) ③ ②에 해당되지 않은 연면적 10만m² 이상인 특정소방대상물(아파트 제외)
1급	① 30층 이상(지하층 제외)이거나 높이가 120m 이상인 아파트 ② 연면적 1만 5천m² 이상인 것(아파트 · 연립주택은 제외) ③ ②에 해당하지 않은 특정소방대상물로서 층수가 11층 이상인 것(아파트 제외) ④ 가연성가스를 1천t 이상 저장 · 취급하는 시설

2급	① 스프링클러설비 등을 설치하는 특정소방대상물 ② 도시가스사업시설, 가연성가스를 100t 이상 1천t 미만 저장시설 ③ 지하구 ④ 의무관리대상 공동주택 ⑤ 문화재보호법에 따라 국보 또는 보물로 지정된 목조건축물
3급	① 간이스프링클러설비(주택전용 설비는 제외)를 설치해야 하는 특정소방대상물 ② 자동화재탐지설비를 설치해야 하는 특정소방대상물

PART 14
소방시설 설치 및 관리에 관한 법률

01 용어의 정의
02 건축허가 등에 대한 사전소방동의
03 성능위주설계 대상

 선생님의 비법전수

이 파트에서는 용어의 정의를 중심으로 정리하고, 기타 부분에 대하여는 이후에 출간될 요약집을 활용하여 꼼꼼히 학습하시면 문제되지 않을 것입니다.

 핵심개념

PART 14
소방시설 설치 및 관리에 관한 법률

• 용어의 정의 ★

• 건축허가 등에 대한 사전소방동의 ★

• 성능위주설계 대상 ★

각 CHAPTER별로 자주 출제되는 핵심개념을 정리하였습니다. 핵심개념은 본문에서도 ★로 표시되어 있으니 이 부분을 중점적으로 학습하세요.

소방시설 설치 및 관리에 관한 법률

01 용어의 정의 ★

소 방 시 설	소화설비	물, 소화약제를 사용하여 소화하는 기계·기구·설비: 소화기, 자동소화장치, 소화약제 외의 것을 이용한 간이소화용구, 옥내·옥외소화전설비, 스프링클러, 물분무소화설비 등
	경보설비	화재발생사실을 통보하는 기계·기구·설비: 비상벨, 단독경보형감지기, 방송, 누전경보기, 가스누설경보기, 자동화재탐지·속보설비 등
	피난구조 설비	피난하기 위하여 사용하는 기구 또는 설비: 미끄럼대, 피난사다리, 완강기, 유도등, 비상조명등 등, 인명구조기구[방열복, 방화복(안전헬멧, 보호장갑, 안전화 포함), 공기호흡기, 인공소생기] 등
	소화용수 설비	화재 진압을 위한 물을 공급하거나 저장하는 설비: 상수도소화용수설비, 소화수조, 저수조, 기타 소화용수설비 등
	소화활동 설비	화재를 진압하거나 인명구조활동을 위하여 사용하는 설비: 제연설비, 연결송수관설비, 연결살수설비, 비상콘센트, 무선통신보조설비, 연소방지설비 등
소방시설 등		소방시설과 비상구, 방화문 및 방화셔터
특정 소방대상물		소방시설을 설치하여야 하는 소방대상물. 주택 중 아파트 등과 기숙사만 해당한다. 그 외 주택의 소유자는 주택용 소방시설(소화기 및 단독경보형감지기)을 설치하여야 하며, 주택용 소방시설의 설치기준 및 자율적인 안전관리 등에 관한 사항은 특별시·광역시·특별자치시·도 또는 특별자치도의 조례로 정한다.
무창층		지상층 중 개구부 면적이 해당 층 바닥면적의 30분의 1 이하인 층(크기: 지름 50cm 이상, 높이 1.2m 이내, 장애물이 없으며, 열거나 쉽게 부술 수 있고, 밖으로 향할 것)
피난층		곧바로 지상으로 나갈 수 있는 출입구가 있는 층
화재안전성능		화재를 예방하고 화재 발생시 피해를 최소화하기 위하여 소방대상물의 재료, 공간 및 설비 등에 요구되는 안전성능
성능위주설계		건축물 등의 재료, 공간, 이용자, 화재 특성 등을 종합적으로 고려하여 공학적 방법으로 화재 위험성을 평가하고 그 결과에 따라 화재안전성능이 확보될 수 있도록 특정소방대상물을 설계하는 것
소방용품		소방시설 등을 구성하는 소방용 제품 또는 기기

02 건축허가 등에 대한 사전소방동의 ★

(1) 대상

다음의 건축물 등의 건축허가 등을 하려는 경우에 허가 전에 시공지 또는 소재지 관할 소방본부장, 소방서장에게 동의를 받아야 한다.

> ① 연면적 400m²(학교 100m², 노유자·수련시설 200m², 의료재활시설과 입원실을 갖춘 정신의료기관 300m²) 이상인 건축물
> ② 차고, 주차장 바닥면적 200m² 이상, 20대 이상의 기계식 주차시설
> ③ 항공기 격납고, 관망탑, 항공관제탑, 방송용 송수신탑
> ④ 지하층 또는 무창층 바닥면적 150m²(공연장 100m²) 이상인 층
> ⑤ 조산원, 산후조리원, 위험물 저장 및 처리시설, 발전시설 중 전기 저장시설, 지하구
> ⑥ 6층 이상인 건축물 등

(2) 절차

① 동의의 요구를 받은 때에는 접수한 날부터 5일(특급소방안전관리대상물인 경우에는 10일) 이내에 동의 여부를 알려야 한다.
② 사용승인에 대한 동의를 함에 있어서는 소방시설공사의 완공검사증명서의 교부로 동의를 갈음할 수 있다.
③ 건축신고대상 건축물인 경우에는 신고를 수리한 행정기관은 관할 소방본부장이나 소방서장에게 지체 없이 그 사실을 알려야 한다.

03 성능위주설계 대상 ★

다음의 특정소방대상물(신축하는 것만 해당한다)에 소방시설을 설치하려는 자는 성능위주설계를 하여야 하며, 소방시설을 설치하려는 자가 성능위주설계를 한 경우에는 건축허가를 신청하기 전에 해당 특정소방대상물의 시공지 또는 소재지를 관할하는 소방서장에게 신고하여야 한다.

① 연면적 20만m² 이상인 특정소방대상물. 다만, 공동주택 중 주택으로 쓰이는 층수가 5층 이상인 주택(아파트 등)은 제외한다.
② 다음의 특정소방대상물
　　㉠ 50층 이상(지하층 제외)이거나 높이가 200m 이상인 아파트 등
　　㉡ 30층 이상(지하층 포함)이거나 높이가 120m 이상인 특정소방대상물(아파트 등 제외)
③ 연면적 3만m² 이상인 철도 및 도시철도시설, 공항시설
④ 하나의 건축물에 영화상영관이 10개 이상인 특정소방대상물
⑤ 지하연계 복합건축물 등

house.Hackers.com

2과목

공동주택관리실무

PART 1   행정실무

PART 2   기술실무

행정실무	45.75%
기술실무	54.25%

◗ **2과목 공동주택관리실무는 어떻게 공부해야 할까요?**

- ✔ 공동주택관리실무는 매우 넓은 범위로 구성된 과목입니다. 따라서 1년의 교육과정을 통한 꾸준한 학습을 통해 실력을 향상시켜야 합니다.
- ✔ 전 범위에 걸쳐 기출문제를 꼼꼼히 확인하고 이해력을 높임과 동시에 실제 시험유형에 접근하는 데 필요한 응용력과 변별력을 길러야 합니다.
- ✔ 공동주택관리실무와 관련된 과목인 공동주택시설개론과 주택관리관계법규와의 연계학습이 중요하므로 함께 비교하며 내용을 습득할 수 있도록 합니다.

▶ 핵심개념

CHAPTER 1
공동주택관리법 총칙

○

· 용어의 정의 ★

CHAPTER 2
공동주택의 관리방법

○

· 자치관리 ★
· 위탁관리 ★
· 공동관리와 구분관리 ★
· 혼합주택단지의 관리 ★

각 CHAPTER별로 자주 출제되는 핵심개념을 정리하였습니다. 핵심개념은 본문에서도 ★로 표시되어 있으니 이 부분을 중점적으로 학습하세요.

PART 1
행정실무

CHAPTER 1 공동주택관리법 총칙
CHAPTER 2 공동주택의 관리방법
CHAPTER 3 입주자대표회의 및 관리규약
CHAPTER 4 관리비 및 회계운영

 선생님의 비법전수

용어의 정의, 초기입주, 사업주체 인계·인수, 입주자대표회의 구성, 관리규약의 개정 등 시기별 절차에 대한 내용을 중심으로 학습을 해야 합니다.

CHAPTER 3
입주자대표회의 및 관리규약

• 입주자대표회의 구성 등 ★
• 입주자대표회의의 운영 ★
• 관리규약 ★
• 관리규약의 제정 및 개정방법 ★

CHAPTER 4
관리비 및 회계운영

• 관리비 등 ★
• 사업계획 및 예산안 ★
• 사업실적서 및 결산서 ★
• 사업자 선정 ★
• 회계감사 ★

공동주택관리법 총칙

01 제정목적

이 법은 공동주택의 관리에 관한 사항을 정함으로써 공동주택을 투명하고 안전하며 효율적으로 관리할 수 있게 하여 국민의 주거수준 향상에 이바지함을 목적으로 한다(법 제1조).

02 용어의 정의 ★

이 법에서 사용하는 용어의 뜻은 다음과 같다(법 제2조 제1항).

(1) 공동주택

공동주택이란 다음의 주택 및 시설을 말한다. 이 경우 일반인에게 분양되는 복리시설은 제외한다.

> ① 주택법 제2조 제3호에 따른 공동주택
> ② 건축법 제11조에 따른 건축허가를 받아 주택 외의 시설과 주택을 동일 건축물로 건축하는 건축물
> ③ 주택법 제2조 제13호에 따른 부대시설 및 같은 조 제14호에 따른 복리시설

(2) 의무관리대상 공동주택

의무관리대상 공동주택이란 해당 공동주택을 전문적으로 관리하는 자를 두고 자치의결기구를 의무적으로 구성하여야 하는 등 일정한 의무가 부과되는 공동주택으로서, 다음 중 어느 하나에 해당하는 공동주택을 말한다.

> ① 300세대 이상의 공동주택
> ② 150세대 이상으로서 승강기가 설치된 공동주택
> ③ 150세대 이상으로서 중앙집중식 난방방식(지역난방방식을 포함한다)의 공동주택
> ④ 건축법 제11조에 따른 건축허가를 받아 주택 외의 시설과 주택을 동일 건축물로 건축한 건축물로서 주택이 150세대 이상인 건축물
> ⑤ ①부터 ④까지에 해당하지 아니하는 공동주택 중 입주자 등이 대통령령으로 정하는 기준에 따라 동의하여 정하는 공동주택

⊕ 위 ⑤에서 '대통령령으로 정하는 기준'이란 전체 입주자 등의 3분의 2 이상이 서면으로 동의하는 방법을 말한다(영 제2조).

(3) 공동주택단지

공동주택단지란 주택법 제2조 제12호에 따른 주택단지를 말한다.

(4) 혼합주택단지

혼합주택단지란 분양을 목적으로 한 공동주택과 임대주택이 함께 있는 공동주택단지를 말한다.

(5) 입주자

입주자란 공동주택의 소유자 또는 그 소유자를 대리하는 배우자 및 직계존비속(直系尊卑屬)을 말한다.

(6) 사용자

사용자란 공동주택을 임차하여 사용하는 사람(임대주택의 임차인은 제외한다) 등을 말한다.

(7) 입주자 등

입주자 등이란 입주자와 사용자를 말한다.

(8) 입주자대표회의

입주자대표회의란 공동주택의 입주자 등을 대표하여 관리에 관한 주요 사항을 결정하기 위하여 법 제14조에 따라 구성하는 자치의결기구를 말한다.

(9) 관리규약

관리규약이란 공동주택의 입주자 등을 보호하고 주거생활의 질서를 유지하기 위하여 법 제18조 제2항에 따라 입주자 등이 정하는 자치규약을 말한다.

(10) 관리주체

관리주체란 공동주택을 관리하는 다음의 자를 말한다.

① 법 제6조 제1항에 따른 자치관리기구의 대표자인 공동주택의 관리사무소장
② 법 제13조 제1항에 따라 관리업무를 인계하기 전의 사업주체
③ 주택관리업자
④ 임대사업자
⑤ 민간임대주택에 관한 특별법 제2조 제11호에 따른 주택임대관리업자(시설물 유지·보수·개량 및 그 밖의 주택관리업무를 수행하는 경우에 한정한다)

(11) 주택관리사보

주택관리사보란 법 제67조 제1항에 따라 주택관리사보 합격증서를 발급받은 사람을 말한다.

(12) 주택관리사

주택관리사란 법 제67조 제2항에 따라 주택관리사 자격증을 발급받은 사람을 말한다.

(13) 주택관리사 등

주택관리사 등이란 주택관리사보와 주택관리사를 말한다.

(14) 주택관리업

주택관리업이란 공동주택을 안전하고 효율적으로 관리하기 위하여 입주자 등으로부터 의무관리대상 공동주택의 관리를 위탁받아 관리하는 업(業)을 말한다.

(15) 주택관리업자

주택관리업자란 주택관리업을 하는 자로서 법 제52조 제1항에 따라 등록한 자를 말한다.

(16) 장기수선계획

장기수선계획이란 공동주택을 오랫동안 안전하고 효율적으로 사용하기 위하여 필요한 주요 시설의 교체 및 보수 등에 관하여 법 제29조 제1항에 따라 수립하는 장기계획을 말한다.

(17) 임대주택

임대주택이란 민간임대주택에 관한 특별법에 따른 민간임대주택 및 공공주택 특별법에 따른 공공임대주택을 말한다.

(18) 임대사업자

임대사업자란 민간임대주택에 관한 특별법 제2조 제7호에 따른 임대사업자 및 공공주택 특별법 제4조 제1항에 따른 공공주택사업자를 말한다.

(19) 임차인대표회의

임차인대표회의란 민간임대주택에 관한 특별법 제52조에 따른 임차인대표회의 및 공공주택 특별법 제50조에 따라 준용되는 임차인대표회의를 말한다.

⊕ 이 법에서 따로 정하지 아니한 용어의 뜻은 주택법에서 정한 바에 따른다(법 제2조 제1항).

03 국가 등의 의무

(1) 국가 및 지방자치단체는 공동주택의 관리에 관한 정책을 수립·시행할 때에는 다음의 사항을 위하여 노력하여야 한다(법 제3조 제1항).

> ① 공동주택에 거주하는 입주자 등이 쾌적하고 살기 좋은 주거생활을 할 수 있도록 할 것
> ② 공동주택이 투명하고 체계적이며 평온하게 관리될 수 있도록 할 것
> ③ 공동주택의 관리와 관련한 산업이 건전한 발전을 꾀할 수 있도록 할 것

(2) 관리주체는 공동주택을 효율적이고 안전하게 관리하여야 한다(법 제3조 제2항).

(3) 입주자 등은 공동체생활의 질서가 유지될 수 있도록 이웃을 배려하고 관리주체의 업무에 협조하여야 한다(법 제3조 제3항).

04 다른 법률과의 관계

(1) 공동주택의 관리에 관하여 이 법에서 정하지 아니한 사항에 대하여는 주택법을 적용한다(법 제4조 제1항).

(2) 임대주택의 관리에 관하여 민간임대주택에 관한 특별법 또는 공공주택 특별법에서 정하지 아니한 사항에 대하여는 이 법을 적용한다(법 제4조 제2항).

01 공동주택의 관리방법

(1) 관리방법

① 입주자 등은 의무관리대상 공동주택을 법 제6조 제1항에 따라 자치관리하거나 법 제7조 제1항에 따라 주택관리업자에게 위탁하여 관리하여야 한다(법 제5조 제1항).

② 입주자 등이 공동주택의 관리방법을 정하거나 변경하는 경우에는 대통령령으로 정하는 바에 따른다(법 제5조 제2항).

(2) 관리방법의 결정 또는 변경

공동주택 관리방법의 결정 또는 변경은 다음의 어느 하나에 해당하는 방법으로 한다(영 제3조).

> ① 입주자대표회의의 의결로 제안하고 전체 입주자 등의 과반수가 찬성
> ② 전체 입주자 등의 10분의 1 이상이 서면으로 제안하고 전체 입주자 등의 과반수가 찬성

02 자치관리 ★

(1) 자치관리기구의 구성

① **사업주체 요구에 따른 구성시기**: 의무관리대상 공동주택의 입주자 등이 공동주택을 자치관리할 것을 정한 경우에는 입주자대표회의는 법 제11조 제1항에 따른 요구가 있은 날(의무관리대상 공동주택으로 전환되는 경우에는 입주자대표회의의 구성신고가 수리된 날을 말한다)부터 6개월 이내에 공동주택의 관리사무소장을 자치관리기구의 대표자로 선임하고, 대통령령으로 정하는 기술인력 및 장비를 갖춘 자치관리기구를 구성하여야 한다(법 제6조 제1항).

② **관리방법 변경에 따른 구성시기**: 주택관리업자에게 위탁관리하다가 자치관리로 관리방법을 변경하는 경우 입주자대표회의는 그 위탁관리의 종료일까지 ①에 따른 자치관리기구를 구성하여야 한다(법 제6조 제2항).

(2) 공동주택관리기구의 기술인력 및 장비기준

위 **(1)**에서 '대통령령으로 정하는 기술인력 및 장비'란 [별표 1]에 따른 기술인력 및 장비를 말한다(영 제4조 제1항 [별표 1]).

구분	기준
기술 인력	다음의 기술인력. 다만, 관리주체가 입주자대표회의의 동의를 받아 관리업무의 일부를 해당 법령에서 인정하는 전문용역업체에 용역하는 경우에는 해당 기술인력을 갖추지 않을 수 있다. ① 승강기가 설치된 공동주택인 경우에는 승강기 안전관리법 시행령 제28조에 따른 승강기자체검사자격을 갖추고 있는 사람 1명 이상 ② 해당 공동주택의 건축설비의 종류 및 규모 등에 따라 전기안전관리법, 고압가스 안전관리법, 액화석유가스의 안전관리 및 사업법, 도시가스사업법, 에너지이용합리화법, 소방기본법, 화재의 예방 및 안전관리에 관한 법률, 소방시설 설치 및 관리에 관한 법률 및 대기환경보전법 등 관계 법령에 따라 갖추어야 할 기준 인원 이상의 기술자
장비	① 비상용 급수펌프(수중펌프를 말한다) 1대 이상 ② 절연저항계(누전측정기를 말한다) 1대 이상 ③ 건축물 안전점검의 보유장비: 망원경, 카메라, 돋보기, 콘크리트 균열폭 측정기, 5m 이상용 줄자 및 누수탐지기 각 1대 이상

⊕ 비고
1. 관리사무소장과 기술인력 상호간에는 겸직할 수 없다.
2. 기술인력 상호간에는 겸직할 수 없다. 다만, 입주자대표회의가 법 제14조 제1항에 따른 방법으로 다음의 겸직을 허용한 경우에는 그러하지 아니하다.
   - 해당 법령에서 국가기술자격법에 따른 국가기술자격(이하 '국가기술자격'이라 한다)의 취득을 선임요건으로 정하고 있는 기술인력과 국가기술자격을 취득하지 않아도 선임할 수 있는 기술인력의 겸직
   - 해당 법령에서 국가기술자격을 취득하지 않아도 선임할 수 있는 기술인력 상호간의 겸직

(3) 자치관리기구의 운영

① **감독**: 위 **(1)** ①에 따른 자치관리기구(이하 '자치관리기구'라 한다)는 입주자대표회의의 감독을 받는다(영 제4조 제2항).

② **선임방법**: 자치관리기구 관리사무소장은 입주자대표회의가 입주자대표회의 구성원(관리규약으로 정한 정원을 말하며, 해당 입주자대표회의 구성원의 3분의 2 이상이 선출되었을 때에는 그 선출된 인원을 말한다. 이하 같다) 과반수의 찬성으로 선임한다(영 제4조 제3항).

③ **관리사무소장 재선임**: 입주자대표회의는 ②에 따라 선임된 관리사무소장이 해임되거나 그 밖의 사유로 결원이 되었을 때에는 그 사유가 발생한 날부터 30일 이내에 새로운 관리사무소장을 선임하여야 한다(영 제4조 제4항).

④ **겸임 금지**: 입주자대표회의 구성원은 자치관리기구의 직원을 겸할 수 없다(영 제4조 제5항).

03 위탁관리 ★

(1) 주택관리업자의 선정기준

① **선정기준**: 의무관리대상 공동주택의 입주자 등이 공동주택을 위탁관리할 것을 정한 경우에는 입주자대표회의는 다음의 기준에 따라 주택관리업자를 선정하여야 한다 (법 제7조 제1항).

> ⓐ 전자문서 및 전자거래 기본법 제2조 제2호에 따른 정보처리시스템을 통하여 선정(이하 '전자 입찰방식'이라 한다)할 것. 다만, 선정방법 등이 전자입찰방식을 적용하기 곤란한 경우로서 국토교통부장관이 정하여 고시하는 경우에는 전자입찰방식으로 선정하지 아니할 수 있다.
> ⓑ 다음의 구분에 따른 사항에 대하여 전체 입주자 등의 과반수의 동의를 얻을 것
>   ⓐ 경쟁입찰: 입찰의 종류 및 방법, 낙찰방법, 참가자격 제한 등 입찰과 관련한 중요사항
>   ⓑ 수의계약: 계약상대자 선정, 계약조건 등 계약과 관련한 중요사항
> ⓒ 그 밖에 입찰의 방법 등 대통령령으로 정하는 방식을 따를 것

② **세부기준**: ①의 ⓐ에 따른 전자입찰방식의 세부기준, 절차 및 방법 등은 국토교통 부장관이 정하여 고시한다(영 제5조 제1항).

(2) 주택관리업자 선정방식

(1)의 ① ⓒ에서 '입찰의 방법 등 대통령령으로 정하는 방식'이란 다음에 따른 방식을 말 한다(영 제5조 제2항).

> ① 국토교통부장관이 정하여 고시하는 경우 외에는 경쟁입찰로 할 것. 이 경우 다음의 사항은 국토 교통부장관이 정하여 고시한다.
>   ⓐ 입찰의 절차
>   ⓑ 입찰 참가자격
>   ⓒ 입찰의 효력
>   ⓓ 그 밖에 주택관리업자의 적정한 선정을 위하여 필요한 사항
> ② 입주자대표회의의 감사가 입찰과정 참관을 원하는 경우에는 참관할 수 있도록 할 것
> ③ 계약기간은 장기수선계획의 조정 주기를 고려하여 정할 것

(3) 기존 주택관리업자의 참가제한

입주자 등은 기존 주택관리업자의 관리서비스가 만족스럽지 못한 경우에는 대통령령으로 정하는 바에 따라 새로운 주택관리업자 선정을 위한 입찰에서 기존 주택관리업자의 참가를 제한하도록 입주자대표회의에 요구할 수 있다. 이 경우 입주자대표회의는 그 요구에 따라야 한다(법 제7조 제2항).

04 공동관리와 구분관리 ★

(1) 관리기준 등

① **관리기준**: 입주자대표회의는 해당 공동주택의 관리에 필요하다고 인정하는 경우에는 국토교통부령으로 정하는 바에 따라 인접한 공동주택단지(임대주택단지를 포함한다)와 공동으로 관리하거나 500세대 이상의 단위로 나누어 관리하게 할 수 있다(법 제8조 제1항).

② **공동관리기준**: ①에 따른 공동관리는 단지별로 입주자 등의 과반수의 서면동의를 받은 경우(임대주택단지의 경우에는 임대사업자와 임차인대표회의의 서면동의를 받은 경우를 말한다)로서 국토교통부령으로 정하는 기준에 적합한 경우에만 해당한다(법 제8조 제2항).

(2) 공동주택의 공동관리 등

① **통지사항**: 입주자대표회의는 (1)의 ①에 따라 공동주택을 공동관리하거나 구분관리하려는 경우에는 다음의 사항을 입주자 등에게 통지하고 입주자 등의 서면동의를 받아야 한다(규칙 제2조 제1항).

> ㉠ 공동관리 또는 구분관리의 필요성
> ㉡ 공동관리 또는 구분관리의 범위
> ㉢ 공동관리 또는 구분관리에 따른 다음의 사항
> ⓐ 입주자대표회의의 구성 및 운영방안
> ⓑ 법 제9조에 따른 공동주택 관리기구의 구성 및 운영방안
> ⓒ 장기수선계획의 조정 및 법 제30조에 따른 장기수선충당금의 적립 및 관리방안
> ⓓ 입주자 등이 부담하여야 하는 비용 변동의 추정치
> ⓔ 그 밖에 공동관리 또는 구분관리에 따라 변경될 수 있는 사항 중 입주자대표회의가 중요하다고 인정하는 사항
> ㉣ 그 밖에 관리규약으로 정하는 사항

② **동의사항**: ①에 따른 서면동의는 다음의 구분에 따라 받아야 한다(규칙 제2조 제2항).

> ㉠ 공동관리의 경우: 단지별로 입주자 등 과반수의 서면동의. 다만, 다음 (3)의 단서에 해당하는 경우에는 단지별로 입주자 등 3분의 2 이상의 서면동의를 받아야 한다.
> ㉡ 구분관리의 경우: 구분관리 단위별 입주자 등 과반수의 서면동의. 다만, 관리규약으로 달리 정한 경우에는 그에 따른다.

(3) 공동관리 세부기준

(1)의 ②에서 '국토교통부령으로 정하는 기준'이란 다음의 기준을 말한다. 다만, 특별자치시장·특별자치도지사·시장·군수 또는 구청장(구청장은 자치구의 구청장을 말하며, 이하 '시장·군수·구청장'이라 한다)이 지하도, 육교, 횡단보도, 그 밖에 이와 유사한 시설의 설치를 통하여 단지간 보행자 통행의 편리성 및 안전성이 확보되었다고 인정하는 경우에는 ②의 기준은 적용하지 아니한다(규칙 제2조 제3항).

> ① 공동관리하는 총세대수가 1,500세대 이하일 것. 다만, 의무관리대상 공동주택단지와 인접한 300세대 미만의 공동주택단지를 공동으로 관리하는 경우는 제외한다.
> ② 공동주택단지 사이에 주택법 제2조 제12호 각 목의 어느 하나에 해당하는 시설이 없을 것

(4) 결정 통보

입주자대표회의는 공동주택을 공동관리하거나 구분관리할 것을 결정한 경우에는 지체없이 그 내용을 시장·군수·구청장에게 통보하여야 한다(규칙 제2조 제4항).

05 혼합주택단지의 관리 ★

(1) 공동결정

입주자대표회의와 임대사업자는 혼합주택단지의 관리에 관한 사항을 공동으로 결정하여야 한다. 이 경우 임차인대표회의가 구성된 혼합주택단지에서는 임대사업자는 민간임대주택에 관한 특별법 제52조 제4항 각 호의 사항을 임차인대표회의와 사전에 협의하여야 한다(법 제10조 제1항).

(2) 공동결정의 방법

① **공동결정**: 위 **(1)**에 따라 혼합주택단지의 입주자대표회의와 임대사업자가 혼합주택단지의 관리에 관하여 공동으로 결정하여야 하는 사항은 다음과 같다(영 제7조 제1항).

> ㉠ 법 제5조 제1항에 따른 관리방법의 결정 및 변경
> ㉡ 주택관리업자의 선정
> ㉢ 장기수선계획의 조정

   ② 장기수선충당금(법 제30조 제1항에 따른 장기수선충당금을 말한다. 이하 같다) 및 특별수선충당금(민간임대주택에 관한 특별법 제53조 또는 공공주택 특별법 제50조의4에 따른 특별수선충당금을 말한다)을 사용하는 주요 시설의 교체 및 보수에 관한 사항
   ⑩ 법 제25조 각 호 외의 부분에 따른 관리비 등(이하 '관리비 등'이라 한다)을 사용하여 시행하는 각종 공사 및 용역에 관한 사항

② **각자 결정**: ①에도 불구하고 다음의 요건을 모두 갖춘 혼합주택단지에서는 ①의 ② 또는 ⑩의 사항을 입주자대표회의와 임대사업자가 각자 결정할 수 있다(영 제7조 제2항).

> ⊙ 분양을 목적으로 한 공동주택과 임대주택이 별개의 동(棟)으로 배치되는 등의 사유로 구분하여 관리가 가능할 것
> ⓒ 입주자대표회의와 임대사업자가 공동으로 결정하지 아니하고 각자 결정하기로 합의하였을 것

③ **미합의 결정**: ①의 각 사항을 공동으로 결정하기 위한 입주자대표회의와 임대사업자간의 합의가 이뤄지지 않는 경우에는 다음의 구분에 따라 혼합주택단지의 관리에 관한 사항을 결정한다(영 제7조 제3항).

> ⊙ ①의 ⊙ 및 ⓒ의 사항: 해당 혼합주택단지 공급면적의 2분의 1을 초과하는 면적을 관리하는 입주자대표회의 또는 임대사업자가 결정
> ⓒ ①의 ⓒ부터 ⑩까지의 사항: 해당 혼합주택단지 공급면적의 3분의 2 이상을 관리하는 입주자대표회의 또는 임대사업자가 결정. 다만, 다음의 요건에 모두 해당하는 경우에는 해당 혼합주택단지 공급면적의 2분의 1을 초과하는 면적을 관리하는 자가 결정한다.
>   ⓐ 해당 혼합주택단지 공급면적의 3분의 2 이상을 관리하는 입주자대표회의 또는 임대사업자가 없을 것
>   ⓑ 법 제33조에 따른 시설물의 안전관리계획 수립대상 등 안전관리에 관한 사항일 것
>   ⓒ 입주자대표회의와 임대사업자간 2회의 협의에도 불구하고 합의가 이뤄지지 않을 것

④ **분쟁조정**: 입주자대표회의 또는 임대사업자는 ③에도 불구하고 혼합주택단지의 관리에 관한 ①의 사항에 관한 결정이 이루어지지 아니하는 경우에는 공동주택관리 분쟁조정위원회에 분쟁의 조정을 신청할 수 있다(영 제7조 제4항).

06 공동주택관리기구

(1) 구성

입주자대표회의 또는 관리주체는 공동주택 공용부분의 유지·보수 및 관리 등을 위하여 공동주택관리기구(법 제6조 제1항에 따른 자치관리기구를 포함한다)를 구성하여야 한다 (법 제9조 제1항).

(2) 공동주택관리기구의 구성·운영

① **(1)**에 따라 공동주택관리기구는 [별표 1]에 따른 기술인력 및 장비를 갖추어야 한 다(영 제6조 제1항).

② 입주자대표회의 또는 관리주체는 공동주택을 공동관리하거나 구분관리하는 경우에 는 공동관리 또는 구분관리 단위별로 **(1)**에 따른 공동주택관리기구를 구성하여야 한다(영 제6조 제2항).

07 의무관리대상 공동주택 전환 등

(1) 전환신고

① **신고의무**: 법 제2조 제1항 제2호 마목에 따라 의무관리대상 공동주택으로 전환되 는 공동주택(이하 '의무관리대상 전환 공동주택'이라 한다)의 관리인(집합건물의 소 유 및 관리에 관한 법률에 따른 관리인을 말하며, 관리단이 관리를 개시하기 전인 경우에는 같은 법 제9조의3 제1항에 따라 공동주택을 관리하고 있는 자를 말한다. 이하 같다)은 대통령령으로 정하는 바에 따라 관할 특별자치시장·특별자치도지 사·시장·군수·구청장(자치구의 구청장을 말하며 이하 같다. 이하 '시장·군 수·구청장'이라 한다)에게 의무관리대상 공동주택 전환신고를 하여야 한다. 다만, 관리인이 신고하지 않는 경우에는 입주자 등의 10분의 1 이상이 연서하여 신고할 수 있다(법 제10조의2 제1항).

② **신고서 제출**: ①에 따라 의무관리대상 공동주택 전환신고를 하려는 자는 입주자 등 의 동의를 받은 날부터 30일 이내에 관할 시장·군수·구청장에게 국토교통부령으 로 정하는 신고서를 제출해야 한다(영 제7조의2 제1항).

③ **신고서류**: 위 ②의 국토교통부령으로 정하는 신고서란 각각 별지 제1호 서식의 의무관리대상 공동주택 전환 등 신고서를 말하며, 해당 신고서를 제출할 때에는 다음의 서류를 첨부해야 한다(규칙 제2조의2).

> ㉠ 제안서 및 제안자 명부
> ㉡ 입주자 등의 동의서
> ㉢ 입주자 등의 명부

(2) 입주자대표회의 구성 및 관리방법 결정

의무관리대상 전환 공동주택의 입주자 등은 관리규약의 제정신고가 수리된 날부터 3개월 이내에 입주자대표회의를 구성하여야 하며, 입주자대표회의의 구성신고가 수리된 날부터 3개월 이내에 공동주택의 관리방법을 결정하여야 한다(법 제10조의2 제2항).

(3) 주택관리업자 선정

의무관리대상 전환 공동주택의 입주자 등이 공동주택을 위탁관리할 것을 결정한 경우 입주자대표회의는 입주자대표회의의 구성신고가 수리된 날부터 6개월 이내에 **(2) ①**의 각 기준에 따라 주택관리업자를 선정하여야 한다(법 제10조의2 제3항).

(4) 의무관리대상 공동주택 제외신고

의무관리대상 전환 공동주택의 입주자 등은 법 제2조 제1항 제2호 마목의 기준에 따라 해당 공동주택을 의무관리대상에서 제외할 것을 정할 수 있으며, 이 경우 입주자대표회의의 회장(직무를 대행하는 경우에는 그 직무를 대행하는 사람을 포함한다. 이하 같다)은 대통령령으로 정하는 바에 따라 시장·군수·구청장에게 의무관리대상 공동주택 제외신고를 하여야 한다(법 제10조의2 제4항).

(5) 신고수리 여부 통지

① **통지**: 시장·군수·구청장은 **(1)** 및 **(4)**에 따른 신고를 받은 날부터 10일 이내에 신고수리 여부를 신고인에게 통지하여야 한다(법 제10조의2 제5항).

② **수리 간주**: 시장·군수·구청장이 ①에서 정한 기간 내에 신고수리 여부 또는 민원처리 관련 법령에 따른 처리기간의 연장을 신고인에게 통지하지 아니하면 그 기간(민원 처리 관련 법령에 따라 처리기간이 연장 또는 재연장된 경우에는 해당 처리기간을 말한다)이 끝난 날의 다음 날에 신고를 수리한 것으로 본다(법 제10조의2 제6항).

08 관리의 이관

(1) 사업주체의 요구

의무관리대상 공동주택을 건설한 사업주체는 입주예정자의 과반수가 입주할 때까지 그 공동주택을 관리하여야 하며, 입주예정자의 과반수가 입주하였을 때에는 입주자 등에게 대통령령으로 정하는 바에 따라 그 사실을 통지하고 해당 공동주택을 관리할 것을 요구하여야 한다(법 제11조 제1항).

(2) 입주자 등에 대한 관리요구의 통지

사업주체는 (1)에 따라 입주자 등에게 입주예정자의 과반수가 입주한 사실을 통지할 때에는 통지서에 다음의 사항을 기재하여야 한다(영 제8조 제1항).

① 총 입주예정세대수 및 총 입주세대수
② 동별 입주예정세대수 및 동별 입주세대수
③ 공동주택의 관리방법에 관한 결정의 요구
④ 사업주체의 성명 및 주소(법인인 경우에는 명칭 및 소재지를 말한다)

(3) 임대주택의 관리요구

임대사업자는 다음의 어느 하나에 해당하는 경우에는 (1)을 준용하여 입주자 등에게 통지하여야 한다(영 제8조 제2항).

① 민간임대주택에 관한 특별법 제2조 제2호에 따른 민간건설임대주택을 같은 법 제43조에 따라 임대사업자 외의 자에게 양도하는 경우로서 해당 양도 임대주택 입주예정자의 과반수가 입주하였을 때
② 공공주택 특별법 제2조 제1호의2에 따른 공공건설임대주택에 대하여 같은 조 제4호에 따른 분양전환을 하는 경우로서 해당 공공건설임대주택 전체 세대수의 과반수가 분양전환된 때

(4) 입주자대표회의 구성

① **구성시기**: 입주자 등이 (1)에 따른 요구를 받았을 때에는 그 요구를 받은 날부터 3개월 이내에 입주자를 구성원으로 하는 입주자대표회의를 구성하여야 한다(법 제11조 제2항).
② **협력**: 사업주체 및 임대사업자는 입주자대표회의의 구성에 협력하여야 한다(영 제8조 제3항).

(5) 관리방법 결정 등의 신고

① **신고의무:** 입주자대표회의의 회장은 입주자 등이 해당 공동주택의 관리방법을 결정(위탁관리하는 방법을 선택한 경우에는 그 주택관리업자의 선정을 포함한다)한 경우에는 이를 사업주체 또는 의무관리대상 전환 공동주택의 관리인에게 통지하고, 대통령령으로 정하는 바에 따라 관할 시장·군수·구청장에게 신고하여야 한다. 신고한 사항이 변경되는 경우에도 또한 같다(법 제11조 제3항).

② **신고기한:** ①에 따라 입주자대표회의의 회장은 공동주택 관리방법의 결정(위탁관리하는 방법을 선택한 경우에는 그 주택관리업자의 선정을 포함한다) 또는 변경결정에 관한 신고를 하려는 경우에는 그 결정일 또는 변경결정일부터 30일 이내에 신고서를 시장·군수·구청장에게 제출해야 한다(영 제9조).

③ **신고방법:** 입주자대표회의의 회장(직무를 대행하는 경우에는 그 직무를 대행하는 사람을 포함한다)은 시장·군수·구청장에게 신고서를 제출할 때에는 관리방법의 제안서 및 그에 대한 입주자 등의 동의서를 첨부하여야 한다(규칙 제3조 제2항).

④ **신고수리 여부 통지:** 시장·군수·구청장은 신고를 받은 날부터 7일 이내에 신고수리 여부를 신고인에게 통지하여야 하며, 시장·군수·구청장이 기간 내에 신고수리 여부 또는 민원 처리 관련 법령에 따른 처리기간의 연장을 신고인에게 통지하지 아니하면 그 기간(민원 처리 관련 법령에 따라 처리기간이 연장 또는 재연장된 경우에는 해당 처리기간을 말한다)이 끝난 날의 다음 날에 신고를 수리한 것으로 본다(법 제11조 제4항·제5항).

09 사업주체의 주택관리업자 선정

사업주체는 입주자대표회의로부터 08 (5) ①에 따른 통지가 없거나 입주자대표회의가 법 제6조 제1항에 따른 자치관리기구를 구성하지 아니하는 경우에는 주택관리업자를 선정하여야 한다. 이 경우 사업주체는 입주자대표회의 및 관할 시장·군수·구청장에게 그 사실을 알려야 한다(법 제12조).

10 관리업무의 인계

(1) 사업주체 또는 의무관리대상 전환 공동주택의 관리인

사업주체 또는 의무관리대상 전환 공동주택의 관리인은 다음의 어느 하나에 해당하는 경우에는 대통령령으로 정하는 바에 따라 해당 관리주체에게 공동주택의 관리업무를 인계하여야 한다(법 제13조 제1항).

① 입주자대표회의의 회장으로부터 법 제11조 제3항에 따라 주택관리업자의 선정을 통지받은 경우
② 법 제6조 제1항에 따라 자치관리기구가 구성된 경우
③ 법 제12조에 따라 주택관리업자가 선정된 경우

(2) 인계기한

사업주체 또는 법 제10조의2 제1항에 따른 의무관리대상 전환 공동주택의 관리인은 (1)에 따라 ① 내지 ③의 어느 하나에 해당하게 된 날부터 1개월 이내에 해당 공동주택의 관리주체에게 공동주택의 관리업무를 인계해야 한다(영 제10조 제1항).

(3) 관리주체 변경

공동주택의 관리주체가 변경되는 경우에 기존 관리주체는 새로운 관리주체에게 (1)을 준용하여 해당 공동주택의 관리업무를 인계하여야 한다(법 제13조 제2항).

(4) 관리주체 변경시 인계기한

(3)에 따른 새로운 관리주체는 기존 관리의 종료일까지 공동주택관리기구를 구성하여야 하며, 기존 관리주체는 해당 관리의 종료일까지 공동주택의 관리업무를 인계하여야 한다(영 제10조 제2항).

(5) 관리주체 변경시 인계기한 예외

기존 관리의 종료일까지 인계·인수가 이루어지지 아니한 경우 기존 관리주체는 기존 관리의 종료일(기존 관리의 종료일까지 새로운 관리주체가 선정되지 못한 경우에는 새로운 관리주체가 선정된 날을 말한다)부터 1개월 이내에 새로운 관리주체에게 공동주택의 관리업무를 인계하여야 한다. 이 경우 그 인계기간에 소요되는 기존 관리주체의 인건비 등은 해당 공동주택의 관리비로 지급할 수 있다(영 제10조 제3항).

(6) 관리업무 인계 · 인수서

사업주체 또는 의무관리대상 전환 공동주택의 관리인은 (1)에 따라 공동주택의 관리업무를 해당 관리주체에 인계할 때에는 입주자대표회의의 회장 및 1명 이상의 감사의 참관하에 인계자와 인수자가 인계 · 인수서에 각각 서명 · 날인하여 다음의 서류를 인계해야 한다. 기존 관리주체가 (3)에 따라 새로운 관리주체에게 공동주택의 관리업무를 인계하는 경우에도 또한 같다(영 제10조 제4항).

> ① 설계도서, 장비의 명세, 장기수선계획 및 법 제32조에 따른 안전관리계획(이하 '안전관리계획'이라 한다)
> ② 관리비, 사용료, 이용료의 부과 · 징수현황 및 이에 관한 회계서류
> ③ 장기수선충당금의 적립현황
> ④ 법 제24조 제1항에 따른 관리비예치금의 명세
> ⑤ 법 제36조 제3항 제1호에 따라 세대 전유부분을 입주자에게 인도한 날의 현황
> ⑥ 관리규약과 그 밖에 공동주택의 관리업무에 필요한 사항

(7) 건설임대주택 관리업무 인계 · 인수

건설임대주택(민간임대주택에 관한 특별법 제2조 제2호에 따른 민간건설임대주택 및 공공주택 특별법 제2조 제1호의2에 따른 공공건설임대주택을 말한다. 이하 같다)을 분양전환(민간임대주택에 관한 특별법 제43조에 따른 임대사업자 외의 자에게의 양도 및 공공주택 특별법 제2조 제4호에 따른 분양전환을 말한다)하는 경우 임대사업자는 (2) 및 (6)을 준용하여 관리주체에게 공동주택의 관리업무를 인계하여야 한다. 이 경우 (6) ⑤의 '입주자'는 '임차인'으로 본다(영 제10조 제5항).

입주자대표회의 및 관리규약

01 입주자대표회의 구성 등 ★

(1) 구성원

입주자대표회의는 4명 이상으로 구성하되, 동별 세대수에 비례하여 관리규약으로 정한 선거구에 따라 선출된 대표자(이하 '동별 대표자'라 한다)로 구성한다. 이 경우 선거구는 2개 동 이상으로 묶거나 통로나 층별로 구획하여 정할 수 있다(법 제14조 제1항).

(2) 공구 구분입주

하나의 공동주택단지를 여러 개의 공구로 구분하여 순차적으로 건설하는 경우(임대주택 은 분양전환된 경우를 말한다) 먼저 입주한 공구의 입주자 등은 **(1)**에 따라 입주자대표회 의를 구성할 수 있다. 다만, 다음 공구의 입주예정자의 과반수가 입주한 때에는 다시 입주 자대표회의를 구성하여야 한다(법 제14조 제2항).

(3) 동별 대표자의 자격요건

① **피선거권 및 선거권**: 동별 대표자는 동별 대표자 선출공고에서 정한 각종 서류 제 출 마감일(이하 '서류 제출 마감일'이라 한다)을 기준으로 다음의 요건을 갖춘 입주 자(입주자가 법인인 경우에는 그 대표자를 말한다) 중에서 대통령령으로 정하는 바 에 따라 선거구 입주자 등의 보통·평등·직접·비밀선거를 통하여 선출한다. 다만, 입주자인 동별 대표자 후보자가 없는 선거구에서는 다음 ㉠㉡ 및 대통령령으로 정 하는 요건을 갖춘 사용자도 동별 대표자로 선출될 수 있다(법 제14조 제3항, 영 제 11조 제3항).

> ㉠ 해당 공동주택단지 안에서 주민등록을 마친 후 계속하여 3개월 이상 거주하고 있을 것(최 초의 입주자대표회의를 구성하거나 **(2)** 단서에 따른 입주자대표회의를 구성하기 위하여 동 별 대표자를 선출하는 경우는 제외한다)
> ㉡ 해당 선거구에 주민등록을 마친 후 거주하고 있을 것

② **사용자의 피선거권**: 사용자는 ①의 ㉠㉡ 외의 부분 단서 및 법 제11조 제10항에 따라 2회의 선출공고(직전 선출공고일부터 2개월 이내에 공고하는 경우만 2회로 계산한다)에도 불구하고 입주자(입주자가 법인인 경우에는 그 대표자를 말한다)인 동별 대표자의 후보자가 없는 선거구에서 직전 선출공고일부터 2개월 이내에 선출공고를 하는 경우로서 ①의 ㉠㉡과 다음의 어느 하나에 해당하는 요건을 모두 갖춘 경우에는 동별 대표자가 될 수 있다. 이 경우 입주자인 후보자가 있으면 사용자는 후보자의 자격을 상실한다(영 제11조 제2항).

> ㉠ 공동주택을 임차하여 사용하는 사람일 것. 이 경우 법인인 경우에는 그 대표자를 말한다.
> ㉡ ㉠ 전단에 따른 사람의 배우자 또는 직계존비속일 것. 이 경우 ㉠ 전단에 따른 사람이 서면으로 위임한 대리권이 있는 경우만 해당한다.

(4) 동별 대표자의 선출

(3) ①에 따라 동별 대표자((1)에 따른 동별 대표자를 말한다. 이하 같다)는 선거구별로 1명씩 선출하되 그 선출방법은 다음의 구분에 따른다(영 제11조 제1항).

> ① 후보자가 2명 이상인 경우: 해당 선거구 전체 입주자 등의 과반수가 투표하고 후보자 중 최다득표자를 선출
> ② 후보자가 1명인 경우: 해당 선거구 전체 입주자 등의 과반수가 투표하고 투표자 과반수의 찬성으로 선출

(5) 동별 대표자 결격사유 등

① **결격사유 및 자격상실사유**: 서류 제출 마감일을 기준으로 다음의 어느 하나에 해당하는 사람은 동별 대표자가 될 수 없으며 그 자격을 상실한다(법 제14조 제4항, 영 제11조 제4항).

> ㉠ 미성년자, 피성년후견인 또는 피한정후견인
> ㉡ 파산자로서 복권되지 아니한 사람
> ㉢ 이 법 또는 주택법, 민간임대주택에 관한 특별법, 공공주택 특별법, 건축법, 집합건물의 소유 및 관리에 관한 법률을 위반한 범죄로 금고 이상의 실형선고를 받고 그 집행이 끝나거나(집행이 끝난 것으로 보는 경우를 포함한다) 집행이 면제된 날부터 2년이 지나지 아니한 사람
> ㉣ 금고 이상의 형의 집행유예선고를 받고 그 유예기간 중에 있는 사람
> ㉤ 법 또는 주택법, 민간임대주택에 관한 특별법, 공공주택 특별법, 건축법, 집합건물의 소유 및 관리에 관한 법률을 위반한 범죄로 벌금형을 선고받은 후 2년이 지나지 않은 사람
> ㉥ 법 제15조 제1항에 따른 선거관리위원회 위원(사퇴하거나 해임 또는 해촉된 사람으로서 그 남은 임기 중에 있는 사람을 포함한다)

ⓐ 공동주택의 소유자가 서면으로 위임한 대리권이 없는 소유자의 배우자나 직계존비속
ⓞ 해당 공동주택 관리주체의 소속 임직원과 해당 공동주택 관리주체에 용역을 공급하거나 사
  업자로 지정된 자의 소속 임원. 이 경우 관리주체가 주택관리업자인 경우에는 해당 주택관
  리업자를 기준으로 판단한다.
ⓩ 해당 공동주택의 동별 대표자를 사퇴한 날부터 1년(해당 동별 대표자에 대한 해임이 요구된
  후 사퇴한 경우에는 2년을 말한다)이 지나지 아니하거나 해임된 날부터 2년이 지나지 아니
  한 사람
ⓧ 영 제23조 제1항부터 제5항까지의 규정에 따른 관리비 등을 최근 3개월 이상 연속하여 체
  납한 사람
ⓚ 동별 대표자로서 임기 중에 ⓧ에 해당하여 법 제14조 제5항(당연퇴임)에 따라 퇴임한 사람
  으로서 그 남은 임기(남은 임기가 1년을 초과하는 경우에는 1년을 말한다) 중에 있는 사람

② **당연퇴임**: 동별 대표자가 임기 중에 자격요건을 충족하지 아니하게 된 경우나 결격
사유에 해당하게 된 경우에는 당연히 퇴임한다(법 제14조 제5항).

③ **대리자 등의 결격사유**: 공동주택 소유자 또는 공동주택을 임차하여 사용하는 사람
의 결격사유는 그를 대리하는 자에게 미치며, 공유(共有)인 공동주택 소유자의 결
격사유를 판단할 때에는 지분의 과반을 소유한 자의 결격사유를 기준으로 한다(영
제11조 제5항).

(6) 동별 대표자 임기 등

① **동별 대표자의 임기**: 동별 대표자의 임기는 2년으로 한다. 다만, 보궐선거 또는 재
선거로 선출된 동별 대표자의 임기는 다음의 구분에 따른다(영 제13조 제1항).

> ㉠ 모든 동별 대표자의 임기가 동시에 시작하는 경우: 2년
> ㉡ 그 밖의 경우: 전임자 임기(재선거의 경우 재선거 전에 실시한 선거에서 선출된 동별 대표
>   자의 임기를 말한다)의 남은 기간

② **중임**: 동별 대표자는 한 번만 중임할 수 있다. 이 경우 보궐선거 또는 재선거로 선
출된 동별 대표자의 임기가 6개월 미만인 경우에는 임기의 횟수에 포함하지 않는
다(영 제13조 제2항).

③ **중임 완화**: (4) 및 위 ②에도 불구하고 2회의 선출공고(직전 선출공고일부터 2개
월 이내에 공고하는 경우만 2회로 계산한다)에도 불구하고 동별 대표자의 후보자
가 없거나 선출된 사람이 없는 선거구에서 직전 선출공고일부터 2개월 이내에 선
출공고를 하는 경우에는 동별 대표자를 중임한 사람도 해당 선거구 입주자 등의 과
반수의 찬성으로 다시 동별 대표자로 선출될 수 있다. 이 경우 후보자 중 동별 대표
자를 중임하지 않은 사람이 있으면 동별 대표자를 중임한 사람은 후보자의 자격을
상실한다(영 제13조 제3항).

(7) 입주자대표회의 임원의 구성 등

① **임원**: 입주자대표회의에는 회장, 감사 및 이사를 임원으로 둔다(법 제14조 제6항).

② **회장 제한**: 사용자인 동별 대표자는 회장이 될 수 없다. 다만, 입주자인 동별 대표자 중에서 회장 후보자가 없는 경우로서 선출 전에 전체 입주자 과반수의 서면동의를 얻은 경우에는 그러하지 아니하다(법 제14조 제7항).

③ **임원의 구성**: 입주자대표회의에는 회장 1명, 감사 2명 이상, 이사 1명 이상의 임원을 두어야 한다(영 제12조 제1항).

(8) 입주자대표회의 임원의 선출

① **임원**: 입주자대표회의의 임원은 동별 대표자 중에서 다음의 구분에 따른 방법으로 선출한다(영 제12조 제2항).

> ㉠ 회장 선출방법
> ⓐ 입주자 등의 보통 · 평등 · 직접 · 비밀선거를 통하여 선출
> ⓑ 후보자가 2명 이상인 경우: 전체 입주자 등의 10분의 1 이상이 투표하고 후보자 중 최다득표자를 선출
> ⓒ 후보자가 1명인 경우: 전체 입주자 등의 10분의 1 이상이 투표하고 투표자 과반수의 찬성으로 선출
> ⓓ 다음의 경우에는 입주자대표회의 구성원 과반수의 찬성으로 선출하며, 입주자대표회의 구성원 과반수 찬성으로 선출할 수 없는 경우로서 최다득표자가 2인 이상인 경우에는 추첨으로 선출
> 　가. 후보자가 없거나 ⓐ부터 ⓒ까지의 규정에 따라 선출된 자가 없는 경우
> 　나. ⓐ부터 ⓒ까지의 규정에도 불구하고 500세대 미만의 공동주택 단지에서 관리규약으로 정하는 경우
> ㉡ 감사 선출방법
> ⓐ 입주자 등의 보통 · 평등 · 직접 · 비밀선거를 통하여 선출
> ⓑ 후보자가 선출필요인원을 초과하는 경우: 전체 입주자 등의 10분의 1 이상이 투표하고 후보자 중 다득표자 순으로 선출
> ⓒ 후보자가 선출필요인원과 같거나 미달하는 경우: 후보자별로 전체 입주자 등의 10분의 1 이상이 투표하고 투표자 과반수의 찬성으로 선출
> ⓓ 다음의 경우에는 입주자대표회의 구성원 과반수의 찬성으로 선출하며, 입주자대표회의 구성원 과반수 찬성으로 선출할 수 없는 경우로서 최다득표자가 2인 이상인 경우에는 추첨으로 선출
> 　가. 후보자가 없거나 ⓐ부터 ⓒ까지의 규정에 따라 선출된 자가 없는 경우(선출된 자가 선출필요인원에 미달하여 추가선출이 필요한 경우를 포함한다)
> 　나. ⓐ부터 ⓒ까지의 규정에도 불구하고 500세대 미만의 공동주택단지에서 관리규약으로 정하는 경우
> ㉢ 이사 선출방법: 입주자대표회의 구성원 과반수의 찬성으로 선출하며, 입주자대표회의 구성원 과반수 찬성으로 선출할 수 없는 경우로서 최다득표자가 2인 이상인 경우에는 추첨으로 선출

② **공동체생활의 활성화에 관한 업무를 담당하는 이사**: 입주자대표회의는 입주자 등의 소통 및 화합의 증진을 위하여 그 이사 중 공동체생활의 활성화에 관한 업무를 담당하는 이사를 선임할 수 있다(영 제12조 제3항).

(9) 임원의 업무

입주자대표회의 임원의 업무범위 등은 국토교통부령으로 정한다(영 제12조 제4항, 규칙 제4조).

① 입주자대표회의의 회장은 입주자대표회의를 대표하고, 그 회의의 의장이 된다.

② 이사는 회장을 보좌하고, 회장이 사퇴 또는 해임으로 궐위된 경우 및 사고나 그 밖에 부득이한 사유로 그 직무를 수행할 수 없을 때에는 관리규약에서 정하는 바에 따라 그 직무를 대행한다.

③ 감사는 관리비, 사용료 및 장기수선충당금 등의 부과 · 징수 · 지출 · 보관 등 회계 관계 업무와 관리업무 전반에 대하여 관리주체의 업무를 감사한다.

④ 감사는 ③에 따른 감사를 한 경우에는 감사보고서를 작성하여 입주자대표회의와 관리주체에게 제출하고 인터넷 홈페이지(인터넷 홈페이지가 없는 경우에는 인터넷 포털을 통해 관리주체가 운영 · 통제하는 유사한 기능의 웹사이트 또는 관리사무소의 게시판을 말한다) 및 동별 게시판(통로별 게시판이 설치된 경우에는 이를 포함한다)에 공개해야 한다.

⑤ 감사는 입주자대표회의에서 의결한 안건이 관계 법령 및 관리규약에 위반된다고 판단되는 경우에는 입주자대표회의에 재심의를 요청할 수 있다.

⑥ ⑤에 따라 재심의를 요청받은 입주자대표회의는 지체 없이 해당 안건을 다시 심의하여야 한다.

(10) 동별 대표자 및 입주자대표회의 임원의 해임

동별 대표자 및 입주자대표회의의 임원은 관리규약으로 정한 사유가 있는 경우에 다음의 구분에 따른 방법으로 해임한다(영 제13조 제4항).

① **동별 대표자**: 해당 선거구 전체 입주자 등의 과반수가 투표하고 투표자 과반수의 찬성으로 해임한다.

② **입주자대표회의의 임원**: 다음의 구분에 따른 방법으로 해임한다.

> ㉠ 회장 및 감사: 전체 입주자 등의 10분의 1 이상이 투표하고 투표자 과반수의 찬성으로 해임. 다만, **(8)** ① ㉠ ⓓ 나. 및 **(8)** ② ㉡ ⓓ 나.에 따라 입주자대표회의에서 선출된 회장 및 감사는 관리규약으로 정하는 절차에 따라 해임한다.
> ㉡ 이사: 관리규약으로 정하는 절차에 따라 해임

(1) 입주자대표회의의 의결방법

입주자대표회의는 입주자대표회의 구성원 과반수의 찬성으로 의결한다(영 제14조 제1항).

(2) 입주자대표회의의 의결사항

① **의결 범위**: 입주자대표회의의 의결사항은 관리규약, 관리비, 시설의 운영에 관한 사항 등으로 하며, 그 구체적인 내용은 대통령령으로 정한다(법 제14조 제11항).

② **의결사항**: 입주자대표회의의 의결사항은 다음과 같다(영 제14조 제2항).

ⓐ 관리규약 개정안의 제안(제안서에는 개정안의 취지, 내용, 제안 유효기간 및 제안자 등을 포함한다)

ⓑ 관리규약에서 위임한 사항과 그 시행에 필요한 규정의 제정·개정 및 폐지

ⓒ 공동주택 관리방법의 제안

ⓓ 영 제23조 제1항부터 제5항까지에 따른 관리비 등의 집행을 위한 사업계획 및 예산의 승인(변경승인을 포함한다)

ⓔ 공용시설물 이용료 부과기준의 결정

ⓕ 영 제23조 제1항부터 제5항까지에 따른 관리비 등의 회계감사 요구 및 회계감사보고서의 승인

ⓖ 영 제23조 제1항부터 제5항까지에 따른 관리비 등의 결산의 승인

ⓗ 단지 안의 전기, 도로, 상하수도, 주차장, 가스설비, 냉난방설비 및 승강기 등의 유지·운영기준

ⓘ 자치관리를 하는 경우 자치관리기구 직원의 임면에 관한 사항

ⓙ 장기수선계획에 따른 공동주택 공용부분의 보수·교체 및 개량

ⓚ 법 제35조 제1항에 따른 공동주택 공용부분의 행위허가 또는 신고행위의 제안

ⓛ 영 제39조 제5항 및 제6항에 따른 공동주택 공용부분의 담보책임 종료 확인

ⓜ 주택건설기준 등에 관한 규정 제2조 제3호에 따른 주민공동시설(이하 '주민공동시설'이라 하며, 이 조, 제19조, 제23조, 제25조, 제29조 및 제29조의2에서는 제29조의3 제1항 각 호의 시설은 제외한다) 위탁운영의 제안

ⓝ 영 제29조의2에 따른 인근 공동주택단지 입주자 등의 주민공동시설 이용에 대한 허용 제안

ⓞ 장기수선계획 및 안전관리계획의 수립 또는 조정(비용지출을 수반하는 경우로 한정한다)

ⓟ 입주자 등 상호간에 이해가 상반되는 사항의 조정

ⓠ 공동체생활의 활성화 및 질서유지에 관한 사항

ⓡ 그 밖에 공동주택의 관리와 관련하여 관리규약으로 정하는 사항

---

③ **의결사항 제외 등**: 입주자대표회의 구성원 중 사용자인 동별 대표자가 과반수인 경우에는 법 제14조 제12항에 따라 ② ⓛ(공동주택 공용부분의 담보책임 종료 확인)에 관한 사항은 의결사항에서 제외하고, ⓞ 중 장기수선계획의 수립 또는 조정에 관한 사항은 전체 입주자 과반수의 서면동의를 받아 그 동의내용대로 의결한다(영 제14조 제3항).

④ **의결의 제한**: 입주자대표회의는 ②의 각 사항을 의결할 때에는 입주자 등이 아닌 자로서 해당 공동주택의 관리에 이해관계를 가진 자의 권리를 침해해서는 안 된다(영 제14조 제5항).

(3) 부당간섭 금지

입주자대표회의는 주택관리업자가 공동주택을 관리하는 경우에는 주택관리업자의 직원 인사, 노무관리 등의 업무수행에 부당하게 간섭해서는 아니 된다(영 제14조 제6항).

(4) 입주자대표회의의 회의소집

입주자대표회의는 관리규약으로 정하는 바에 따라 회장이 그 명의로 소집한다. 다만, 다음의 어느 하나에 해당하는 때에는 회장은 해당일부터 14일 이내에 입주자대표회의를 소집해야 하며, 회장이 회의를 소집하지 않는 경우에는 관리규약으로 정하는 이사가 그 회의를 소집하고 회장의 직무를 대행한다(영 제14조 제4항).

> ① 입주자대표회의 구성원 3분의 1 이상이 청구하는 때
> ② 입주자 등의 10분의 1 이상이 요청하는 때
> ③ 전체 입주자의 10분의 1 이상이 요청하는 때((2)②ⓒ 중 장기수선계획의 수립 또는 조정에 관한 사항만 해당한다)

(5) 입주자대표회의의 회의록

① **작성 및 보관**: 입주자대표회의는 그 회의를 개최한 때에는 회의록을 작성하여 관리주체에게 보관하게 하여야 한다. 이 경우 입주자대표회의는 관리규약으로 정하는 바에 따라 입주자 등에게 회의를 실시간 또는 녹화·녹음 등의 방식으로 중계하거나 방청하게 할 수 있다(법 제14조 제8항).

② **공개**: 300세대 이상인 공동주택의 관리주체는 관리규약으로 정하는 범위·방법 및 절차 등에 따라 회의록을 입주자 등에게 공개하여야 하며, 300세대 미만인 공동주택의 관리주체는 관리규약으로 정하는 바에 따라 회의록을 공개할 수 있다. 이 경우 관리주체는 입주자 등이 회의록의 열람을 청구하거나 자기의 비용으로 복사를 요구하는 때에는 관리규약으로 정하는 바에 따라 이에 응하여야 한다(법 제14조 제9항).

03 동별 대표자 등의 선거관리

(1) 선거관리위원회의 구성

입주자 등은 동별 대표자나 입주자대표회의의 임원을 선출하거나 해임하기 위하여 선거관리위원회를 구성한다(법 제15조 제1항).

(2) 선거관리위원회의 결격사유 및 자격상실사유

다음의 어느 하나에 해당하는 사람은 선거관리위원회 위원이 될 수 없으며 그 자격을 상실한다(법 제15조 제2항, 영 제16조).

> ① 동별 대표자 또는 그 후보자
> ② ①에 해당하는 사람의 배우자 또는 직계존비속
> ③ 미성년자, 피성년후견인 또는 피한정후견인
> ④ 동별 대표자를 사퇴하거나 그 지위에서 해임된 사람 또는 당연퇴임에 따라 퇴임한 사람으로서 그 남은 임기 중에 있는 사람
> ⑤ 선거관리위원회 위원을 사퇴하거나 그 지위에서 해임 또는 해촉된 사람으로서 그 남은 임기 중에 있는 사람

(3) 선거관리위원회의 구성원 수 등

① **구성원 수**: 선거관리위원회는 입주자 등(서면으로 위임된 대리권이 없는 공동주택 소유자의 배우자 및 직계존비속이 그 소유자를 대리하는 경우를 포함한다) 중에서 위원장을 포함하여 다음의 구분에 따른 위원으로 구성한다(영 제15조 제1항).

> ⊙ 500세대 이상인 공동주택: 5명 이상 9명 이하
> ⓛ 500세대 미만인 공동주택: 3명 이상 9명 이하

② **위원장**: 선거관리위원회 위원장은 위원 중에서 호선한다(영 제15조 제2항).

③ **위원의 위촉**: 위 ①에도 불구하고 500세대 이상인 공동주택은 선거관리위원회법 제2조에 따른 선거관리위원회 소속 직원 1명을 관리규약으로 정하는 바에 따라 위원으로 위촉할 수 있다(영 제15조 제3항).

④ **의사결정**: 선거관리위원회는 그 구성원(관리규약으로 정한 정원을 말한다) 과반수의 찬성으로 그 의사를 결정한다. 이 경우 이 영 및 관리규약으로 정하지 아니한 사항은 선거관리위원회 규정으로 정할 수 있다(영 제15조 제4항).

⑤ **위임**: 선거관리위원회의 구성·운영·업무(동별 대표자의 결격사유의 확인을 포함한다)·경비, 위원의 선임·해임 및 임기 등에 관한 사항은 관리규약으로 정한다(영 제15조 제5항).

⑥ **선거지원**: 선거관리위원회는 (1)에 따른 선거관리를 위하여 선거관리위원회법 제2조 제1항 제3호에 따라 해당 소재지를 관할하는 구·시·군 선거관리위원회에 투표 및 개표관리 등 선거지원을 요청할 수 있다(법 제15조 제4항).

(4) 동별 대표자 후보자 등에 대한 범죄경력 조회 등

① **동별 대표자 후보자에 대한 범죄경력 조회**: 선거관리위원회 위원장(선거관리위원회가 구성되지 아니하였거나 위원장이 사퇴, 해임 등으로 궐위된 경우에는 입주자대표회의의 회장을 말하며, 입주자대표회의의 회장도 궐위된 경우에는 관리사무소장을 말한다. 이하 같다)은 동별 대표자 후보자에 대하여 동별 대표자의 자격요건 충족 여부와 결격사유 해당 여부를 확인하여야 하며, 결격사유 해당 여부를 확인하는 경우에는 동별 대표자 후보자의 동의를 받아 범죄경력을 관계 기관의 장에게 확인하여야 한다(법 제16조 제1항).

② **동별 대표자에 대한 범죄경력 조회**: 선거관리위원회 위원장은 동별 대표자에 대하여 자격요건 충족 여부와 결격사유 해당 여부를 확인할 수 있으며, 결격사유 해당 여부를 확인하는 경우에는 동별 대표자의 동의를 받아 범죄경력을 관계 기관의 장에게 확인하여야 한다(법 제16조 제2항).

③ **확인절차**: 선거관리위원회 위원장은 동별 대표자 후보자 또는 동별 대표자에 대한 범죄경력의 확인을 경찰관서의 장에게 요청하여야 한다. 이 경우 동별 대표자 후보자 또는 동별 대표자의 동의서를 첨부하여야 한다(영 제17조 제1항).

④ **회신**: 요청을 받은 경찰관서의 장은 동별 대표자 후보자 또는 동별 대표자가 법 제14조 제4항 제3호·제4호 또는 이 영 제11조 제4항 제1호에 따른 범죄의 경력이 있는지 여부를 확인하여 회신해야 한다(영 제17조 제2항).

⑤ **고유식별정보의 처리**: 선거관리위원회의 위원장은 동별 대표자의 결격사유 확인에 관한 사무를 수행하기 위하여 불가피한 경우 개인정보 보호법 시행령 제19조 제1호에 따른 주민등록번호가 포함된 자료를 처리할 수 있다(영 제98조 제3항).

04 입주자대표회의 구성원 등의 교육

(1) 입주자대표회의 구성원 교육의 실시

시장·군수·구청장은 대통령령으로 정하는 바에 따라 입주자대표회의의 구성원에게 입주자대표회의의 운영과 관련하여 필요한 교육 및 윤리교육을 실시하여야 한다. 이 경우 입주자대표회의의 구성원은 그 교육을 성실히 이수하여야 한다(법 제17조 제1항).

(2) 교육의 내용

교육내용에는 다음의 사항을 포함하여야 한다(법 제17조 제2항).

① 공동주택의 관리에 관한 관계 법령 및 관리규약의 준칙에 관한 사항
② 입주자대표회의의 구성원의 직무, 소양 및 윤리에 관한 사항
③ 공동주택단지 공동체의 활성화에 관한 사항
④ 관리비, 사용료 및 장기수선충당금에 관한 사항
⑤ 공동주택 회계처리에 관한 사항
⑥ 층간소음 예방 및 입주민간 분쟁의 조정에 관한 사항
⑦ 하자보수에 관한 사항
⑧ 그 밖에 입주자대표회의의 운영에 필요한 사항

(3) 입주자대표회의 구성원 교육의 확대

시장·군수·구청장은 관리주체, 입주자 등이 희망하는 경우에는 위 (1)의 교육을 관리주체, 입주자 등에게 실시할 수 있다(법 제17조 제3항).

(4) 교육기준

① **공고 또는 고지:** (1) 또는 (3)에 따라 시장·군수·구청장은 입주자대표회의 구성원 또는 입주자 등에 대하여 입주자대표회의의 운영과 관련하여 필요한 교육 및 윤리교육을 하려면 다음의 사항을 교육 10일 전까지 공고하거나 교육대상자에게 알려야 한다(영 제18조 제1항).

ㄱ 교육일시, 교육기간 및 교육장소
ㄴ 교육내용
ㄷ 교육대상자
ㄹ 그 밖에 교육에 관하여 필요한 사항

② **교육시간**: 입주자대표회의 구성원은 매년 4시간의 운영ㆍ윤리교육을 이수하여야 한다(영 제18조 제2항).

③ **교육방법**: 운영ㆍ윤리교육은 집합교육의 방법으로 한다. 다만, 교육 참여현황의 관리가 가능한 경우에는 그 전부 또는 일부를 온라인교육으로 할 수 있다(영 제18조 제3항).

④ **수료증**: 시장ㆍ군수ㆍ구청장은 운영ㆍ윤리교육을 이수한 사람에게 수료증을 내주어야 한다. 다만, 교육수료사실을 입주자대표회의 구성원이 소속된 입주자대표회의에 문서로 통보함으로써 수료증의 수여를 갈음할 수 있다(영 제18조 제4항).

⑤ **비용부담**: 입주자대표회의 구성원에 대한 운영ㆍ윤리교육의 수강비용은 입주자대표회의 운영경비에서 부담하며, 입주자 등에 대한 운영ㆍ윤리교육의 수강비용은 수강생 본인이 부담한다. 다만, 시장ㆍ군수ㆍ구청장은 필요하다고 인정하는 경우에는 그 비용의 전부 또는 일부를 지원할 수 있다(영 제18조 제5항).

⑥ **참여현황의 관리**: 시장ㆍ군수ㆍ구청장은 입주자대표회의 구성원의 운영ㆍ윤리교육 참여현황을 엄격히 관리하여야 하며, 운영ㆍ윤리교육을 이수하지 아니한 입주자대표회의 구성원에 대해서는 필요한 조치를 하여야 한다(영 제18조 제6항).

제2절 관리규약 등

01 관리규약의 준칙

(1) 관리규약의 준칙 제정

특별시장ㆍ광역시장ㆍ특별자치시장ㆍ도지사 또는 특별자치도지사(이하 '시ㆍ도지사'라 한다)는 공동주택의 입주자 등을 보호하고 주거생활의 질서를 유지하기 위하여 대통령령으로 정하는 바에 따라 공동주택의 관리 또는 사용에 관하여 준거가 되는 관리규약의 준칙을 정하여야 한다(법 제18조 제1항).

(2) 관리규약의 준칙에 포함되는 사항

(1)에 따른 관리규약의 준칙(이하 '관리규약준칙'이라 한다)에는 다음의 사항이 포함되어야 한다. 이 경우 입주자 등이 아닌 자의 기본적인 권리를 침해하는 사항이 포함되어서는 안 된다(영 제19조 제1항).

① 입주자 등의 권리 및 의무(영 제19조 제2항에 따른 의무를 포함한다)
② 입주자대표회의의 구성 · 운영(회의의 녹음 · 녹화 · 중계 및 방청에 관한 사항을 포함한다)과 그 구성원의 의무 및 책임
③ 동별 대표자의 선거구, 선출절차와 해임 사유 · 절차 등에 관한 사항
④ 선거관리위원회의 구성 · 운영 · 업무 · 경비, 위원의 선임 · 해임 및 임기 등에 관한 사항
⑤ 입주자대표회의 소집절차, 임원의 해임 사유 · 절차 등에 관한 사항
⑥ 영 제23조 제3항 제8호에 따른 입주자대표회의 운영경비의 용도 및 사용금액(운영 · 윤리교육 수강비용을 포함한다)
⑦ 자치관리기구의 구성 · 운영 및 관리사무소장과 그 소속 직원의 자격요건 · 인사 · 보수 · 책임
⑧ 입주자대표회의 또는 관리주체가 작성 · 보관하는 자료의 종류 및 그 열람방법 등에 관한 사항
⑨ 위 · 수탁관리계약에 관한 사항
⑩ 영 제19조 제2항 각 호의 행위에 대한 관리주체의 동의기준
⑪ 법 제24조 제1항에 따른 관리비예치금의 관리 및 운용방법
⑫ 영 제23조 제1항부터 제5항까지의 규정에 따른 관리비 등의 세대별 부담액 산정방법, 징수, 보관, 예치 및 사용절차
⑬ 영 제23조 제1항부터 제5항까지의 규정에 따른 관리비 등을 납부하지 아니한 자에 대한 조치 및 가산금의 부과
⑭ 장기수선충당금의 요율 및 사용절차
⑮ 회계관리 및 회계감사에 관한 사항
⑯ 회계관계 임직원의 책임 및 의무(재정보증에 관한 사항을 포함한다)
⑰ 각종 공사 및 용역의 발주와 물품구입의 절차
⑱ 관리 등으로 인하여 발생한 수입의 용도 및 사용절차
⑲ 공동주택의 관리책임 및 비용부담
⑳ 관리규약을 위반한 자 및 공동생활의 질서를 문란하게 한 자에 대한 조치
㉑ 공동주택의 어린이집 임대계약(지방자치단체에 무상임대하는 것을 포함한다)에 대한 다음의 임차인 선정기준. 이 경우 그 기준은 영유아보육법 제24조 제2항 각 호 외의 부분 후단에 따른 국공립어린이집 위탁체 선정관리 기준에 따라야 한다.
　　㉠ 임차인의 신청자격
　　㉡ 임차인 선정을 위한 심사기준
　　㉢ 어린이집을 이용하는 입주자 등 중 어린이집 임대에 동의하여야 하는 비율
　　㉣ 임대료 및 임대기간
　　㉤ 그 밖에 어린이집의 적정한 임대를 위하여 필요한 사항
㉒ 공동주택의 층간소음 및 간접흡연에 관한 사항
㉓ 주민공동시설의 위탁에 따른 방법 또는 절차에 관한 사항
㉔ 영 제29조의2에 따라 주민공동시설을 인근 공동주택단지 입주자 등도 이용할 수 있도록 허용하는 경우에 대한 다음의 기준
　　㉠ 입주자 등 중 허용에 동의하여야 하는 비율
　　㉡ 이용자의 범위
　　㉢ 그 밖에 인근 공동주택단지 입주자 등의 이용을 위하여 필요한 사항
㉕ 혼합주택단지의 관리에 관한 사항
㉖ 전자투표의 본인 확인방법에 관한 사항
㉗ 공동체생활의 활성화에 관한 사항

㉘ 공동주택의 주차장 임대계약 등에 대한 다음의 기준
　　㉠ 도시교통정비 촉진법 제33조 제1항 제4호에 따른 승용차 공동이용을 위한 주차장 임대계약의 경우
　　　ⓐ 입주자 등 중 주차장의 임대에 동의하는 비율
　　　ⓑ 임대할 수 있는 주차 대수 및 위치
　　　ⓒ 이용자의 범위
　　　ⓓ 그 밖에 주차장의 적정한 임대를 위하여 필요한 사항
　　㉡ 지방자치단체와 입주자대표회의간 체결한 협약에 따라 지방자치단체 또는 지방공기업법 제76조에 따라 설립된 지방공단이 직접 운영·관리하거나 위탁하여 운영·관리하는 방식으로 입주자 등 외의 자에게 공동주택의 주차장을 개방하는 경우
　　　ⓐ 입주자 등 중 주차장의 개방에 동의하는 비율
　　　ⓑ 개방할 수 있는 주차 대수 및 위치
　　　ⓒ 주차장의 개방시간
　　　ⓓ 그 밖에 주차장의 적정한 개방을 위하여 필요한 사항
㉙ 경비원 등 근로자에 대한 괴롭힘의 금지 및 발생시 조치에 관한 사항
㉚ 주택건설기준 등에 관한 규정 제32조의2에 따른 지능형 홈네트워크 설비의 기본적인 유지·관리에 관한 사항
㉛ 그 밖에 공동주택의 관리에 필요한 사항

02 관리규약 ★

(1) 관리규약의 제정

입주자 등은 관리규약의 준칙을 참조하여 관리규약을 정한다. 이 경우 주택법 제35조에 따라 공동주택에 설치하는 어린이집의 임대료 등에 관한 사항은 관리규약의 준칙, 어린이집의 안정적 운영, 보육서비스 수준의 향상 등을 고려하여 결정하여야 한다(법 제18조 제2항).

(2) 관리규약의 제정 및 개정방법 ★

입주자 등이 관리규약을 제정·개정하는 방법 등에 필요한 사항은 대통령령으로 정한다(법 제18조 제3항).

① 관리규약의 제정
　㉠ 제정안의 제안: 사업주체는 입주예정자와 관리계약을 체결할 때 관리규약 제정안을 제안해야 한다. 다만, 영 제29조의3에 따라 사업주체가 입주자대표회의가 구성되기 전에 같은 조 제1항 각 호의 시설의 임대계약을 체결하려는 경우에는 입주개시일 3개월 전부터 관리규약 제정안을 제안할 수 있다(영 제20조 제1항).

ⓛ **제정**: (1)에 따른 공동주택 분양 후 최초의 관리규약은 위 ⓐ에 따라 사업주체가 제안한 내용을 해당 입주예정자의 과반수가 서면으로 동의하는 방법으로 결정한다(영 제20조 제2항).

ⓒ **공고 · 통지**: 사업주체는 해당 공동주택단지의 인터넷 홈페이지(인터넷 홈페이지가 없는 경우에는 인터넷 포털을 통해 관리주체가 운영 · 통제하는 유사한 기능의 웹사이트 또는 관리사무소의 게시판을 말한다. 이하 같다)에 제안내용을 공고하고 입주예정자에게 개별통지해야 한다(영 제20조 제3항).

ⓔ **의무관리대상 전환 공동주택의 관리규약 제정**: 의무관리대상 전환 공동주택의 관리규약 제정안은 의무관리대상 전환 공동주택의 관리인이 제안하고, 그 내용을 전체 입주자 등 과반수의 서면동의로 결정한다. 이 경우 관리규약 제정안을 제안하는 관리인은 위 ⓒ의 방법에 따라 공고 · 통지해야 한다(영 제20조 제4항).

② **관리규약의 개정**

ⓐ **개정안의 공고 · 통지**: 관리규약을 개정하려는 경우에는 다음의 사항을 기재한 개정안을 ① ⓒ의 방법에 따른 공고 · 통지를 거쳐 아래 ⓛ ⓐⓑ의 방법으로 결정한다(영 제20조 제5항).

> ⓐ 개정 목적
> ⓑ 종전의 관리규약과 달라진 내용
> ⓒ 관리규약 준칙과 달라진 내용

ⓛ **개정**: 공동주택 관리방법의 결정 또는 변경은 다음의 어느 하나에 해당하는 방법으로 한다(영 제3조).

> ⓐ 입주자대표회의의 의결로 제안하고 전체 입주자 등의 과반수가 찬성
> ⓑ 전체 입주자 등의 10분의 1 이상이 서면으로 제안하고 전체 입주자 등의 과반수가 찬성

(3) 관리규약의 효력

관리규약은 입주자 등의 지위를 승계한 사람에 대하여도 그 효력이 있다(법 제18조 제4항).

(4) 관리규약의 보관 및 열람방법

공동주택의 관리주체는 관리규약을 보관하여 입주자 등이 열람을 청구하거나 자기의 비용으로 복사를 요구하면 응하여야 한다(영 제20조 제6항).

(5) 관리규약 등의 신고

① **신고사항 등:** 입주자대표회의의 회장(관리규약의 제정의 경우에는 사업주체 또는 의무관리대상 전환 공동주택의 관리인을 말한다)은 다음의 사항을 대통령령으로 정하는 바에 따라 시장 · 군수 · 구청장에게 신고하여야 하며, 신고한 사항이 변경되는 경우에도 또한 같다. 다만, 의무관리대상 전환 공동주택의 관리인이 관리규약의 제정신고를 하지 아니하는 경우에는 입주자 등의 10분의 1 이상이 연서하여 신고할 수 있다(법 제19조 제1항).

> ㉠ 관리규약의 제정 · 개정
> ㉡ 입주자대표회의 구성 · 변경
> ㉢ 그 밖에 필요한 사항으로서 대통령령으로 정하는 사항

② **신고수리 여부 통지:** 시장 · 군수 · 구청장은 ①에 따른 신고를 받은 날부터 7일 이내에 신고수리 여부를 신고인에게 통지하여야 한다(법 제19조 제2항).

③ **관리규약의 제정 및 개정 등 신고**

㉠ **신고기한:** ①에 따른 신고를 하려는 입주자대표회의의 회장(관리규약 제정의 경우에는 사업주체 또는 의무관리대상 전환 공동주택의 관리인을 말한다)은 관리규약이 제정 · 개정되거나 입주자대표회의가 구성 · 변경된 날부터 30일 이내에 신고서를 시장 · 군수 · 구청장에게 제출해야 한다(영 제21조).

㉡ **신고방법:** 입주자대표회의의 회장(관리규약 제정의 경우에는 사업주체 또는 의무관리대상 전환 공동주택의 관리인을 말한다)은 ㉠에 따라 시장 · 군수 · 구청장에게 신고서를 제출할 때에는 다음의 구분에 따른 서류를 첨부해야 한다(규칙 제6조 제2항).

> ⓐ 관리규약의 제정 · 개정을 신고하는 경우: 관리규약의 제정 · 개정 제안서 및 그에 대한 입주자 등의 동의서
> ⓑ 입주자대표회의의 구성 · 변경을 신고하는 경우: 입주자대표회의의 구성현황(임원 및 동별 대표자의 성명, 주소, 생년월일 및 약력과 그 선출에 관한 증명서류를 포함한다)

03 층간소음의 방지 및 간접흡연의 방지 등

(1) 층간소음의 방지 등

① **층간소음의 방지**: 공동주택의 입주자 등(임대주택의 임차인을 포함한다)은 공동주택에서 뛰거나 걷는 동작에서 발생하는 소음이나 음향기기를 사용하는 등의 활동에서 발생하는 소음 등 층간소음[벽간소음 등 인접한 세대간의 소음(대각선에 위치한 세대간의 소음을 포함한다)을 포함하며, 이하 '층간소음'이라 한다]으로 인하여 다른 입주자 등에게 피해를 주지 아니하도록 노력하여야 한다(법 제20조 제1항).

② **소음차단 조치 권고 등**: 위 ①에 따른 층간소음으로 피해를 입은 입주자 등은 관리주체에게 층간소음 발생사실을 알리고, 관리주체가 층간소음 피해를 끼친 해당 입주자 등에게 층간소음 발생을 중단하거나 소음 차단조치를 권고하도록 요청할 수 있다. 이 경우 관리주체는 사실관계 확인을 위하여 세대 내 확인 등 필요한 조사를 할 수 있다(법 제20조 제2항).

③ **협조**: 층간소음 피해를 끼친 입주자 등은 위 ②에 따른 관리주체의 조치 및 권고에 협조하여야 한다(법 제20조 제3항).

④ **조정신청**: 위 ②에 따른 관리주체의 조치에도 불구하고 층간소음 발생이 계속될 경우에는 층간소음 피해를 입은 입주자 등은 공동주택 층간소음관리위원회에 조정을 신청할 수 있다(법 제20조 제4항).

⑤ **층간소음의 범위와 기준**: 공동주택 층간소음의 범위와 기준은 국토교통부와 환경부의 공동부령으로 정한다(법 제20조 제5항).

⑥ **교육**: 관리주체는 필요한 경우 입주자 등을 대상으로 층간소음의 예방, 분쟁의 조정 등을 위한 교육을 실시할 수 있다(법 제20조 제6항).

⑦ **층간소음관리위원회 구성·운영**: 입주자 등은 층간소음에 따른 분쟁을 예방하고 조정하기 위하여 관리규약으로 정하는 바에 따라 다음의 업무를 수행하는 공동주택 층간소음관리위원회(이하 '층간소음관리위원회'라 한다)를 구성·운영할 수 있다. 다만, 의무관리대상 공동주택 중 대통령령으로 정하는 규모 이상인 경우에는 층간소음관리위원회를 구성하여야 한다(법 제20조 제7항).

> ㉠ 층간소음 민원의 청취 및 사실관계 확인
> ㉡ 분쟁의 자율적인 중재 및 조정
> ㉢ 층간소음 예방을 위한 홍보 및 교육
> ㉣ 그 밖에 층간소음 분쟁 방지 및 예방을 위하여 관리규약으로 정하는 업무

⑧ **층간소음관리위원회 구성원**: 층간소음관리위원회는 다음의 사람으로 구성한다(법 제20조 제8항).

> ⊙ 입주자대표회의 또는 임차인대표회의의 구성원
> ⊙ 선거관리위원회 위원
> ⓒ 법 제21조에 따른 공동체생활의 활성화를 위한 단체에서 추천하는 사람
> ② 법 제64조 제1항에 따른 관리사무소장
> ⑩ 그 밖에 공동주택관리 분야에 관한 전문지식과 경험을 갖춘 사람으로서 관리규약으로 정하거나 지방자치단체의 장이 추천하는 사람

⑨ **층간소음의 피해 예방 및 분쟁 해결 지원**: 국토교통부장관은 층간소음의 피해 예방 및 분쟁 해결을 지원하기 위하여 다음의 업무를 수행하는 기관 또는 단체를 지정하여 고시할 수 있다(법 제20조 제9항).

> ⊙ 층간소음의 측정 지원
> ⊙ 피해사례의 조사·상담
> ⓒ 층간소음관리위원회의 구성원에 대한 층간소음 예방 및 분쟁조정 교육
> ② 그 밖에 국토교통부장관 또는 지방자치단체의 장이 층간소음과 관련하여 의뢰하거나 위탁하는 업무

⑩ **층간소음관리위원회 구성원 교육**: 층간소음관리위원회의 구성원은 위 ⑨에 따라 고시하는 기관 또는 단체에서 실시하는 교육을 성실히 이수하여야 한다. 이 경우 교육의 시기·방법 및 비용부담 등에 필요한 사항은 대통령령으로 정한다(법 제20조 제10항).

⑪ **조정신청**: 층간소음 피해를 입은 입주자 등은 관리주체 또는 층간소음관리위원회의 조치에도 불구하고 층간소음 발생이 계속될 경우 공동주택관리 분쟁조정위원회나 환경분쟁 조정법 제4조에 따른 환경분쟁조정위원회에 조정을 신청할 수 있다(법 제20조 제11항).

(2) 간접흡연의 방지 등

① **간접흡연의 방지**: 공동주택의 입주자 등은 발코니, 화장실 등 세대 내에서의 흡연으로 인하여 다른 입주자 등에게 피해를 주지 아니하도록 노력하여야 한다(법 제20조의2 제1항).

② **간접흡연 중단 권고**: 간접흡연으로 피해를 입은 입주자 등은 관리주체에게 간접흡연 발생사실을 알리고, 관리주체가 간접흡연 피해를 끼친 해당 입주자 등에게 일정한 장소에서 흡연을 중단하도록 권고할 것을 요청할 수 있다. 이 경우 관리주체는 사실관계 확인을 위하여 세대 내 확인 등 필요한 조사를 할 수 있다(법 제20조의2 제2항).

③ **협조**: 간접흡연 피해를 끼친 입주자 등은 위 ②에 따른 관리주체의 조치 및 권고에 협조하여야 한다(법 제20조의2 제3항).

④ **교육**: 관리주체는 필요한 경우 입주자 등을 대상으로 간접흡연의 예방, 분쟁의 조정 등을 위한 교육을 실시할 수 있다(법 제20조의2 제4항)

⑤ **조직 구성**: 입주자 등은 필요한 경우 간접흡연에 따른 분쟁의 예방, 조정, 교육 등을 위하여 자치적인 조직을 구성하여 운영할 수 있다(법 제20조의2 제5항).

04 공동체생활의 활성화 및 전자적 방법을 통한 의사결정

(1) 공동체생활의 활성화

① **조직 구성**: 공동주택의 입주자 등은 입주자 등의 소통 및 화합 증진 등을 위하여 필요한 활동을 자율적으로 실시할 수 있고, 이를 위하여 필요한 조직을 구성하여 운영할 수 있다(법 제21조 제1항).

② **경비 지원**: 입주자대표회의 또는 관리주체는 공동체생활의 활성화에 필요한 경비의 일부를 재활용품의 매각수입 등 공동주택을 관리하면서 부수적으로 발생하는 수입에서 지원할 수 있으며, 경비의 지원은 관리규약으로 정하거나 관리규약에 위배되지 아니하는 범위에서 입주자대표회의의 의결로 정한다(법 제21조 제2항·제3항).

(2) 전자적 방법을 통한 의사결정

① **의사결정**: 입주자 등은 동별 대표자나 입주자대표회의의 임원을 선출하는 등 공동주택의 관리와 관련하여 의사를 결정하는 경우(서면동의에 의하여 의사를 결정하는 경우를 포함한다) 대통령령으로 정하는 바에 따라 전자적 방법(전자문서 및 전자거래 기본법 제2조 제2호에 따른 정보처리시스템을 사용하거나 그 밖에 정보통신기술을 이용하는 방법을 말한다. 이하 같다)을 통하여 그 의사를 결정할 수 있다(법 제22조 제1항).

② **우선적 이용**: 의무관리대상 공동주택의 입주자대표회의, 관리주체 및 선거관리위원회는 입주자 등의 참여를 확대하기 위하여 ①에 따른 공동주택의 관리와 관련한 의사결정에 대하여 전자적 방법을 우선적으로 이용하도록 노력하여야 한다(법 제22조 제2항).

③ **전자적 방법을 통한 입주자 등의 의사결정방법**: 입주자 등은 전자적 방법으로 의결권을 행사(이하 '전자투표'라 한다)하는 경우에는 다음의 어느 하나에 해당하는 방법으로 본인확인을 거쳐야 한다(영 제22조 제1항).

> ㉠ 휴대전화를 통한 본인인증 등 정보통신망 이용촉진 및 정보보호 등에 관한 법률 제23조의3에 따른 본인확인기관에서 제공하는 본인확인의 방법
> ㉡ 전자서명법 제2조 제2호에 따른 전자서명 또는 같은 법 제2조 제6호에 따른 인증서를 통한 본인확인의 방법
> ㉢ 그 밖에 관리규약에서 전자문서 및 전자거래 기본법 제2조 제1호에 따른 전자문서를 제출하는 등 본인확인 절차를 정하는 경우에는 그에 따른 본인확인의 방법

④ **사전고지사항**: 관리주체, 입주자대표회의, 의무관리대상 전환 공동주택의 관리인 또는 선거관리위원회는 위 ③에 따라 전자투표를 실시하려는 경우에는 다음의 사항을 입주자 등에게 미리 알려야 한다(영 제22조 제2항).

> ㉠ 전자투표를 하는 방법
> ㉡ 전자투표 기간
> ㉢ 그 밖에 전자투표의 실시에 필요한 기술적인 사항

CHAPTER 4 관리비 및 회계운영

01 관리비 등★- 납부 및 공개 등

(1) 관리비

① **관리비**: 의무관리대상 공동주택의 입주자 등은 그 공동주택의 유지관리를 위하여 필요한 관리비를 관리주체에게 납부하여야 한다(법 제23조 제1항).

② **관리비 비목**: ①에 따른 관리비는 다음 비목의 월별 금액의 합계액으로 하며, 비목별 세부명세는 [별표 2]와 같다(영 제23조 제1항).

> ㉠ 일반관리비
> ㉡ 청소비
> ㉢ 경비비
> ㉣ 소독비
> ㉤ 승강기유지비
> ㉥ 지능형 홈네트워크 설비 유지비
> ㉦ 난방비(주택건설기준 등에 관한 규정 제37조에 따라 난방열량을 계량하는 계량기 등이 설치된 공동주택의 경우에는 그 계량에 따라 산정한 난방비를 말한다)
> ㉧ 급탕비
> ㉨ 수선유지비(냉방·난방시설의 청소비를 포함한다)
> ㉩ 위탁관리수수료

보충 관리비의 비목별 세부명세(영 제23조 제1항 관련 [별표 2])

관리비 항목	구성명세
1. 일반관리비	• 인건비: 급여, 제수당, 상여금, 퇴직금, 산재보험료, 고용보험료, 국민연금, 국민건강보험료 및 식대 등 복리후생비 • 제사무비: 일반사무용품비, 도서인쇄비, 교통통신비 등 관리사무에 직접 소요되는 비용 • 제세공과금: 관리기구가 사용한 전기료, 통신료, 우편료 및 관리기구에 부과되는 세금 등 • 피복비 • 교육훈련비 • 차량유지비: 연료비, 수리비, 보험료 등 차량 유지에 직접 소요되는 비용

	• 그 밖의 부대비용: 관리용품 구입비, 회계감사비, 그 밖에 관리 업무에 소요되는 비용
2. 청소비	용역시에는 용역금액, 직영시에는 청소원 인건비, 피복비 및 청소용품비 등 청소에 직접 소요된 비용
3. 경비비	용역시에는 용역금액, 직영시에는 경비원 인건비, 피복비 등 경비에 직접 소요된 비용
4. 소독비	용역시에는 용역금액, 직영시에는 소독용품비 등 소독에 직접 소요된 비용
5. 승강기유지비	용역시에는 용역금액, 직영시에는 제부대비, 자재비 등. 다만, 전기료는 공동으로 사용되는 시설의 전기료에 포함한다.
6. 지능형 홈네트워크 설비 유지비	용역시에는 용역금액, 직영시에는 지능형 홈네트워크 설비 관련 인건비, 자재비 등 지능형 홈네트워크 설비의 유지 및 관리에 직접 소요되는 비용. 다만, 전기료는 공동으로 사용되는 시설의 전기료에 포함한다.
7. 난방비	난방 및 급탕에 소요된 원가(유류대, 난방비 및 급탕용수비)에서 급탕비를 뺀 금액
8. 급탕비	급탕용 유류대 및 급탕용수비
9. 수선유지비	• 법 제29조 제1항에 따른 장기수선계획에서 제외되는 공동주택의 공용부분의 수선·보수에 소요되는 비용으로 보수용역시에는 용역금액, 직영시에는 자재 및 인건비 • 냉난방시설의 청소비, 소화기충약비 등 공동으로 이용하는 시설의 보수유지비 및 제반 검사비 • 건축물의 안전점검비용 • 재난 및 재해 등의 예방에 따른 비용
10. 위탁관리수수료	주택관리업자에게 위탁하여 관리하는 경우로서 입주자대표회의와 주택관리업자간의 계약으로 정한 월간 비용

(2) 관리비 이외의 비용 등

① **구분징수 비용**: 관리주체는 다음의 비용에 대해서는 관리비와 구분하여 징수하여야 한다(영 제23조 제2항).

> ㉠ 장기수선충당금
> ㉡ 안전진단 실시비용

② **사용료 등**: 관리주체는 입주자 등이 납부하는 다음의 사용료 등을 입주자 등을 대행하여 그 사용료 등을 받을 자에게 납부할 수 있다(법 제23조 제3항, 영 제23조 제3항).

> ⊙ 전기료(공동으로 사용하는 시설의 전기료를 포함한다)
> ⓛ 수도료(공동으로 사용하는 수도료를 포함한다)
> ⓒ 가스사용료
> ⓔ 지역난방방식인 공동주택의 난방비와 급탕비
> ⓜ 정화조오물 수수료
> ⓗ 생활폐기물 수수료
> ⓢ 공동주택단지 안의 건물 전체를 대상으로 하는 보험료
> ⓞ 입주자대표회의 운영경비
> ⓩ 선거관리위원회 운영경비

③ **이용료**: 관리주체는 주민공동시설, 인양기 등 공용시설물의 이용료를 해당 시설의 이용자에게 따로 부과할 수 있다. 이 경우 주민공동시설의 운영을 위탁한 경우의 주민공동시설 이용료는 주민공동시설의 위탁에 따른 수수료 및 주민공동시설 관리비용 등의 범위에서 정하여 부과·징수하여야 한다(영 제23조 제4항).

④ **2세대 이상의 공동사용**: 관리주체는 보수가 필요한 시설[누수(漏水)되는 시설을 포함한다]이 2세대 이상의 공동사용에 제공되는 것인 경우에는 직접 보수하고 해당 입주자 등에게 그 비용을 따로 부과할 수 있다(영 제23조 제5항).

(3) 관리비 등의 회계관리

① **관리비 등의 통합 부과시 그 수입 및 집행 세부내용 고지**: 관리주체는 위 (1)과 (2)의 관리비 등을 통합하여 부과하는 때에는 그 수입 및 집행 세부내용을 쉽게 알 수 있도록 정리하여 입주자 등에게 알려주어야 한다(영 제23조 제6항).

② **관리비 등의 예치·관리**: 관리주체는 위 (1)과 위 (2)의 관리비 등을 다음의 금융기관 중 입주자대표회의가 지정하는 금융기관에 예치하여 관리하되, 장기수선충당금은 별도의 계좌로 예치·관리하여야 한다. 이 경우 계좌는 관리사무소장의 직인 외에 입주자대표회의의 회장 인감을 복수로 등록할 수 있다(영 제23조 제7항).

> ⊙ 은행법에 따른 은행
> ⓛ 중소기업은행법에 따른 중소기업은행
> ⓒ 상호저축은행법에 따른 상호저축은행
> ⓔ 보험업법에 따른 보험회사
> ⓜ 농업협동조합법에 따른 조합, 농업협동조합중앙회 및 농협은행
> ⓗ 수산업협동조합법에 따른 수산업협동조합 및 수산업협동조합중앙회
> ⓢ 신용협동조합법에 따른 신용협동조합 및 신용협동조합중앙회

　　　　◎ 새마을금고법에 따른 새마을금고 및 새마을금고중앙회
　　　　㉣ 산림조합법에 따른 산림조합 및 산림조합중앙회
　　　　㉭ 한국주택금융공사법에 따른 한국주택금융공사
　　　　㉿ 우체국예금·보험에 관한 법률에 따른 체신관서

③ **관리비 등 공개**

　㉠ **공개 명세:** 관리주체는 다음의 내역(항목별 산출내역을 말하며, 세대별 부과내역은 제외한다)을 대통령령으로 정하는 바에 따라 해당 공동주택단지의 인터넷 홈페이지(인터넷 홈페이지가 없는 경우에는 인터넷 포털을 통하여 관리주체가 운영·통제하는 유사한 기능의 웹사이트 또는 관리사무소의 게시판을 말한다. 이하 같다) 및 동별 게시판(통로별 게시판이 설치된 경우에는 이를 포함한다. 이하 같다)과 국토교통부장관이 구축·운영하는 공동주택관리정보시스템(이하 '공동주택관리정보시스템'이라 한다)에 공개하여야 한다. 다만, 공동주택관리정보시스템에 공개하기 곤란한 경우로서 대통령령으로 정하는 경우에는 해당 공동주택단지의 인터넷 홈페이지 및 동별 게시판에만 공개할 수 있다(법 제23조 제4항).

　　　ⓐ 관리비
　　　ⓑ 사용료 등
　　　ⓒ 장기수선충당금과 그 적립금액
　　　ⓓ 그 밖에 대통령령으로 정하는 사항

　㉡ **공개 세부기준:** 관리비 등을 입주자 등에게 부과한 관리주체는 위 ㉠에 따라 그 명세((1) ② ㉮◎ 및 (2) ② ㉠부터 ㉣까지는 사용량을, 장기수선충당금은 그 적립요율 및 사용한 금액을 각각 포함한다)를 다음 달 말일까지 해당 공동주택단지의 인터넷 홈페이지 및 동별 게시판(통로별 게시판이 설치된 경우에는 이를 포함한다. 이하 같다)과 공동주택관리정보시스템에 공개해야 한다. 잡수입(재활용품의 매각수입, 복리시설의 이용료 등 공동주택을 관리하면서 부수적으로 발생하는 수입을 말한다. 이하 같다)의 경우에도 동일한 방법으로 공개해야 한다(영 제23조 제8항).

　㉢ **의무관리대상이 아닌 공동주택:** 의무관리대상이 아닌 공동주택으로서 대통령령으로 정하는 세대수 이상인 공동주택의 관리인은 관리비 등의 내역을 ㉠의 공개방법에 따라 공개하여야 한다. 이 경우 50세대(주택 외의 시설과 주택을 동일 건축물로 건축한 건축물의 경우 주택을 기준으로 한다) 미만의 공동주택 관리인은 공동주택관리정보시스템 공개를 생략할 수 있으며, 구체적인 공개내역, 기한 등은 대통령령으로 정한다(법 제23조 제5항, 영 제23조 제9항).

ㄹ **세부기준**: ⓒ 전단에 따른 공동주택의 관리인은 다음의 관리비 등을 ⓛ의 방법에 따라 다음 달 말일까지 공개해야 한다. 다만, 100세대(주택 외의 시설과 주택을 동일 건축물로 건축한 건축물의 경우 주택을 기준으로 한다) 미만인 공동주택의 관리인은 ⓒ 후단에 따라 공동주택관리정보시스템 공개를 생략할 수 있다(영 제23조 제10항).

> ⓐ 관리비 비목별 월별 합계액
> ⓑ 장기수선충당금
> ⓒ (2) ② 각 호에 따른 각각의 사용료(세대수가 50세대 이상 100세대 미만인 공동주택의 경우에는 각각의 사용료의 합계액을 말한다)
> ⓓ 잡수입

④ **공개된 관리비 등의 적정성 확인**

　㉠ **점검기관 등**: 지방자치단체의 장은 위 ③ ㉠에 따라 공동주택관리정보시스템에 공개된 관리비 등의 적정성을 확인하기 위하여 필요한 경우 관리비 등의 내역에 대한 점검을 다음의 기관 또는 법인으로 하여금 수행하게 할 수 있다(법 제23조 제6항, 영 제23조 제11항).

> ⓐ 법 제86조에 따른 공동주택관리 지원기구
> ⓑ 법 제86조의2에 따른 지역공동주택관리지원센터
> ⓒ 영 제95조 제2항에 따라 공동주택관리정보시스템의 구축·운영업무를 위탁받은 한국부동산원법에 따른 한국부동산원
> ⓓ 그 밖에 관리비 등 내역의 점검을 수행하는 데 필요한 전문인력과 전담조직을 갖추었다고 지방자치단체의 장이 인정하는 기관 또는 법인

　㉡ **관리비 점검의 내용**: 지방자치단체의 장은 관리비 등의 내역을 점검할 때 다음의 사항을 점검해야 한다(규칙 제6조의3 제1항).

> ⓐ 관리비의 공개 및 관리비 변동률에 관한 사항
> ⓑ 장기수선충당금의 적립·사용에 관한 사항
> ⓒ 영 제25조에 따른 관리비 등의 집행을 위한 사업자 선정에 관한 사항
> ⓓ 회계감사에 관한 사항
> ⓔ 그 밖에 지방자치단체의 장이 점검이 필요하다고 인정하는 사항

　㉢ **정보 활용**: 지방자치단체의 장은 관리비 등의 내역을 점검하기 위해 필요한 경우에는 공동주택관리정보시스템의 정보를 활용할 수 있다(규칙 제6조의3 제2항).

ⓔ **개선 권고:** 지방자치단체의 장은 점검 결과에 따라 관리비 등의 내역이 부적정하다고 판단되는 경우 공동주택의 입주자대표회의 및 관리주체에게 개선을 권고할 수 있으며, 개선을 권고하는 경우에는 권고사항 및 개선기한 등을 명시한 서면으로 해야 한다(법 제23조 제7항, 규칙 제6조의3 제3항).

ⓜ **고시:** 관리비 등의 내역에 대한 점검 및 개선 권고에 필요한 사항은 국토교통부장관이 정하여 고시한다(규칙 제6조의3 제4항).

02 관리비 예치금

(1) 관리비 예치금의 징수

① **관리주체:** 관리주체는 해당 공동주택의 공용부분의 관리 및 운영 등에 필요한 경비(이하 '관리비 예치금'이라 한다)를 공동주택의 소유자로부터 징수할 수 있다(법 제24조 제1항).

② **사업주체:** 사업주체는 입주예정자의 과반수가 입주할 때까지 공동주택을 직접 관리하는 경우에는 입주예정자와 관리계약을 체결하여야 하며, 그 관리계약에 따라 관리비 예치금을 징수할 수 있다(영 제24조).

(2) 관리비 예치금의 반환

관리주체는 소유자가 공동주택의 소유권을 상실한 경우에는 관리비 예치금을 반환하여야 한다. 다만, 소유자가 관리비, 사용료 및 장기수선충당금 등을 미납한 때에는 관리비 예치금에서 정산한 후 그 잔액을 반환할 수 있다(법 제24조 제2항).

03 관리비 등의 사업계획 및 예산안 수립 등

(1) 사업계획 및 예산안 ★

① **수립시기**: 의무관리대상 공동주택의 관리주체는 다음 회계연도에 관한 관리비 등의 사업계획 및 예산안을 매 회계연도 개시 1개월 전까지 입주자대표회의에 제출하여 승인을 받아야 하며, 승인사항에 변경이 있는 때에는 변경승인을 받아야 한다(영 제26조 제1항).

② **초기 수립**: 사업주체 또는 의무관리대상 전환 공동주택의 관리인으로부터 공동주택의 관리업무를 인계받은 관리주체는 지체 없이 다음 회계연도가 시작되기 전까지의 기간에 대한 사업계획 및 예산안을 수립하여 입주자대표회의의 승인을 받아야 한다. 다만, 다음 회계연도가 시작되기 전까지의 기간이 3개월 미만인 경우로서 입주자대표회의 의결이 있는 경우에는 생략할 수 있다(영 제26조 제2항).

(2) 사업실적서 및 결산서 ★

의무관리대상 공동주택의 관리주체는 회계연도마다 사업실적서 및 결산서를 작성하여 회계연도 종료 후 2개월 이내에 입주자대표회의에 제출하여야 한다(영 제26조 제3항).

04 관리비 등의 집행을 위한 사업자 선정

(1) 사업자 선정 ★

① **기준**: 의무관리대상 공동주택의 관리주체 또는 입주자대표회의가 법 제23조 제4항 제1호부터 제3호(01 (3) ③ ㉠ ⓐ부터 ⓒ)까지의 어느 하나에 해당하는 금전 또는 하자보수보증금과 그 밖에 해당 공동주택단지에서 발생하는 모든 수입에 따른 금전(이하 '관리비 등'이라 한다)을 집행하기 위하여 사업자를 선정하려는 경우 다음의 기준을 따라야 한다(법 제25조).

> ㉠ 전자입찰방식으로 사업자를 선정할 것. 다만, 선정방법 등이 전자입찰방식을 적용하기 곤란한 경우로서 국토교통부장관이 정하여 고시하는 경우에는 전자입찰방식으로 선정하지 아니할 수 있다.
> ㉡ 그 밖에 입찰의 방법 등 대통령령으로 정하는 방식을 따를 것

② **방법**: 관리주체 또는 입주자대표회의는 다음의 구분에 따라 사업자를 선정(계약의 체결을 포함한다)하고 집행해야 한다(영 제25조 제1항).

> ㉠ 관리주체가 사업자를 선정하고 집행하는 다음의 사항
> ⓐ 청소, 경비, 소독, 승강기유지, 지능형 홈네트워크, 수선·유지(냉방·난방시설의 청소를 포함한다)를 위한 용역 및 공사
> ⓑ 주민공동시설의 위탁, 물품의 구입과 매각, 잡수입의 취득(영 제29조의3 제1항 각 호의 시설의 임대에 따른 잡수입의 취득은 제외한다), 보험계약 등 국토교통부장관이 정하여 고시하는 사항
> ㉡ 입주자대표회의가 사업자를 선정하고 집행하는 다음의 사항
> ⓐ 하자보수보증금을 사용하여 보수하는 공사
> ⓑ 사업주체로부터 지급받은 공동주택 공용부분의 하자보수비용을 사용하여 보수하는 공사
> ㉢ 입주자대표회의가 사업자를 선정하고 관리주체가 집행하는 다음의 사항
> ⓐ 장기수선충당금을 사용하는 공사
> ⓑ 전기안전관리(전기안전관리법 제22조 제2항 및 제3항에 따라 전기설비의 안전관리에 관한 업무를 위탁 또는 대행하게 하는 경우를 말한다)를 위한 용역

③ **전자입찰방식의 세부기준**: 전자입찰방식의 세부기준, 절차 및 방법 등은 국토교통부장관이 정하여 고시한다(영 제25조 제2항).

④ **입찰방법**: ① ㉡에서 '입찰의 방법 등 대통령령으로 정하는 방식'이란 다음에 따른 방식을 말한다(영 제25조 제3항).

> ㉠ 국토교통부장관이 정하여 고시하는 경우 외에는 경쟁입찰로 할 것. 이 경우 다음의 사항은 국토교통부장관이 정하여 고시한다.
> ⓐ 입찰의 절차
> ⓑ 입찰 참가자격
> ⓒ 입찰의 효력
> ⓓ 그 밖에 사업자의 적정한 선정을 위하여 필요한 사항
> ㉡ 입주자대표회의의 감사가 입찰과정 참관을 원하는 경우에는 참관할 수 있도록 할 것

⑤ **기존 사업자 입찰 참가제한**: 입주자 등은 기존 사업자(용역사업자만 해당한다)의 서비스가 만족스럽지 못한 경우에는 전체 입주자 등의 과반수의 서면동의로 새로운 사업자의 선정을 위한 입찰에서 기존 사업자의 참가를 제한하도록 관리주체 또는 입주자대표회의에 요구할 수 있다. 이 경우 관리주체 또는 입주자대표회의는 그 요구에 따라야 한다(영 제25조 제4항).

(2) 계약서의 공개

의무관리대상 공동주택의 관리주체 또는 입주자대표회의는 주택관리업자 또는 공사, 용역 등을 수행하는 사업자와 계약을 체결하는 경우 계약 체결일부터 1개월 이내에 그 계약서를 해당 공동주택단지의 인터넷 홈페이지 및 동별 게시판에 공개하여야 한다. 이 경우 개인정보 보호법 제24조에 따른 고유식별정보 등 개인의 사생활의 비밀 또는 자유를 침해할 우려가 있는 정보는 제외하고 공개하여야 한다(법 제28조).

05 회계감사 ★

(1) 회계감사 등

① **회계감사**: 의무관리대상 공동주택의 관리주체는 대통령령으로 정하는 바에 따라 주식회사 등의 외부감사에 관한 법률 제2조 제7호에 따른 감사인의 회계감사를 매년 1회 이상 받아야 한다. 다만, 다음의 구분에 따른 연도에는 그러하지 아니하다(법 제26조 제1항).

> ㉠ 300세대 이상인 공동주택: 해당 연도에 회계감사를 받지 아니하기로 입주자 등의 3분의 2 이상의 서면동의를 받은 경우 그 연도
> ㉡ 300세대 미만인 공동주택: 해당 연도에 회계감사를 받지 아니하기로 입주자 등의 과반수의 서면동의를 받은 경우 그 연도

② **동의서**: 관리주체는 위 ① 단서에 따라 서면동의를 받으려는 경우에는 회계감사를 받지 아니할 사유를 입주자 등이 명확히 알 수 있도록 동의서에 기재하여야 하며, 그 동의서를 관리규약으로 정하는 바에 따라 보관하여야 한다(법 제26조 제7항·제8항).

③ **관리주체에 대한 회계감사 등**: ①의 ㉠㉡ 외의 부분 본문에 따라 회계감사를 받아야 하는 공동주택의 관리주체는 매 회계연도 종료 후 9개월 이내에 다음의 재무제표에 대하여 회계감사를 받아야 한다(영 제27조 제1항).

> ㉠ 재무상태표
> ㉡ 운영성과표
> ㉢ 이익잉여금처분계산서(또는 결손금처리계산서)
> ㉣ 주석(註釋)

④ **회계처리기준**: 위 ③의 재무제표를 작성하는 회계처리기준은 국토교통부장관이 정하여 고시한다(영 제27조 제2항).

⑤ **회계감사기준**: 회계감사는 공동주택 회계의 특수성을 고려하여 제정된 회계감사기준에 따라 실시되어야 하며, 회계감사기준은 공인회계사법 제41조에 따른 한국공인회계사회가 정하되, 국토교통부장관의 승인을 받아야 한다(영 제27조 제4항 · 제5항).

(2) 회계감사 실시

① **감사인 선정**: 회계감사의 감사인은 입주자대표회의가 선정한다. 이 경우 입주자대표회의는 시장 · 군수 · 구청장 또는 공인회계사법 제41조에 따른 한국공인회계사회에 감사인의 추천을 의뢰할 수 있으며, 입주자 등의 10분의 1 이상이 연서하여 감사인의 추천을 요구하는 경우 입주자대표회의는 감사인의 추천을 의뢰한 후 추천을 받은 자 중에서 감사인을 선정하여야 한다(법 제26조 제4항).

② **금지행위**: 회계감사를 받는 관리주체는 다음의 어느 하나에 해당하는 행위를 하여서는 아니 된다(법 제26조 제5항).

> ㉠ 정당한 사유 없이 감사인의 자료열람 · 등사 · 제출 요구 또는 조사를 거부 · 방해 · 기피하는 행위
> ㉡ 감사인에게 거짓 자료를 제출하는 등 부정한 방법으로 회계감사를 방해하는 행위

(3) 회계감사보고서 공개 등

① **관리주체 공개**: 관리주체는 회계감사를 받은 경우에는 감사보고서 등 회계감사의 결과를 제출받은 날부터 1개월 이내에 입주자대표회의에 보고하고 해당 공동주택단지의 인터넷 홈페이지 및 동별 게시판에 공개하여야 한다(법 제26조 제3항).

② **감사인 공개**: 회계감사의 감사인은 회계감사 완료일부터 1개월 이내에 회계감사 결과를 해당 공동주택을 관할하는 시장 · 군수 · 구청장에게 제출하고 공동주택관리정보시스템에 공개하여야 한다(법 제26조 제6항).

③ **설명 요청**: 입주자대표회의는 감사인에게 감사보고서에 대한 설명을 하여 줄 것을 요청할 수 있다(영 제27조 제7항).

(1) 회계서류 등의 작성·보관 및 공개

① **회계서류 등의 작성·보관**: 의무관리대상 공동주택의 관리주체는 다음의 구분에 따른 기간 동안 해당 장부 및 증빙서류를 보관하여야 한다. 이 경우 관리주체는 전자문서 및 전자거래 기본법 제2조 제2호에 따른 정보처리시스템을 통하여 장부 및 증빙서류를 작성하거나 보관할 수 있다(법 제27조 제1항).

> ㉠ 관리비 등의 징수·보관·예치·집행 등 모든 거래행위에 관하여 월별로 작성한 장부 및 그 증빙서류: 해당 회계연도 종료일부터 5년간
> ㉡ 주택관리업자 및 사업자 선정 관련 증빙서류: 해당 계약 체결일부터 5년간

② **고시**: 국토교통부장관은 회계서류에 필요한 사항을 정하여 고시할 수 있다(법 제27조 제2항).

(2) 정보의 열람 등

① **회계서류 등의 열람**: 관리주체는 입주자 등이 장부나 증빙서류, 그 밖에 관리비 등의 사업계획, 예산안, 사업실적서 및 결산의 열람을 요구하거나 자기의 비용으로 복사를 요구하는 때에는 관리규약으로 정하는 바에 따라 이에 응하여야 한다. 다만, 다음의 정보는 제외하고 요구에 응하여야 한다(법 제27조 제3항, 영 제28조 제1항).

> ㉠ 개인정보 보호법 제24조에 따른 고유식별정보 등 개인의 사생활의 비밀 또는 자유를 침해할 우려가 있는 정보
> ㉡ 의사결정과정 또는 내부검토과정에 있는 사항 등으로서 공개될 경우 업무의 공정한 수행에 현저한 지장을 초래할 우려가 있는 정보

② **관리현황의 공개**: 관리주체는 다음의 사항(입주자 등의 세대별 사용명세 및 연체자의 동·호수 등 기본권 침해의 우려가 있는 것은 제외한다)을 그 공동주택단지의 인터넷 홈페이지 및 동별 게시판에 각각 공개하거나 입주자 등에게 개별통지해야 한다. 이 경우 동별 게시판에는 정보의 주요 내용을 요약하여 공개할 수 있다(영 제28조 제2항).

> ㉠ 입주자대표회의의 소집 및 그 회의에서 의결한 사항
> ㉡ 관리비 등의 부과명세(영 제23조 제1항부터 제4항까지의 관리비, 사용료 및 이용료 등에 대한 항목별 산출명세를 말한다) 및 연체내용
> ㉢ 관리규약 및 장기수선계획, 안전관리계획의 현황

ⓔ 입주자 등의 건의사항에 대한 조치결과 등 주요 업무의 추진상황
ⓜ 동별 대표자의 선출 및 입주자대표회의의 구성원에 관한 사항
ⓗ 관리주체 및 공동주택관리기구의 조직에 관한 사항

07 주민공동시설의 위탁운영 등

(1) 주민공동시설의 위탁운영

① **주민공동시설 운영**: 관리주체는 입주자 등의 이용을 방해하지 아니하는 한도에서 주민공동시설을 관리주체가 아닌 자에게 위탁하여 운영할 수 있다(영 제29조 제1항).

② **주민공동시설 위탁운영절차**: 관리주체는 주민공동시설을 위탁하려면 다음의 구분에 따른 절차를 거쳐야 한다. 관리주체가 위탁 여부를 변경하는 경우에도 또한 같다(영 제29조 제2항).

> ㉠ 주택법 제15조에 따른 사업계획승인을 받아 건설한 공동주택 중 건설임대주택을 제외한 공동주택의 경우에는 다음의 어느 하나에 해당하는 방법으로 제안하고 입주자 등 과반수의 동의를 받을 것
> ⓐ 입주자대표회의의 의결
> ⓑ 입주자 등 10분의 1 이상의 요청
> ㉡ 주택법 제15조에 따른 사업계획승인을 받아 건설한 건설임대주택의 경우에는 다음의 어느 하나에 해당하는 방법으로 제안하고 임차인 과반수의 동의를 받을 것
> ⓐ 임대사업자의 요청
> ⓑ 임차인 10분의 1 이상의 요청
> ㉢ 건축법 제11조에 따른 건축허가를 받아 주택 외의 시설과 주택을 동일 건축물로 건축한 건축물의 경우에는 다음의 어느 하나에 해당하는 방법으로 제안하고 입주자 등 과반수의 동의를 받을 것
> ⓐ 입주자대표회의의 의결
> ⓑ 입주자 등 10분의 1 이상의 요청

(2) 인근 공동주택단지 입주자 등의 주민공동시설 이용의 허용

① **이용 허용**: 관리주체는 입주자 등의 이용을 방해하지 아니하는 한도에서 주민공동시설을 인근 공동주택단지 입주자 등도 이용할 수 있도록 허용할 수 있다. 이 경우 영리를 목적으로 주민공동시설을 운영해서는 아니 된다(영 제29조의2 제1항).

② **이용 허용절차**: 관리주체가 주민공동시설을 인근 공동주택단지 입주자 등도 이용할 수 있도록 허용하려면 다음의 구분에 따른 절차를 거쳐야 한다. 관리주체가 허용 여부를 변경하는 경우에도 또한 같다(영 제29조의2 제2항).

> ㉠ 주택법 제15조에 따른 사업계획승인을 받아 건설한 공동주택 중 건설임대주택을 제외한 공동주택의 경우에는 다음의 어느 하나에 해당하는 방법으로 제안하고 과반의 범위에서 관리규약으로 정하는 비율 이상의 입주자 등의 동의를 받을 것
>   ⓐ 입주자대표회의의 의결
>   ⓑ 입주자 등 10분의 1 이상의 요청
> ㉡ 주택법 제15조에 따른 사업계획승인을 받아 건설한 건설임대주택의 경우에는 다음의 어느 하나에 해당하는 방법으로 제안하고 과반의 범위에서 관리규약으로 정하는 비율 이상의 임차인의 동의를 받을 것
>   ⓐ 임대사업자의 요청
>   ⓑ 임차인 10분의 1 이상의 요청
> ㉢ 건축법 제11조에 따른 건축허가를 받아 주택 외의 시설과 주택을 동일 건축물로 건축한 건축물의 경우에는 다음의 어느 하나에 해당하는 방법으로 제안하고 과반의 범위에서 관리규약으로 정하는 비율 이상의 입주자 등의 동의를 받을 것
>   ⓐ 입주자대표회의의 의결
>   ⓑ 입주자 등 10분의 1 이상의 요청

PART 2
기술실무

CHAPTER 1   시설관리 및 행위허가
CHAPTER 2   하자담보책임
CHAPTER 3   공동주택의 전문관리

 선생님의 비법전수

하자보수제도, 장기수선계획과 장기수선충당금은 행정실무 파트와 연결되므로 완벽한 학습을 필요로 합니다.

▶ 핵심개념

CHAPTER 1 시설관리 및 행위허가	CHAPTER 2 하자담보책임	CHAPTER 3 공동주택의 전문관리
• 장기수선계획 수립 ★	• 하자담보책임기간 ★	• 관리주체의 업무 ★
• 장기수선계획 검토 · 조정 ★	• 하자보수절차 ★	• 관리사무소장 ★
• 장기수선충당금의 적립 ★	• 하자보수보증금 ★	• 주택관리사 등 ★
• 장기수선충당금의 사용 ★		

각 CHAPTER별로 자주 출제되는 핵심개념을 정리하였습니다. 핵심개념은 본문에서도 ★로 표시되어 있으니 이 부분을 중점적으로 학습하세요.

01 장기수선계획

(1) 장기수선계획의 수립 ★

① **장기수선계획의 수립:** 다음의 어느 하나에 해당하는 공동주택을 건설·공급하는 사업주체(건축법 제11조에 따른 건축허가를 받아 주택 외의 시설과 주택을 동일 건축물로 건축하는 건축주를 포함한다) 또는 주택법 제66조 제1항 및 제2항에 따라 리모델링을 하는 자는 대통령령으로 정하는 바에 따라 그 공동주택의 공용부분에 대한 장기수선계획을 수립하여 주택법 제49조에 따른 사용검사(㉣의 경우에는 건축법 제22조에 따른 사용승인을 말한다)를 신청할 때에 사용검사권자에게 제출하고, 사용검사권자는 이를 그 공동주택의 관리주체에게 인계하여야 한다. 이 경우 사용검사권자는 사업주체 또는 리모델링을 하는 자에게 장기수선계획의 보완을 요구할 수 있다(법 제29조 제1항).

> ㉠ 300세대 이상의 공동주택
> ㉡ 승강기가 설치된 공동주택
> ㉢ 중앙집중식 난방방식 또는 지역난방방식의 공동주택
> ㉣ 건축법 제11조에 따른 건축허가를 받아 주택 외의 시설과 주택을 동일 건축물로 건축한 건축물

② **장기수선계획의 수립시 고려사항:** 장기수선계획을 수립하는 자는 국토교통부령으로 정하는 기준에 따라 장기수선계획을 수립하여야 한다. 이 경우 해당 공동주택의 건설비용을 고려하여야 한다(영 제30조).

③ **장기수선계획의 수립기준:** ②에서 '국토교통부령으로 정하는 기준'이란 [별표 1]에 따른 기준을 말한다(규칙 제7조 제1항).

장기수선계획의 수립기준(규칙 제7조 제1항 및 제9조 관련 [별표 1])

1. 건물 외부

구분	공사종별	수선방법	수선주기 (년)	수선율 (%)	비고
가. 지붕	1) 모르타르 마감	전면수리	10	100	시멘트액체방수
	2) 고분자도막방수	전면수리	15	100	
	3) 고분자시트방수	전면수리	20	100	
	4) 금속기와 잇기	부분수리	5	10	
		전면교체	20	100	
	5) 아스팔트 슁글 잇기	부분수리	5	10	
		전면교체	20	100	
나. 외부	1) 돌 붙이기	부분수리	25	5	
	2) 수성페인트칠	전면도장	5	100	
다. 외부 창·문	출입문(자동문)	전면교체	15	100	

2. 건물 내부

구분	공사종별	수선방법	수선주기 (년)	수선율 (%)	비고
가. 천장	1) 수성도료칠	전면도장	5	100	
	2) 유성도료칠	전면도장	5	100	
	3) 합성수지도료칠	전면도장	5	100	
나. 내벽	1) 수성도료칠	전면도장	5	100	
	2) 유성도료칠	전면도장	5	100	
	3) 합성수지도료칠	전면도장	5	100	
다. 바닥	지하주차장 (바닥)	부분수리	5	50	
		전면교체	15	100	
라. 계단	1) 계단논슬립	전면교체	20	100	
	2) 유성페인트칠	전면도장	5	100	

3. 전기·소화·승강기 및 지능형 홈네트워크 설비

구분	공사종별	수선방법	수선주기 (년)	수선율 (%)	비고
가. 예비전원(자가발전) 설비	1) 발전기	부분수선	10	30	
		전면교체	30	100	
	2) 배전반	부분교체	10	10	
		전면교체	20	100	

나. 변전설비	1) 변압기	전면교체	25	100	고효율에너지기자재 적용
	2) 수전반	전면교체	20	100	
	3) 배전반	전면교체	20	100	
다. 자동화재감지설비	1) 감지기	전면교체	20	100	
	2) 수신반	전면교체	20	100	
라. 소화설비	1) 소화펌프	전면교체	20	100	
	2) 스프링클러 헤드	전면교체	25	100	
	3) 소화수관(강관)	전면교체	25	100	
마. 승강기 및 인양기	1) 기계장치	전면교체	15	100	
	2) 와이어로프, 쉬브(도르레)	전면교체	5	100	
	3) 제어반	전면교체	15	100	
	4) 조속기(과속조절기)	전면교체	15	100	
	5) 도어개폐장치	전면교체	15	100	
바. 피뢰설비 및 옥외전등	1) 피뢰설비	전면교체	25	100	고휘도방전램프[휘도(광원의 단위 면적당 밝기의 정도)가 높은 방전램프] 또는 엘이디(LED) 보안등 적용
	2) 보안등	전면교체	25	100	
사. 통신 및 방송설비	1) 엠프 및 스피커	전면교체	15	100	
	2) 방송수신 공동설비	전면교체	15	100	
아. 보일러실 및 기계실	동력반	전면교체	20	100	
자. 보안·방범시설	1) 감시반(모니터형)	전면교체	5	100	
	2) 녹화장치	전면교체	5	100	
	3) 영상정보처리기기 및 침입탐지시설	전면교체	5	100	
차. 지능형 홈네트워크 설비	1) 홈네트워크기기	전면교체	10	100	
	2) 단지공용시스템 장비	전면교체	20	100	

4. 급수 · 가스 · 배수 및 환기설비

구분	공사종별	수선방법	수선주기 (년)	수선율 (%)	비고
가. 급수설비	1) 급수펌프	전면교체	10	100	고효율에너지기자재 적용(전동기 포함)
	2) 고가수조(STS, 합성수지)	전면교체	25	100	
	3) 급수관(강관)	전면교체	15	100	
나. 가스설비	1) 배관	전면교체	20	100	
	2) 밸브	전면교체	10	100	
다. 배수설비	1) 펌프	전면교체	10	100	
	2) 배수관(강관)	전면교체	15	100	
	3) 오배수관(주철)	전면교체	30	100	
	4) 오배수관[폴리염화비닐(PVC)]	전면교체	25	100	
라. 환기설비	환기팬	전면교체	10	100	

5. 난방 및 급탕설비

구분	공사종별	수선방법	수선주기 (년)	수선율 (%)	비고
가. 난방설비	1) 보일러	전면교체	15	100	고효율에너지기자재 적용(전동기 포함)
	2) 급수탱크	전면교체	15	100	
	3) 보일러수관	전면교체	9	100	밸브류 포함
	4) 난방순환펌프	전면교체	10	100	
	5) 난방관(강관)	전면교체	15	100	
	6) 자동제어기기	전체교체	20	100	
	7) 열교환기	전면교체	15	100	
나. 급탕설비	1) 순환펌프	전면교체	10	100	고효율에너지기자재 적용(전동기 포함)
	2) 급탕탱크	전면교체	15	100	
	3) 급탕관(강관)	전면교체	10	100	

6. 옥외 부대시설 및 옥외 복리시설

구분	공사종별	수선방법	수선주기 (년)	수선율 (%)
옥외부대시설 및 옥외 복리시설	1) 아스팔트포장	부분수리	10	50
		전면수리	15	100
	2) 울타리	전면교체	20	100
	3) 어린이놀이시설	부분수리	5	20
		전면교체	15	100
	4) 보도블록	부분수리	5	10
		전면교체	15	100
	5) 정화조	부분수리	5	15
	6) 배수로 및 맨홀	부분수리	10	10
	7) 현관입구·지하주차장 진입로 지붕	전면교체	15	100
	8) 자전거보관소	전면교체	10	100
	9) 주차차단기	전면교체	10	100
	10) 조경시설물	전면교체	15	100
	11) 안내표지판	전면교체	5	100

(2) 장기수선계획의 검토 · 조정 ★

① **검토 · 조정주기**: 입주자대표회의와 관리주체는 장기수선계획을 3년마다 검토하고, 필요한 경우 이를 국토교통부령으로 정하는 바에 따라 조정하여야 하며, 수립 또는 조정된 장기수선계획에 따라 주요 시설을 교체하거나 보수하여야 한다. 이 경우 입주자대표회의와 관리주체는 장기수선계획에 대한 검토사항을 기록하고 보관하여야 한다(법 제29조 제2항).

② **조정절차**: ①에 따른 장기수선계획 조정은 관리주체가 조정안을 작성하고, 입주자대표회의가 의결하는 방법으로 한다(규칙 제7조 제2항).

③ **수시조정**: 입주자대표회의와 관리주체는 주요 시설을 신설하는 등 관리여건상 필요하여 전체 입주자 과반수의 서면동의를 받은 경우에는 3년이 지나기 전에 장기수선계획을 조정할 수 있다(법 제29조 제3항).

④ **온실가스 감소를 위한 시설 개선**: 입주자대표회의와 관리주체는 장기수선계획을 조정하려는 경우에는 에너지이용 합리화법 제25조에 따라 산업통상자원부장관에게 등록한 에너지절약전문기업이 제시하는 에너지절약을 통한 주택의 온실가스 감소를 위한 시설 개선방법을 반영할 수 있다(규칙 제7조 제3항).

(3) 장기수선계획의 조정교육

① **교육대상**: 관리주체는 장기수선계획을 검토하기 전에 해당 공동주택의 관리사무소장으로 하여금 국토교통부령으로 정하는 바에 따라 시 · 도지사가 실시하는 장기수선계획의 비용산출 및 공사방법 등에 관한 교육을 받게 할 수 있다(법 제29조 제4항).

② **교육의 위탁**: 시 · 도지사는 장기수선계획의 조정교육의 업무를 주택관리에 관한 전문기관 또는 단체를 지정하여 위탁한다(법 제89조 제2항 제2호, 영 제95조 제3항 제1호).

③ **교육 실시 등**: 장기수선계획의 조정교육에 관한 업무를 위탁받은 기관은 교육 실시 10일 전에 교육의 일시, 장소, 기간, 내용, 대상자 및 그 밖에 교육에 필요한 사항을 공고하거나 관리주체에게 통보하여야 한다(규칙 제7조 제4항).

---

02 장기수선충당금

(1) 장기수선충당금의 적립 ★

① **소유자 부담**: 관리주체는 장기수선계획에 따라 공동주택의 주요 시설의 교체 및 보수에 필요한 장기수선충당금을 해당 주택의 소유자로부터 징수하여 적립하여야 한다(법 제30조 제1항).

② **사업주체 부담**: 공동주택 중 분양되지 아니한 세대의 장기수선충당금은 사업주체가 부담한다(영 제31조 제7항).

(2) 장기수선충당금의 사용 ★

장기수선충당금의 사용은 장기수선계획에 따른다. 다만, 해당 공동주택의 입주자 과반수의 서면동의가 있는 경우에는 다음의 용도로 사용할 수 있다(법 제30조 제2항).

> ① 법 제45조에 따른 조정 등의 비용
> ② 법 제48조에 따른 하자진단 및 감정에 드는 비용
> ③ ① 또는 ②의 비용을 청구하는 데 드는 비용

(3) 위임

① **국토교통부령**: 주요 시설의 범위, 교체·보수의 시기 및 방법 등에 필요한 사항은 국토교통부령으로 정한다(법 제30조 제3항).

② **대통령령**: 장기수선충당금의 요율, 산정방법, 적립방법 및 사용절차와 사후관리 등에 필요한 사항은 대통령령으로 정한다(법 제30조 제4항).

(4) 장기수선충당금의 요율

① **관리규약**: 위 **(3)**의 ②에 따른 장기수선충당금의 요율은 해당 공동주택의 공용부분의 내구연한 등을 고려하여 관리규약으로 정한다(영 제31조 제1항).

② **분양전환**: 건설임대주택을 분양전환한 이후 관리업무를 인계하기 전까지의 장기수선충당금 요율은 민간임대주택에 관한 특별법 시행령 제43조 제3항 또는 공공주택 특별법 시행령 제57조 제4항에 따른 특별수선충당금 적립요율에 따른다(영 제31조 제2항).

(5) 장기수선충당금의 산정

장기수선충당금은 다음의 계산식에 따라 산정한다(영 제31조 제3항).

> 월간 세대별 장기수선충당금
> = [장기수선계획기간 중의 수선비 총액 ÷ (총공급면적 × 12 × 계획기간(년))] × 세대당 주택공급면적

(6) 장기수선충당금의 적립금액

장기수선충당금의 적립금액은 장기수선계획으로 정한다. 이 경우 국토교통부장관이 주요 시설의 계획적인 교체 및 보수를 위하여 최소 적립금액의 기준을 정하여 고시하는 경우에는 그에 맞아야 한다(영 제31조 제4항).

(7) 장기수선충당금 사용계획서

장기수선충당금은 관리주체가 다음의 사항이 포함된 장기수선충당금 사용계획서를 장기수선계획에 따라 작성하고 입주자대표회의의 의결을 거쳐 사용한다(영 제31조 제5항).

> ① 수선공사(공동주택 공용부분의 보수·교체 및 개량을 말한다)의 명칭과 공사내용
> ② 수선공사대상 시설의 위치 및 부위
> ③ 수선공사의 설계도면 등
> ④ 공사기간 및 공사방법
> ⑤ 수선공사의 범위 및 예정 공사금액
> ⑥ 공사 발주방법 및 절차 등

(8) 적립시기

장기수선충당금은 해당 공동주택에 대한 다음의 구분에 따른 날부터 1년이 경과한 날이 속하는 달부터 매달 적립한다. 다만, 건설임대주택에서 분양전환된 공동주택의 경우에는 임대사업자가 관리주체에게 공동주택의 관리업무를 인계한 날이 속하는 달부터 적립한다(영 제31조 제6항).

> ① 주택법 제49조에 따른 사용검사(공동주택단지 안의 공동주택 전부에 대하여 같은 조에 따른 임시사용승인을 받은 경우에는 임시사용승인을 말한다)를 받은 날
> ② 건축법 제22조에 따른 사용승인(공동주택단지 안의 공동주택 전부에 대하여 같은 조에 따른 임시사용승인을 받은 경우에는 임시사용승인을 말한다)을 받은 날

(9) 장기수선충당금의 반환

① **사용자 납부**: 공동주택의 소유자는 장기수선충당금을 사용자가 대신하여 납부한 경우에는 그 금액을 반환하여야 한다(영 제31조 제8항).

② **확인서 발급**: 관리주체는 공동주택의 사용자가 장기수선충당금의 납부 확인을 요구하는 경우에는 지체 없이 확인서를 발급해 주어야 한다(영 제31조 제9항).

03 설계도서의 보관 등

(1) 설계도서의 보관

의무관리대상 공동주택의 관리주체는 공동주택의 체계적인 유지관리를 위하여 대통령령으로 정하는 바에 따라 공동주택의 설계도서 등을 보관하고, 공동주택시설의 교체·보수 등의 내용을 기록·보관·유지하여야 한다(법 제31조).

(2) 서류의 기록·보관·유지 등

① 의무관리대상 공동주택의 관리주체는 국토교통부령으로 정하는 다음의 서류를 기록·보관·유지하여야 한다(영 제32조 제1항, 규칙 제10조 제1항).

> ㉠ 영 제10조 제4항에 따라 사업주체로부터 인계받은 설계도서 및 장비의 명세
> ㉡ 법 제33조 제1항에 따른 안전점검 결과보고서
> ㉢ 주택법 제44조 제2항에 따른 감리보고서
> ㉣ 영 제32조 제2항에 따른 공용부분 시설물의 교체, 유지보수 및 하자보수 등의 이력관리 관련 서류·도면 및 사진

② **이력관리**: 의무관리대상 공동주택의 관리주체는 공용부분에 관한 시설의 교체, 유지보수 및 하자보수 등을 한 경우에는 그 실적을 시설별로 이력관리하여야 하며, 공동주택관리정보시스템에도 등록하여야 한다(영 제32조 제2항).

③ **등록서류**: 의무관리대상 공동주택의 관리주체는 ②에 따라 공용부분 시설물의 교체, 유지보수 및 하자보수 등을 한 경우에는 다음의 서류를 공동주택관리정보시스템에 등록하여야 한다(규칙 제10조 제2항).

> ㉠ 이력명세
> ㉡ 공사 전·후의 평면도 및 단면도 등 주요 도면
> ㉢ 주요 공사사진

04 안전관리계획 및 교육 등

(1) 안전관리계획의 수립

의무관리대상 공동주택의 관리주체는 해당 공동주택의 시설물로 인한 안전사고를 예방하기 위하여 대통령령으로 정하는 바에 따라 안전관리계획을 수립하고, 이에 따라 시설물별로 안전관리자 및 안전관리책임자를 지정하여 이를 시행하여야 한다(법 제32조 제1항).

(2) 안전관리계획의 수립기준

① **수립대상 시설물**: 의무관리대상 공동주택의 관리주체는 다음의 시설에 관한 안전관리계획을 수립하여야 한다(영 제33조 제1항, 규칙 제11조 제1항).

> ㉠ 고압가스·액화석유가스 및 도시가스시설
> ㉡ 중앙집중식 난방시설
> ㉢ 발전 및 변전시설
> ㉣ 위험물 저장시설
> ㉤ 소방시설
> ㉥ 승강기 및 인양기
> ㉦ 연탄가스배출기(세대별로 설치된 것은 제외한다)
> ㉧ 주차장
> ㉨ 그 밖에 국토교통부령으로 정하는 시설
> ⓐ 석축, 옹벽, 담장, 맨홀, 정화조 및 하수도
> ⓑ 옥상 및 계단 등의 난간
> ⓒ 우물 및 비상저수시설

ⓓ 펌프실, 전기실 및 기계실
ⓔ 경로당 또는 어린이놀이터에 설치된 시설
ⓕ 지능형 홈네트워크 설비
ⓖ 주민운동시설
ⓗ 주민휴게시설

② **포함사항**: 위 ①에 따른 안전관리계획에는 다음의 사항이 포함되어야 한다(영 제33조 제2항).

㉠ 시설별 안전관리자 및 안전관리책임자에 의한 책임점검사항
㉡ 국토교통부령으로 정하는 시설의 안전관리에 관한 기준 및 진단사항
㉢ ㉠ 및 ㉡의 점검 및 진단결과 위해의 우려가 있는 시설에 대한 이용제한 또는 보수 등 필요한 조치사항
㉣ 지하주차장의 침수 예방 및 대응에 관한 사항
㉤ 수립된 안전관리계획의 조정에 관한 사항
㉥ 그 밖에 시설안전관리에 필요한 사항

(3) 안전관리에 관한 기준 및 진단사항

(2) ② ㉡에 따라 안전관리계획에 포함되어야 하는 시설의 안전관리에 관한 기준 및 진단사항은 [별표 2]와 같다(규칙 제11조 제2항).

안전관리에 관한 기준 및 진단사항

구분	대상시설	점검횟수
1. 해빙기진단	석축, 옹벽, 법면, 교량, 우물 및 비상저수시설	연 1회(2월 또는 3월)
2. 우기진단	석축, 옹벽, 법면, 담장, 하수도 및 주차장	연 1회(6월)
3. 월동기진단	연탄가스배출기, 중앙집중식 난방시설, 노출배관의 동파방지 및 수목보온	연 1회(9월 또는 10월)
4. 안전진단	변전실, 고압가스시설, 도시가스시설, 액화석유가스시설, 소방시설, 맨홀(정화조의 뚜껑을 포함한다), 유류저장시설, 펌프실, 인양기, 전기실, 기계실, 어린이놀이터, 주민운동시설 및 주민휴게시설	매분기 1회 이상
	승강기	승강기제조 및 관리에 관한 법률에서 정하는 바에 따른다.
	지능형 홈네트워크 설비	매월 1회 이상
5. 위생진단	저수시설, 우물 및 어린이 놀이터	연 2회 이상

⊕ 비고: 안전관리진단사항의 세부내용은 시·도지사가 정하여 고시한다.

(4) 방범교육 및 안전교육의 실시

① **교육의 실시:** 다음의 사람은 국토교통부령으로 정하는 바에 따라 공동주택단지의 각종 안전사고의 예방과 방범을 위하여 시장·군수·구청장이 실시하는 방범교육 및 안전교육을 받아야 한다(법 제32조 제2항).

> ㉠ 경비업무에 종사하는 사람
> ㉡ (1)의 안전관리계획에 따라 시설물 안전관리자 및 안전관리책임자로 선정된 사람

② **교육의 기준:** 방범교육 및 안전교육은 다음의 기준에 따른다(규칙 제12조 제1항).

> ㉠ 이수의무 교육시간: 연 2회 이내에서 시장·군수·구청장이 실시하는 횟수, 매회별 4시간
> ㉡ 대상자
>   ⓐ 방범교육: 경비책임자
>   ⓑ 소방에 관한 안전교육: 시설물 안전관리책임자
>   ⓒ 시설물에 관한 안전교육: 시설물 안전관리책임자
> ㉢ 교육내용
>   ⓐ 방범교육: 강도, 절도 등의 예방 및 대응
>   ⓑ 소방에 관한 안전교육: 소화, 연소 및 화재예방
>   ⓒ 시설물에 관한 안전교육: 시설물 안전사고의 예방 및 대응

③ **교육의 위임 등:** 시장·군수·구청장은 방범교육 및 안전교육을 국토교통부령으로 정하는 바에 따라 다음의 구분에 따른 기관 또는 법인에 위임하거나 위탁하여 실시할 수 있다(법 제32조 제3항).

> ㉠ 방범교육: 관할 경찰서장 또는 법 제89조 제2항에 따라 인정받은 법인
> ㉡ 소방에 관한 안전교육: 관할 소방서장 또는 법 제89조 제2항에 따라 인정받은 법인
> ㉢ 시설물에 관한 안전교육: 법 제89조 제2항에 따라 인정받은 법인

(5) 소방에 관한 안전교육 인정

화재의 예방 및 안전관리에 관한 법률 제34조 제1항 제2호에 따른 소방안전관리자 실무교육 또는 같은 법 제38조에 따른 소방안전교육을 이수한 사람은 ②에 따른 소방에 관한 안전교육을 이수한 것으로 본다(규칙 제12조 제2항).

05 안전점검

(1) 안전점검의 실시

의무관리대상 공동주택의 관리주체는 그 공동주택의 기능 유지와 안전성 확보로 입주자 등을 재해 및 재난 등으로부터 보호하기 위하여 시설물의 안전 및 유지관리에 관한 특별법 제21조에 따른 지침에서 정하는 안전점검의 실시방법 및 절차 등에 따라 공동주택의 안전점검을 실시하여야 한다. 다만, 16층 이상의 공동주택 및 사용연수, 세대수, 안전등급, 층수 등을 고려하여 대통령령으로 정하는 15층 이하의 공동주택에 대하여는 대통령령으로 정하는 자로 하여금 안전점검을 실시하도록 하여야 한다(법 제33조 제1항).

(2) 안전점검의 실시시기 및 방법

① **실시시기**: (1)에 따른 안전점검은 반기마다 하여야 한다(영 제34조 제1항).

② **15층 이하의 공동주택**: (1)의 단서에서 '대통령령으로 정하는 15층 이하의 공동주택'이란 15층 이하의 공동주택으로서 다음의 어느 하나에 해당하는 것을 말한다(영 제34조 제2항).

> ㉠ 사용검사일부터 30년이 경과한 공동주택
> ㉡ 재난 및 안전관리 기본법 시행령 제34조의2 제1항에 따른 안전등급이 C등급, D등급 또는 E등급에 해당하는 공동주택

③ **실시 유자격자**: (1)의 단서에서 '대통령령으로 정하는 자'란 다음의 어느 하나에 해당하는 자를 말한다(영 제34조 제3항).

> ㉠ 시설물의 안전 및 유지관리에 관한 특별법 시행령 제9조에 따른 책임기술자로서 해당 공동주택단지의 관리직원인 자
> ㉡ 주택관리사 등이 된 후 국토교통부령으로 정하는 교육기관에서 시설물의 안전 및 유지관리에 관한 특별법 시행령 [별표 5]에 따른 정기안전점검교육을 이수한 자 중 관리사무소장으로 배치된 자 또는 해당 공동주택단지의 관리직원인 자
> ㉢ 시설물의 안전 및 유지관리에 관한 특별법 제28조에 따라 등록한 안전진단전문기관
> ㉣ 건설산업기본법 제9조에 따라 국토교통부장관에게 등록한 유지관리업자

④ **주택관리사 및 주택관리사보에 대한 안전점검교육**

　㉠ **교육기관**: ③ ㉡에서 '국토교통부령으로 정하는 교육기관'이란 다음의 교육기관을 말한다(규칙 제13조).

> ⓐ 시설물의 안전 및 유지관리에 관한 특별법 시행규칙 제10조 제1항 각 호에 따른 교육기관
> ⓑ 법 제81조 제1항에 따른 주택관리사단체

ⓛ **교육이수자 명단 통보:** ③ ⓛ의 안전점검교육을 실시한 기관은 지체 없이 그 교육이수자 명단을 주택관리사단체에 통보하여야 한다(영 제34조 제4항).

(3) 안전점검 결과의 보고 및 조치

① **보고 및 조치:** 관리주체는 안전점검의 결과 건축물의 구조·설비의 안전도가 매우 낮아 재해 및 재난 등이 발생할 우려가 있는 경우에는 지체 없이 입주자대표회의 (임대주택은 임대사업자를 말한다)에 그 사실을 통보한 후 대통령령으로 정하는 바에 따라 시장·군수·구청장에게 그 사실을 보고하고, 해당 건축물의 이용제한 또는 보수 등 필요한 조치를 하여야 한다(법 제33조 제2항).

② **보고내용 및 조치:** 관리주체는 안전점검의 결과 건축물의 구조·설비의 안전도가 매우 낮아 위해 발생의 우려가 있는 경우에는 다음의 사항을 시장·군수·구청장에게 보고하고, 그 보고내용에 따른 조치를 취하여야 한다(영 제34조 제5항).

> ㉠ 점검대상 구조·설비
> ㉡ 취약의 정도
> ㉢ 발생 가능한 위해의 내용
> ㉣ 조치할 사항

③ **관리:** 시장·군수·구청장은 보고를 받은 공동주택에 대해서는 국토교통부령으로 정하는 바에 따라 관리하여야 한다(영 제34조 제6항).

④ **조치사항:** 시장·군수·구청장은 ②에 따라 보고받은 공동주택에 대하여 다음의 조치를 하고 매월 1회 이상 점검을 실시하여야 한다(규칙 제14조).

> ㉠ 공동주택단지별 점검책임자의 지정
> ㉡ 공동주택단지별 관리카드의 비치
> ㉢ 공동주택단지별 점검일지의 작성
> ㉣ 공동주택단지의 관리기구와 관계 행정기관간의 비상연락체계 구성

(4) 예산의 확보

의무관리대상 공동주택의 입주자대표회의 및 관리주체는 건축물과 공중의 안전 확보를 위하여 건축물의 안전점검과 재난예방에 필요한 예산을 매년 확보하여야 한다(법 제33조 제3항).

06 소규모 공동주택의 안전관리

지방자치단체의 장은 의무관리대상 공동주택에 해당하지 아니하는 공동주택(이하 '소규모 공동주택'이라 한다)의 관리와 안전사고의 예방 등을 위하여 다음의 업무를 할 수 있다(법 제34조).

① 법 제32조에 따른 시설물에 대한 안전관리계획의 수립 및 시행
② 법 제33조에 따른 공동주택에 대한 안전점검
③ 그 밖에 지방자치단체의 조례로 정하는 사항

07 소규모 공동주택의 층간소음 상담 등

(1) 층간소음 상담·진단 및 교육 등

지방자치단체의 장은 소규모 공동주택에서 발생하는 층간소음 분쟁의 예방 및 자율적인 조정을 위하여 조례로 정하는 바에 따라 소규모 공동주택 입주자 등을 대상으로 층간소음 상담·진단 및 교육 등의 지원을 할 수 있다(법 제34조의2 제1항).

(2) 지원 요청

지방자치단체의 장은 (1)에 따른 층간소음 상담·진단 및 교육 등의 지원을 위하여 필요한 경우 관계 중앙행정기관의 장 또는 지방자치단체의 장이 인정하는 기관 또는 단체에 협조를 요청할 수 있다(법 제34조의2 제2항).

08 행위허가기준 등

(1) 허가신청 및 신고대상 행위

공동주택(일반인에게 분양되는 복리시설을 포함한다. 이하 같다)의 입주자 등 또는 관리주체가 다음의 어느 하나에 해당하는 행위를 하려는 경우에는 허가 또는 신고와 관련된 면적, 세대수 또는 입주자나 입주자 등의 동의비율에 관하여 대통령령으로 정하는 기준 및 절차 등에 따라 시장·군수·구청장의 허가를 받거나 시장·군수·구청장에게 신고를 하여야 한다(법 제35조 제1항, 영 제35조 제2항, 규칙 제15조 제1항).

① 공동주택을 사업계획에 따른 용도 외의 용도에 사용하는 행위
② 공동주택을 증축·개축·대수선하는 행위(주택법에 따른 리모델링은 제외한다)
③ 공동주택을 파손하거나 해당 시설의 전부 또는 일부를 철거하는 행위(국토교통부령으로 정하는 다음의 경미한 행위는 제외한다)

> ㉠ 창틀, 문틀의 교체
> ㉡ 세대 내 천장, 벽, 바닥의 마감재 교체
> ㉢ 급·배수관 등 배관설비의 교체
> ㉣ 세대 내 난방설비의 교체(시설물의 파손·철거는 제외한다)
> ㉤ 구내통신선로설비, 경비실과 통화가 가능한 구내전화, 지능형 홈네트워크 설비, 방송수신을 위한 공동수신설비 또는 영상정보처리기기의 교체(폐쇄회로 텔레비전과 네트워크 카메라 간의 교체를 포함한다)
> ㉥ 보안등, 자전거보관소, 안내표지판, 담장(축대는 제외한다) 또는 보도블록의 교체
> ㉦ 폐기물보관시설(재활용품 분류보관시설을 포함한다), 택배보관함 또는 우편함의 교체
> ㉧ 조경시설 중 수목(樹木)의 일부 제거 및 교체
> ㉨ 주민운동시설의 교체(다른 운동종목을 위한 시설로 변경하는 것을 말하며, 면적이 변경되는 경우는 제외한다)
> ㉩ 부대시설 중 각종 설비나 장비의 수선·유지·보수를 위한 부품의 일부 교체
> ㉪ 그 밖에 ㉠부터 ㉨까지의 규정에서 정한 사항과 유사한 행위로서 시장·군수·구청장이 인정하는 행위

④ 주택법 제2조 제19호에 따른 세대구분형 공동주택을 설치하는 행위
⑤ 공동주택의 용도폐지
⑥ 공동주택의 재축·증설 및 비내력벽의 철거(입주자 공유가 아닌 복리시설의 비내력벽 철거는 제외한다)

(2) 신고의 수리 등

① **신고 수리**: 시장·군수·구청장은 신고를 받은 경우 그 내용을 검토하여 이 법에 적합하면 신고를 수리하여야 한다(법 제35조 제2항).

② **수리 간주**: (1)에 따른 행위에 관하여 시장·군수·구청장이 관계 행정기관의 장과 협의하여 허가를 하거나 신고의 수리를 한 사항에 관하여는 주택법 제19조를 준용하며, 건축법 제19조에 따른 신고의 수리를 한 것으로 본다(법 제35조 제3항).

(3) 시공 또는 감리자의 의무

공동주택의 시공 또는 감리업무를 수행하는 자는 공동주택의 입주자 등 또는 관리주체가 허가를 받거나 신고를 하지 아니하고 위 (1) 각 내용의 어느 하나에 해당하는 행위를 하는 경우 그 행위에 협조하여 공동주택의 시공 또는 감리업무를 수행하여서는 아니 된다. 이 경우 공동주택의 시공 또는 감리업무를 수행하는 자는 입주자 등 또는 관리주체가 허가를 받거나 신고를 하였는지를 사전에 확인하여야 한다(법 제35조 제4항).

(4) 사용검사 등

① **사용검사**: 공동주택의 입주자 등 또는 관리주체가 (1)에 따른 행위에 관하여 시장·군수·구청장의 허가를 받거나 신고를 한 후 그 공사를 완료하였을 때에는 시장·군수·구청장의 사용검사를 받아야 하며, 사용검사에 관하여는 주택법 제49조를 준용한다(법 제35조 제5항).

② **사용검사신청서**: 입주자 등 또는 관리주체는 ①에 따라 사용검사를 받으려는 경우에는 별지 제10호 서식의 신청서에 다음의 서류를 첨부하여 시장·군수·구청장에게 제출하여야 한다(규칙 제15조 제8항).

> ㉠ 감리자의 감리의견서(건축법에 따른 감리대상인 경우만 해당한다)
> ㉡ 시공자의 공사확인서

③ **사용검사필증**: 시장·군수·구청장은 ②에 따른 신청서를 받은 경우에는 사용검사의 대상이 허가 또는 신고된 내용에 적합한지를 확인한 후 별지 제11호 서식의 사용검사필증을 발급하여야 한다(규칙 제15조 제9항).

(5) 행위허가 등의 취소

시장·군수·구청장은 (1)에 해당하는 자가 거짓이나 그 밖의 부정한 방법으로 (1)부터 (2)까지에 따른 허가를 받거나 신고를 한 경우에는 그 허가나 신고의 수리를 취소할 수 있다(법 제35조 제6항).

(6) 행위허가 또는 신고의 기준 등

(1) ①부터 ⑥의 행위에 대한 허가 또는 신고의 기준은 [별표 3]과 같다(영 제35조 제1항).

구분		허가기준	신고기준
1. 용도변경	가. 공동주택	법령의 개정이나 여건 변동 등으로 인하여 주택건설기준 등에 관한 규정에 따른 주택의 건설기준에 부적합하게 된 공동주택의 전유부분을 같은 영에 적합한 시설로 용도를 변경하는 경우로서 전체 입주자 3분의 2 이상의 동의를 받은 경우	
	나. 입주자 공유가 아닌 복리시설		주택건설기준 등에 관한 규정에 따른 설치기준에 적합한 범위에서 부대시설이나 입주자 공유가 아닌 복리시설로 용도를 변경하는 경우. 다만, 다음의 어느 하나에 해당하는 경우는 건축법 등 관계 법령에 따른다. 1) 주택법 시행령 제7조 제1호 또는 제2호에 해당하는 시설 간에 용도를 변경하는 경우 2) 시·군·구 건축위원회의 심의를 거쳐 용도를 변경하는 경우
	다. 부대시설 및 입주자 공유인 복리시설	전체 입주자 3분의 2 이상의 동의를 얻어 주민운동시설, 주택단지 안의 도로 및 어린이놀이터를 각각 전체 면적의 4분의 3 범위에서 주차장 용도로 변경하는 경우[2013년 12월 17일 이전에 종전의 주택건설촉진법(법률 제6916호 주택건설촉진법 개정법률로 개정되기 전의 것을 말한다) 제33조 및 종전의 주택법(법률 제13805호 주택법 전부개정법률로 개정되기 전의 것을 말한다) 제16조에 따른 사업계획승인을 신청하거나 건축법 제11조에 따른 건축허가를 받아 건축한 20세대 이상의 공	1) 주택건설기준 등에 관한 규정에 따른 설치기준에 적합한 범위에서 다음의 구분에 따른 동의요건을 충족하여 부대시설이나 주민공동시설로 용도변경을 하는 경우(영리를 목적으로 하지 않는 경우로 한정한다). 이 경우 필수시설(경로당은 제외하며, 어린이집은 주택법 제49조에 따른 사용검사일 또는 건축법 제22조에 따른 사용승인일부터 1년 동안 영유아보육법 제13조에 따른 인가신청이 없는 경우이거나 영유아보육법 제43조에 따른 폐지신고

동주택으로 한정한다]로서 그 용도변경의 필요성을 시장·군수·구청장이 인정하는 경우

일부터 6개월이 지난 경우만 해당한다)은 시·군·구 건축위원회 심의를 거쳐 그 전부를 다른 용도로 변경할 수 있다.

가) 필수시설이나 경비원 등 근로자 휴게시설로 용도변경을 하는 경우: 전체 입주자 등 2분의 1 이상의 동의

나) 그 밖의 경우: 전체 입주자 등 3분의 2 이상의 동의

2) 2013년 12월 17일 이전에 종전의 주택법(법률 제13805호 주택법 전부개정법률로 개정되기 전의 것을 말한다) 제16조에 따른 사업계획승인을 신청하여 설치한 주민공동시설의 설치면적이 주택건설기준 등에 관한 규정 제55조의2 제1항 각 호에 따라 산정한 면적기준에 적합하지 않은 경우로서 다음의 구분에 따른 동의요건을 충족하여 주민공동시설을 다른 용도의 주민공동시설로 용도변경을 하는 경우. 이 경우 필수시설(경로당은 제외하며, 어린이집은 주택법 제49조에 따른 사용검사일 또는 건축법 제22조에 따른 사용승인일부터 1년 동안 영유아보육법 제13조에 따른 인가신청이 없는 경우이거나 영유아보육법 제43조에 따른 폐지신고일부터 6개월이 지난 경우만 해당한다)은 시·군·구 건축위원회 심의를 거쳐 그 전부를 다른 용도로 변경할 수 있다.

			가) 필수시설로 용도변경을 하는 경우: 전체 입주자 등 2분의 1 이상의 동의 나) 그 밖의 경우: 전체 입주자 등 3분의 2 이상의 동의
2. 개축·재축·대수선	가. 공동주택	해당 동(棟) 입주자 3분의 2 이상의 동의를 받은 경우. 다만, 내력벽에 배관설비를 설치하는 경우에는 해당 동에 거주하는 입주자 등 2분의 1 이상의 동의를 받아야 한다.	
	나. 부대시설 및 입주자 공유인 복리시설	전체 입주자 3분의 2 이상의 동의를 받은 경우. 다만, 내력벽에 배관설비를 설치하는 경우에는 전체 입주자 등 2분의 1 이상의 동의를 받아야 한다.	
3. 파손·철거	가. 공동주택	1) 시설물 또는 설비의 철거로 구조안전에 이상이 없다고 시장·군수·구청장이 인정하는 경우로서 다음의 구분에 따른 동의요건을 충족하는 경우 가) 전유부분의 경우: 해당 동에 거주하는 입주자 등 2분의 1 이상의 동의 나) 공용부분의 경우: 해당 동 입주자 등 3분의 2 이상의 동의. 다만, 비내력벽을 철거하는 경우에는 해당 동에 거주하는 입주자 등 2분의 1 이상의 동의를 받아야 한다. 2) 위해의 방지를 위하여 시장·군수·구청장이 부득이하다고 인정하는 경우로서 해당 동에 거주하는 입주자 등 2분의 1 이상의 동의를 받은 경우	1) 노약자나 장애인의 편리를 위한 계단의 단층 철거 등 경미한 행위로서 입주자대표회의의 동의를 받은 경우 2) 방송통신설비의 기술기준에 관한 규정 제3조 제1항 제15호의 이동통신구내중계설비(이하 '이동통신구내중계설비'라 한다)를 철거하는 경우로서 입주자대표회의 동의를 받은 경우 3) 물막이설비를 철거하는 경우로서 입주자대표회의의 동의를 받은 경우

	나. 부대시설 및 입주자 공유인 복리시설	1) 건축물인 부대시설 또는 복리시설을 전부 철거하는 경우로서 전체 입주자 3분의 2 이상의 동의를 받은 경우 2) 시설물 또는 설비의 철거로 구조안전에 이상이 없다고 시장·군수·구청장이 인정하는 경우로서 다음의 구분에 따른 동의요건을 충족하는 경우 　가) 건축물 내부인 경우: 전체 입주자 등 2분의 1 이상의 동의 　나) 그 밖의 경우: 전체 입주자 등 3분의 2 이상의 동의 3) 위해의 방지를 위하여 시설물 또는 설비를 철거하는 경우에는 시장·군수·구청장이 부득이하다고 인정하는 경우로서 전체 입주자 등 2분의 1 이상의 동의를 받은 경우	1) 노약자나 장애인의 편리를 위한 계단의 단층 철거 등 경미한 행위로서 입주자대표회의의 동의를 받은 경우 2) 이동통신구내중계설비를 철거하는 경우로서 입주자대표회의의 동의를 받은 경우 3) 물막이설비를 철거하는 경우로서 입주자대표회의의 동의를 받은 경우 4) 국토교통부령으로 정하는 경미한 사항으로서 입주자대표회의의 동의를 받은 경우
4. 세대구분형 공동주택의 설치		주택법 시행령 제9조 제1항 제2호의 요건을 충족하는 경우로서 다음 각 목의 구분에 따른 요건을 충족하는 경우 가. 대수선이 포함된 경우 　1) 내력벽에 배관설비를 설치하는 경우: 해당 동에 거주하는 입주자 등 2분의 1 이상의 동의를 받은 경우 　2) 그 밖의 경우: 해당 동 입주자 3분의 2 이상의 동의를 받은 경우 나. 그 밖의 경우: 시장·군수·구청장이 구조안전에 이상이 없다고 인정하는 경우로서 해당 동에 거주하는 입주자 등 2분의 1 이상의 동의를 받은 경우	

5. 용도폐지	가. 공동주택	1) 위해의 방지를 위하여 시장·군수·구청장이 부득이하다고 인정하는 경우로서 해당 동 입주자 3분의 2 이상의 동의를 받은 경우 2) 주택법 제54조에 따라 공급했으나 전체 세대가 분양되지 않은 경우로서 시장·군수·구청장이 인정하는 경우	
	나. 입주자 공유가 아닌 복리시설	위해의 방지를 위하여 시장·군수·구청장이 부득이하다고 인정하는 경우	
	다. 부대시설 및 입주자 공유인 복리시설	위해의 방지를 위하여 시장·군수·구청장이 부득이하다고 인정하는 경우로서 전체 입주자 3분의 2 이상의 동의를 받은 경우	
6. 증축·증설	가. 공동주택 및 입주자 공유가아닌 복리시설	1) 다음의 어느 하나에 해당하는 증축의 경우 가) 증축하려는 건축물의 위치·규모 및 용도가 주택법 제15조에 따른 사업계획승인을 받은 범위에 해당하는 경우 나) 시·군·구 건축위원회의 심의를 거쳐 건축물을 증축하는 경우 다) 공동주택의 필로티 부분을 전체 입주자 3분의 2 이상 및 해당 동 입주자 3분의 2 이상의 동의를 받아 국토교통부령으로 정하는 범위에서 주민공동시설로 증축하는 경우로서 통행, 안전 및 소음 등에 지장이 없다고 시장·군수·구청장이 인정하는 경우	1) 주택법 제49조에 따른 사용검사를 받은 면적의 10퍼센트의 범위에서 유치원을 증축(주택건설기준 등에 관한 규정에 따른 설치기준에 적합한 경우로 한정한다)하거나 장애인·노인·임산부 등의 편의증진 보장에 관한 법률 제2조 제2호의 편의시설을 설치하려는 경우 2) 이동통신구내중계설비를 설치하는 경우로서 입주자대표회의 동의를 받은 경우 3) 물막이설비를 설치하는 경우로서 입주자대표회의의 동의를 받은 경우

		2) 구조안전에 이상이 없다고 시장·군수·구청장이 인정하는 증설로서 다음의 구분에 따른 동의요건을 충족하는 경우 가) 공동주택의 전유부분인 경우: 해당 동에 거주하는 입주자 등 2분의 1 이상의 동의 나) 공동주택의 공용부분인 경우: 해당 동 입주자 등 3분의 2 이상의 동의	
	나. 부대시설 및 입주자 공유인 복리시설	1) 전체 입주자 3분의 2 이상의 동의를 받아 증축하는 경우 2) 구조안전에 이상이 없다고 시장·군수·구청장이 인정하는 증설로서 다음의 구분에 따른 동의요건을 충족하는 경우 가) 건축물 내부의 경우: 전체 입주자 등 2분의 1 이상의 동의 나) 그 밖의 경우: 전체 입주자 등 3분의 2 이상의 동의	1) 국토교통부령으로 정하는 경미한 사항으로서 입주자대표회의의 동의를 받은 경우 2) 주차장에 환경친화적 자동차의 개발 및 보급 촉진에 관한 법률 제2조 제3호의 전기자동차의 고정형 충전기 및 충전 전용 주차구획을 설치하는 행위로서 입주자대표회의의 동의를 받은 경우 3) 이동통신구내중계설비를 설치하는 경우로서 입주자대표회의 동의를 받은 경우 4) 물막이설비를 설치하는 경우로서 입주자대표회의의 동의를 받은 경우

⊕ 비고

1. '공동주택'이란 법 제2조 제1항 제1호 가목의 공동주택을 말한다.
2. '시·군·구 건축위원회'란 건축법 시행령 제5조의5 제1항에 따라 시·군·자치구에 두는 건축위원회를 말한다.
3. 삭제 〈2021.1.5.〉
4. '필수시설'이란 주택건설기준 등에 관한 규정 제55조의2 제3항 각 호 구분에 따라 설치해야 하는 주민공동시설을 말한다.
5. 건축법 제11조에 따른 건축허가를 받아 분양을 목적으로 건축한 공동주택 및 같은 조에 따른 건축허가를 받아 주택 외의 시설과 주택을 동일 건축물로 건축한 건축물에 대해서는 위 표 제1호 다목의 허가기준만 적용하고, 그 외의 개축, 재축, 대수선 등은 건축법 등 관계 법령에 따른다.

6. '시설물'이란 다음 각 목의 어느 하나에 해당하는 것을 말한다.

    가. 비내력벽 등 건축물의 주요구조부가 아닌 구성요소

    나. 건축물 내·외부에 설치되는 건축물이 아닌 공작물(工作物)

7. '증설'이란 증축에 해당하지 않는 것으로서 시설물 또는 설비를 늘리는 것을 말한다.

8. '물막이설비'란 빗물 등의 유입으로 건축물이 침수되지 않도록 해당 건축물의 지하층 및 1층의 출입구(주차장의 출입구를 포함한다)에 설치하는 물막이판 등 해당 건축물의 침수를 방지할 수 있는 설비를 말한다.

9. 입주자 공유가 아닌 복리시설의 개축·재축·대수선, 파손·철거 및 증설은 건축법 등 관계 법령에 따른다.

10. 시장·군수·구청장은 위 표에 따른 행위가 건축법 제48조 제2항에 따라 구조의 안전을 확인 해야 하는 사항인 경우 같은 항에 따라 구조의 안전을 확인했는지 여부를 확인해야 한다.

11. 시장·군수·구청장은 위 표에 따른 행위가 건축물관리법 제2조 제7호의 해체에 해당하는 경우 같은 법 제30조를 준수했는지 여부를 확인해야 한다.

(7) 행위허가 등의 신청

(1)에 따라 허가를 받거나 신고를 하려는 자는 허가신청서 또는 신고서에 국토교통부령으로 정하는 서류를 첨부하여 시장·군수·구청장에게 제출하여야 한다(영 제35조 제3항).

(8) 지하층 유지·관리

공동주택의 지하층은 주민공동시설로 활용할 수 있다. 이 경우 관리주체는 대피시설로 사용하는 데 지장이 없도록 이를 유지·관리하여야 한다(영 제35조 제4항).

CHAPTER 2 하자담보책임

01 하자담보책임

(1) 하자담보책임자

① **사업주체의 담보책임**: 다음의 사업주체(이하 '사업주체'라 한다)는 공동주택의 하자에 대하여 분양에 따른 담보책임(ⓒ 및 ⓔ의 시공자는 수급인의 담보책임을 말한다)을 진다(법 제36조 제1항).

> ㉠ 주택법 제2조 제10호 다음의 자
> ⓐ 국가·지방자치단체
> ⓑ 한국토지주택공사 또는 지방공사
> ⓒ 법 제4조에 따라 등록한 주택건설사업자 또는 대지조성사업자
> ⓓ 그 밖에 이 법에 따라 주택건설사업 또는 대지조성사업을 시행하는 자
> ㉡ 건축법 제11조에 따른 건축허가를 받아 분양을 목적으로 하는 공동주택을 건축한 건축주
> ㉢ 법 제35조 제1항 제2호에 따른 행위를 한 시공자
> ㉣ 주택법 제66조에 따른 리모델링을 수행한 시공자

② **공공임대주택의 담보책임**: 위 ①에도 불구하고 공공주택 특별법 제2조 제1호 가목에 따라 임대한 후 분양전환을 할 목적으로 공급하는 공동주택(이하 '공공임대주택'이라 한다)을 공급한 ① ㉠의 사업주체는 분양전환이 되기 전까지는 임차인에 대하여 하자보수에 대한 담보책임(법 제37조 제2항에 따른 손해배상책임은 제외한다)을 진다(법 제36조 제2항).

(2) 하자담보책임기간 ★

① **담보책임의 기간**: 담보책임기간은 하자의 중대성, 시설물의 사용 가능 햇수 및 교체 가능성 등을 고려하여 공동주택의 내력구조부별 및 시설공사별로 10년의 범위에서 대통령령으로 정한다. 이 경우 담보책임기간은 다음의 날부터 기산한다(법 제36조 제3항).

> ㉠ 전유부분: 입주자((1) ②에 따른 담보책임의 경우에는 임차인)에게 인도한 날
> ㉡ 공용부분: 주택법 제49조에 따른 사용검사일(같은 법 제49조 제4항 단서에 따라 공동주택의 전부에 대하여 임시사용승인을 받은 경우에는 그 임시사용승인일을 말하고, 같은 법 제49조 제1항 단서에 따라 분할사용검사나 동별사용검사를 받은 경우에는 그 분할사용검사일 또는 동별사용검사일을 말한다) 또는 건축법 제22조에 따른 공동주택의 사용승인일

② **담보책임기간**: ①에 따른 공동주택의 내력구조부별 및 시설공사별 담보책임기간은 다음과 같다(영 제36조 제1항).

> ○ 내력구조부별(건축법 제2조 제1항 제7호에 따른 건물의 주요구조부를 말한다. 이하 같다) 하자에 대한 담보책임기간: 10년
> ○ 시설공사별 하자에 대한 담보책임기간: [별표 4]에 따른 기간

시설공사별 담보책임기간(영 제36조 제1항 제2호 관련 [별표 4])

구분		기간
시설공사	세부공종	
1. 마감공사	가. 미장공사 나. 수장공사(건축물 내부 마무리 공사) 다. 도장공사 라. 도배공사 마. 타일공사 바. 석공사(건물 내부 공사) 사. 옥내가구공사 아. 주방기구공사 자. 가전제품	2년
2. 옥외급수·위생 관련 공사	가. 공동구공사 나. 저수조(물탱크)공사 다. 옥외위생(정화조) 관련 공사 라. 옥외 급수 관련 공사	
3. 난방·냉방·환기, 공기조화 설비공사	가. 열원기기설비공사 나. 공기조화기기설비공사 다. 닥트설비공사 라. 배관설비공사 마. 보온공사 바. 자동제어설비공사 사. 온돌공사(세대매립배관 포함) 아. 냉방설비공사	3년
4. 급·배수 및 위생설비 공사	가. 급수설비공사 나. 온수공급설비공사 다. 배수·통기설비공사 라. 위생기구설비공사 마. 철 및 보온공사 바. 특수설비공사	
5. 가스설비공사	가. 가스설비공사 나. 가스저장시설공사	
6. 목공사	가. 구조체 또는 바탕재공사 나. 수장목공사	

7. 창호공사	가. 창문틀 및 문짝공사 나. 창호철물공사 다. 창호유리공사 라. 커튼월공사	
8. 조경공사	가. 식재공사 나. 조경시설물공사 다. 관수 및 배수공사 라. 조경포장공사 마. 조경부대시설공사 바. 잔디심기공사 사. 조형물공사	
9. 전기 및 전력설비공사	가. 배관·배선공사 나. 피뢰침공사 다. 동력설비공사 라. 수·변전설비공사 마. 수·배전공사 바. 전기기기공사 사. 발전설비공사 아. 승강기설비공사 자. 인양기설비공사 차. 조명설비공사	3년
10. 신재생 에너지 설비 공사	가. 태양열설비공사 나. 태양광설비공사 다. 지열설비공사 라. 풍력설비공사	
11. 정보통신공사	가. 통신·신호설비공사 나. TV공청설비공사 다. 감시제어설비공사 라. 가정자동화설비공사 마. 정보통신설비공사	
12. 지능형 홈네트워크 설비 공사	가. 홈네트워크망공사 나. 홈네트워크기기공사 다. 단지공용시스템공사	
13. 소방시설공사	가. 소화설비공사 나. 제연설비공사 다. 방재설비공사 라. 자동화재탐지설비공사	
14. 단열공사	벽체, 천장 및 바닥의 단열공사	
15. 잡공사	가. 옥내설비공사(우편함, 무인택배시스템 등) 나. 옥외설비공사(담장, 울타리, 안내시설물 등), 금속공사	

		가. 토공사 나. 석축공사 다. 옹벽공사(토목옹벽) 라. 배수공사 마. 포장공사	
16. 대지조성공사			
17. 철근콘크리트공사		가. 일반철근콘크리트공사 나. 특수콘크리트공사 다. 프리캐스트콘크리트공사 라. 옹벽공사(건축옹벽) 마. 콘크리트공사	5년
18. 철골공사		가. 일반철골공사 나. 철골부대공사 다. 경량철골공사	
19. 조적공사		가. 일반벽돌공사 나. 점토벽돌공사 다. 블록공사 라. 석공사(건물 외부 공사)	
20. 지붕공사		가. 지붕공사 나. 홈통 및 우수관공사	
21. 방수공사		방수공사	

⊕ 비고: 기초공사·지정공사 등 집합건물의 소유 및 관리에 관한 법률 제9조의2 제1항 제1호에 따른 지반공사의 경우 담보책임기간은 10년

③ **주택인도증서**: 사업주체(건축법 제11조에 따른 건축허가를 받아 분양을 목적으로 하는 공동주택을 건축한 건축주를 포함한다. 이하 같다)는 해당 공동주택의 전유부분을 입주자에게 인도한 때에는 국토교통부령으로 정하는 바에 따라 주택인도증서를 작성하여 관리주체(의무관리대상 공동주택이 아닌 경우에는 집합건물의 소유 및 관리에 관한 법률에 따른 관리인을 말한다)에게 인계하여야 한다. 이 경우 관리주체는 30일 이내에 공동주택관리정보시스템에 전유부분의 인도일을 공개하여야 한다(영 제36조 제2항).

④ **공공임대주택 주택인도증서**: 사업주체가 해당 공동주택의 전유부분을 공공임대주택의 임차인에게 인도한 때에는 주택인도증서를 작성하여 분양전환하기 전까지 보관하여야 한다. 이 경우 사업주체는 주택인도증서를 작성한 날부터 30일 이내에 공동주택관리정보시스템에 전유부분의 인도일을 공개하여야 한다(영 제36조 제3항).

⑤ **미분양 세대**: 사업주체는 주택의 미분양(未分讓) 등으로 인하여 관리업무의 인계·인수서에 세대 전유부분의 입주자 인도일의 현황이 누락된 세대가 있는 경우에는 주택의 인도일부터 15일 이내에 인도일의 현황을 관리주체에게 인계하여야 한다 (영 제36조 제4항).

02 하자보수 등

(1) 하자

① **의의**: 하자는 공사상 잘못으로 인하여 균열, 침하(沈下), 파손, 들뜸, 누수 등이 발생하여 건축물 또는 시설물의 안전상·기능상 또는 미관상의 지장을 초래할 정도의 결함을 말하며, 그 구체적인 범위는 대통령령으로 정한다(법 제36조 제4항).

② **하자의 범위**: 하자의 범위는 다음의 구분에 따른다(영 제37조 제1항).

> ㉠ 내력구조부별 하자: 다음의 어느 하나에 해당하는 경우
> ⓐ 공동주택 구조체의 일부 또는 전부가 붕괴된 경우
> ⓑ 공동주택의 구조안전상 위험을 초래하거나 그 위험을 초래할 우려가 있는 정도의 균열·침하(沈下) 등의 결함이 발생한 경우
> ㉡ 시설공사별 하자: 공사상의 잘못으로 인한 균열, 처짐, 비틀림, 들뜸, 침하, 파손, 붕괴, 누수, 누출, 탈락, 작동 또는 기능불량, 부착·접지 또는 전선 연결 불량, 고사(枯死) 및 입상 (서 있는 상태) 불량 등이 발생하여 건축물 또는 시설물의 안전상·기능상 또는 미관상의 지장을 초래할 정도의 결함이 발생한 경우

(2) 하자보수 청구권자

사업주체(건설산업기본법 제28조에 따라 하자담보책임이 있는 자로서 법 제36조 제1항에 따른 사업주체로부터 건설공사를 일괄 도급받아 건설공사를 수행한 자가 따로 있는 경우에는 그 자를 말한다)는 담보책임기간에 하자가 발생한 경우에는 해당 공동주택의 아래 ①부터 ④까지에 해당하는 자(이하 '입주자대표회의 등'이라 한다) 또는 ⑤에 해당하는 자의 청구에 따라 그 하자를 보수하여야 한다. 이 경우 하자보수의 절차 및 종료 등에 필요한 사항은 대통령령으로 정한다(법 제37조 제1항).

> ① 입주자
> ② 입주자대표회의
> ③ 관리주체(하자보수청구 등에 관하여 입주자 또는 입주자대표회의를 대행하는 관리주체를 말한다)
> ④ 집합건물의 소유 및 관리에 관한 법률에 따른 관리단
> ⑤ 공공임대주택의 임차인 또는 임차인대표회의(이하 '임차인 등'이라 한다)

(3) 하자보수절차 ★

① **청구기한: (1)** ①부터 ⑤ 외의 부분 후단에 따라 입주자대표회의 등(같은 항 ①부터 ④까지의 어느 하나에 해당하는 자를 말한다) 또는 임차인 등(⑤에 따른 자를 말한다)은 공동주택에 하자가 발생한 경우에는 담보책임기간 내에 사업주체((1) ①부터 ⑤ 외의 부분 전단에 따른 사업주체를 말한다)에게 하자보수를 청구하여야 한다(영 제38조 제1항).

② **하자보수의 청구:** 하자보수의 청구는 다음의 구분에 따른 자가 하여야 한다. 이 경우 입주자는 전유부분에 대한 청구를 ⓒ ⓑ에 따른 관리주체가 대행하도록 할 수 있으며, 공용부분에 대한 하자보수의 청구를 ⓒ ⓐ부터 ⓒ의 어느 하나에 해당하는 자에게 요청할 수 있다(영 제38조 제2항).

> ㉠ 전유부분: 입주자 또는 공공임대주택의 임차인
> ㉡ 공용부분: 다음의 어느 하나에 해당하는 자
> ⓐ 입주자대표회의 또는 공공임대주택의 임차인대표회의
> ⓑ 관리주체(하자보수청구 등에 관하여 입주자 또는 입주자대표회의를 대행하는 관리주체를 말한다)
> ⓒ 집합건물의 소유 및 관리에 관한 법률에 따른 관리단

③ **이행기간:** 사업주체는 ①에 따라 하자보수를 청구받은 날(법 제48조 제1항 후단에 따라 하자진단결과를 통보받은 때에는 그 통보받은 날을 말한다)부터 15일 이내에 그 하자를 보수하거나 다음의 사항을 명시한 하자보수계획을 입주자대표회의 등 또는 임차인 등에 서면(전자문서 및 전자거래 기본법 제2조 제1호에 따른 정보처리시스템을 사용한 전자문서를 포함한다)으로 통보하고 그 계획에 따라 하자를 보수하여야 한다. 다만, 하자가 아니라고 판단되는 사항에 대해서는 그 이유를 서면으로 통보하여야 한다(영 제38조 제3항).

> ㉠ 하자 부위, 보수방법 및 보수에 필요한 상당한 기간(동일한 하자가 2세대 이상에서 발생한 경우 세대별 보수 일정을 포함한다)
> ㉡ 담당자 성명 및 연락처
> ㉢ 그 밖에 보수에 필요한 사항

④ **보수결과 통보:** 하자보수를 실시한 사업주체는 하자보수가 완료되면 즉시 그 보수결과를 하자보수를 청구한 입주자대표회의 등 또는 임차인 등에 통보하여야 한다(영 제38조 제4항).

(4) 하자보수청구 서류의 보관 등

① **보관 등**: 하자보수청구 등에 관하여 입주자 또는 입주자대표회의를 대행하는 관리주체(법 제2조 제1항 제10호 가목부터 다목까지의 규정에 따른 관리주체를 말한다)는 하자보수 이력, 담보책임기간 준수 여부 등의 확인에 필요한 것으로서 하자보수청구 서류 등 대통령령으로 정하는 서류를 대통령령으로 정하는 바에 따라 보관하여야 한다(법 제38조의2 제1항).

② **하자보수청구 서류 등**: ①에서 '하자보수청구 서류 등 대통령령으로 정하는 서류'란 다음의 서류를 말한다(영 제45조의2 제1항).

> ㉠ 하자보수청구 내용이 적힌 서류
> ㉡ 사업주체의 하자보수 내용이 적힌 서류
> ㉢ 하자보수보증금 청구 및 사용내용이 적힌 서류
> ㉣ 하자분쟁조정위원회에 제출하거나 하자분쟁조정위원회로부터 받은 서류
> ㉤ 그 밖에 입주자 또는 입주자대표회의의 하자보수청구 대행을 위하여 관리주체가 입주자 또는 는 입주자대표회의로부터 제출받은 서류

③ **등록**: 입주자 또는 입주자대표회의를 대행하는 관리주체(법 제2조 제1항 제10호 가목부터 다목까지의 규정에 따른 관리주체를 말한다. 이하 이 조 및 영 제45조의3에서 같다)는 ②의 각 서류를 문서 또는 전자문서의 형태로 보관해야 하며, 그 내용을 하자관리정보시스템에 등록해야 한다(영 제45조의2 제2항).

④ **보관**: 문서 또는 전자문서와 하자관리정보시스템에 등록한 내용은 관리주체가 사업주체에게 하자보수를 청구한 날부터 10년간 보관해야 한다(영 제45조의2 제3항).

⑤ **하자보수청구 서류 등의 제공**: 하자보수청구 서류 등을 보관하는 관리주체는 입주자 또는 입주자대표회의가 해당 하자보수청구 서류 등의 제공을 요구하는 경우 대통령령으로 정하는 바에 따라 이를 제공하여야 한다(법 제38조의2 제2항, 영 제45조의3 제1항·제2항·제3항).

> ㉠ 입주자 또는 입주자대표회의를 대행하는 관리주체는 ⑤에 따라 ② ㉠부터 ㉤의 서류의 제공을 요구받은 경우 지체 없이 이를 열람하게 하거나 그 사본·복제물을 내주어야 한다.
> ㉡ 관리주체는 위 ㉠에 따라 서류를 제공하는 경우 그 서류제공을 요구한 자가 입주자나 입주자대표회의의 구성원인지를 확인해야 한다.
> ㉢ 관리주체는 서류의 제공을 요구한 자에게 서류의 제공에 드는 비용을 부담하게 할 수 있다.

⑥ **하자보수청구 서류 등의 인계**: 공동주택의 관리주체가 변경되는 경우 기존 관리주체는 새로운 관리주체에게 법 제13조 제1항을 준용하여 해당 공동주택의 하자보수청구 서류 등을 인계하여야 한다(법 제38조의2 제3항).

(5) 담보책임의 종료

① **하자담보책임기간 만료 예정일의 통보**: 사업주체는 담보책임기간이 만료되기 30일 전까지 그 만료 예정일을 해당 공동주택의 입주자대표회의(의무관리대상 공동주택이 아닌 경우에는 집합건물의 소유 및 관리에 관한 법률에 따른 관리단을 말한다) 또는 해당 공공임대주택의 임차인대표회의에 서면으로 통보하여야 한다. 이 경우 사업주체는 다음의 사항을 함께 알려야 한다(영 제39조 제1항).

> ㉠ 영 제38조에 따라 입주자대표회의 등 또는 임차인 등이 하자보수를 청구한 경우에는 하자보수를 완료한 내용
> ㉡ 담보책임기간 내에 하자보수를 신청하지 아니하면 하자보수를 청구할 수 있는 권리가 없어진다는 사실

② **입주자대표회의의 조치**: 위 ①에 따른 통보를 받은 입주자대표회의 또는 공공임대주택의 임차인대표회의는 다음의 구분에 따른 조치를 하여야 한다(영 제39조 제2항).

> ㉠ 전유부분에 대한 조치: 담보책임기간이 만료되는 날까지 하자보수를 청구하도록 입주자 또는 공공임대주택의 임차인에게 개별통지하고 공동주택단지 안의 잘 보이는 게시판에 20일 이상 게시
> ㉡ 공용부분에 대한 조치: 담보책임기간이 만료되는 날까지 하자보수 청구

③ **하자보수 및 통보**: 사업주체는 하자보수 청구를 받은 사항에 대하여 지체 없이 보수하고 그 보수결과를 서면으로 입주자대표회의 등 또는 임차인 등에 통보해야 한다. 다만, 하자가 아니라고 판단한 사항에 대해서는 그 이유를 명확히 기재하여 서면으로 통보해야 한다(영 제39조 제3항).

④ **이의제기**: 위 ③의 본문에 따라 보수결과를 통보받은 입주자대표회의 등 또는 임차인 등은 통보받은 날부터 30일 이내에 이유를 명확히 기재한 서면으로 사업주체에게 이의를 제기할 수 있다. 이 경우 사업주체는 이의제기 내용이 타당하면 지체 없이 하자를 보수하여야 한다(영 제39조 제4항).

⑤ **담보책임 종료확인서**

㉠ 사업주체와 다음의 구분에 따른 자는 하자보수가 끝난 때에는 공동으로 담보책임 종료확인서를 작성해야 한다. 이 경우 담보책임기간이 만료되기 전에 담보책임 종료확인서를 작성해서는 안 된다(영 제39조 제5항).

> ⓐ 전유부분: 입주자
> ⓑ 공용부분: 입주자대표회의의 회장(의무관리대상 공동주택이 아닌 경우에는 집합건물의 소유 및 관리에 관한 법률에 따른 관리인을 말한다) 또는 5분의 4 이상의 입주자(입주자대표회의의 구성원 중 사용자인 동별 대표자가 과반수인 경우만 해당한다)

ⓛ **담보책임 종료확인서 작성 절차**: 입주자대표회의의 회장은 공용부분의 담보책임 종료확인서를 작성하려면 다음의 절차를 차례대로 거쳐야 한다. 이 경우 전체 입주자의 5분의 1 이상이 서면으로 반대하면 입주자대표회의는 아래 ⓑ에 따른 의결을 할 수 없다(영 제39조 제6항).

> ⓐ 의견청취를 위하여 입주자에게 다음의 사항을 서면으로 개별통지하고 공동주택단지 안의 게시판에 20일 이상 게시할 것
> 　가. 담보책임기간이 만료된 사실
> 　나. 완료된 하자보수의 내용
> 　다. 담보책임 종료확인에 대하여 반대의견을 제출할 수 있다는 사실, 의견제출기간 및 의견제출서
> ⓑ 입주자대표회의 의결

⑥ **통보 및 게시**: 사업주체는 입주자와 공용부분의 담보책임 종료확인서를 작성하려면 입주자대표회의의 회장에게 위 ⓛ ⓐ에 따른 통지 및 게시를 요청해야 하고, 전체 입주자의 5분의 4 이상과 담보책임 종료확인서를 작성한 경우에는 그 결과를 입주자대표회의 등에 통보해야 한다(영 제39조 제7항).

(6) 사업주체의 손해배상책임

사업주체는 담보책임기간에 공동주택에 하자가 발생한 경우에는 하자발생으로 인한 손해를 배상할 책임이 있다. 이 경우 손해배상책임에 관하여는 민법 제667조를 준용한다(법 제37조 제2항).

(7) 내력구조부의 안전진단

① **안전진단의 의뢰**: 시장·군수·구청장은 담보책임기간에 공동주택의 구조안전에 중대한 하자가 있다고 인정하는 경우에는 안전진단기관에 의뢰하여 안전진단을 할 수 있다. 이 경우 안전진단의 대상, 절차 및 비용부담에 관한 사항과 안전진단 실시기관의 범위 등에 필요한 사항은 대통령령으로 정한다(법 제37조 제4항).

② **안전진단의 대상, 절차**: 시장·군수·구청장은 공동주택의 구조안전에 중대한 하자가 있다고 인정하는 경우에는 다음의 어느 하나에 해당하는 기관 또는 단체에 해당 공동주택의 안전진단을 의뢰할 수 있다(영 제40조 제1항).

> ㉠ 과학기술분야 정부출연연구기관 등의 설립·운영 및 육성에 관한 법률 제8조에 따른 한국건설기술연구원
> ㉡ 국토안전관리원법에 따른 국토안전관리원
> ㉢ 건축사법 제31조에 따라 설립한 대한건축사협회
> ㉣ 고등교육법 제2조 제1호·제2호의 대학 및 산업대학의 부설연구기관(상설기관으로 한정한다)

        ⓜ 시설물의 안전 및 유지관리에 관한 특별법 시행령 제23조 제1항에 따른 건축 분야 안전진
          단전문기관

② **안전진단의 비용부담**: 안전진단에 드는 비용은 사업주체가 부담한다. 다만, 하자의 원인이 사업주체 외의 자에게 있는 경우에는 그 자가 부담한다(영 제40조 제2항).

(8) 시정명령

시장·군수·구청장은 입주자대표회의 등 및 임차인 등이 하자보수를 청구한 사항에 대하여 사업주체가 정당한 사유 없이 따르지 아니할 때에는 시정을 명할 수 있다(법 제37조 제5항).

03 하자보수보증금 ★

(1) 하자보수보증금의 예치의무

사업주체는 대통령령으로 정하는 바에 따라 하자보수를 보장하기 위하여 하자보수보증금을 담보책임기간(보증기간은 공용부분을 기준으로 기산한다) 동안 예치하여야 한다. 다만, 국가, 지방자치단체, 한국토지주택공사 및 지방공사인 사업주체의 경우에는 그러하지 아니하다(법 제38조 제1항).

(2) 하자보수보증금의 예치 및 보관 등

① **하자보수보증금의 예치 및 보관**: (1)에 따라 사업주체(건설임대주택을 분양전환하려는 경우에는 그 임대사업자를 말한다)는 하자보수보증금을 은행(은행법에 따른 은행을 말한다)에 현금으로 예치하거나 다음의 어느 하나에 해당하는 자가 취급하는 보증으로서 하자보수보증금 지급을 보장하는 보증에 가입하여야 한다. 이 경우 그 예치명의 또는 가입명의는 사용검사권자(주택법 제49조에 따른 사용검사권자 또는 건축법 제22조에 따른 사용승인권자를 말한다)로 하여야 한다(영 제41조 제1항).

        ㉠ 주택도시기금법에 따른 주택도시보증공사
        ㉡ 건설산업기본법에 따른 건설 관련 공제조합
        ㉢ 보험업법 제4조 제1항 제2호 라목에 따른 보증보험업을 영위하는 자
        ㉣ 영 제23조 제7항 각 호의 금융기관
        ㉤ 은행법에 따른 은행
        ㉥ 중소기업은행법에 따른 중소기업은행
        ㉦ 상호저축은행법에 따른 상호저축은행

    ◎ 보험업법에 따른 보험회사

    ㉣ 그 밖의 법률에 따라 금융업무를 하는 기관으로서 국토교통부령으로 정하는 기관

② **보증서 등의 제출:** 사업주체는 다음의 어느 하나에 해당하는 신청서를 사용검사권자에게 제출할 때에 위 ①에 따른 현금 예치증서 또는 보증서를 함께 제출하여야 한다(영 제41조 제2항).

> ㉠ 주택법 제49조에 따른 사용검사 신청서(공동주택단지 안의 공동주택 전부에 대하여 임시사용승인을 신청하는 경우에는 임시사용승인 신청서)
>
> ㉡ 건축법 제22조에 따른 사용승인 신청서(공동주택단지 안의 공동주택 전부에 대하여 임시사용승인을 신청하는 경우에는 임시사용승인 신청서)
>
> ㉢ 민간임대주택에 관한 특별법에 따른 양도신고서, 양도 허가신청서 또는 공공주택 특별법에 따른 분양전환 승인신청서, 분양전환 허가신청서, 분양전환 신고서

③ **보증서 등 명의변경:** 사용검사권자는 입주자대표회의가 구성된 때에는 지체 없이 위 ①에 따른 예치명의 또는 가입명의를 해당 입주자대표회의로 변경하고 입주자대표회의에 현금 예치증서 또는 보증서를 인계하여야 한다(영 제41조 제3항).

④ **보증서 등의 보관:** 입주자대표회의는 인계받은 현금 예치증서 또는 보증서를 해당 공동주택의 관리주체(의무관리대상 공동주택이 아닌 경우에는 집합건물의 소유 및 관리에 관한 법률에 따른 관리인을 말한다)로 하여금 보관하게 하여야 한다(영 제41조 제4항).

⑤ **하자보수보증금의 범위**

    ㉠ **예치금액: (1)**에 따라 예치하여야 하는 하자보수보증금은 다음의 구분에 따른 금액으로 한다(영 제42조 제1항).

> ⓐ 주택법 제15조에 따른 대지조성사업계획과 주택사업계획승인을 함께 받아 대지조성과 함께 공동주택을 건설하는 경우: 가.의 비용에서 나.의 가격을 뺀 금액의 100분의 3
>   가. 사업계획승인서에 기재된 해당 공동주택의 총사업비[간접비(설계비, 감리비, 분담금, 부담금, 보상비 및 일반분양시설경비를 말한다)는 제외한다]
>   나. 해당 공동주택을 건설하는 대지의 조성 전 가격
> ⓑ 주택법 제15조에 따른 주택사업계획승인만을 받아 대지조성 없이 공동주택을 건설하는 경우: 사업계획승인서에 기재된 해당 공동주택의 총사업비에서 대지가격을 뺀 금액의 100분의 3
> ⓒ 법 제35조 제1항 제2호에 따라 공동주택을 증축, 개축, 대수선하는 경우 또는 주택법 제66조에 따른 리모델링을 하는 경우: 허가신청서 또는 신고서에 기재된 해당 공동주택 총사업비의 100분의 3
> ⓓ 건축법 제11조에 따른 건축허가를 받아 분양을 목적으로 공동주택을 건설하는 경우: 사용승인을 신청할 당시의 공공주택 특별법 시행령 제56조 제7항에 따른 공공건설임대주택 분양전환가격의 산정기준에 따른 표준건축비를 적용하여 산출한 건축비의 100분의 3

ⓒ **건설임대주택이 분양전환되는 경우의 하자보수보증금**: 위 ㉠에도 불구하고 건설임대주택이 분양전환되는 경우의 하자보수보증금은 위 ㉠의 ⓐ 또는 ⓑ에 따른 금액에 건설임대주택 세대 중 분양전환을 하는 세대의 비율을 곱한 금액으로 한다(영 제42조 제2항).

(3) 하자보수보증금의 사용

① **하자보수보증금의 사용신고**: 입주자대표회의 등은 하자보수보증금을 하자심사 · 분쟁조정위원회의 하자 여부 판정 등에 따른 하자보수비용 등 대통령령으로 정하는 용도로만 사용하여야 하며, 의무관리대상 공동주택의 경우에는 하자보수보증금의 사용 후 30일 이내에 그 사용내역을 국토교통부령으로 정하는 바에 따라 시장 · 군수 · 구청장에게 신고하여야 한다(법 제38조 제2항).

② **하자보수보증금의 용도**: 위 ①에서 '하자심사 · 분쟁조정위원회의 하자 여부 판정 등에 따른 하자보수비용 등 대통령령으로 정하는 용도'란 입주자대표회의가 직접 보수하거나 제3자에게 보수하게 하는 데 필요한 용도로서 하자보수와 관련된 다음의 용도를 말한다(영 제43조).

> ㉠ 법 제43조 제2항에 따라 송달된 하자 여부 판정서(같은 조 제8항에 따른 재심의 결정서를 포함한다) 정본에 따라 하자로 판정된 시설공사 등에 대한 하자보수비용
> ㉡ 법 제44조 제3항에 따라 하자분쟁조정위원회(법 제39조 제1항에 따른 하자심사 · 분쟁조정위원회를 말한다. 이하 같다)가 송달한 조정서 정본에 따른 하자보수비용
> ㉢ 법 제44조의2 제7항 본문에 따른 재판상 화해와 동일한 효력이 있는 재정에 따른 하자보수비용
> ㉣ 법원의 재판 결과에 따른 하자보수비용
> ㉤ 법 제48조 제1항에 따라 실시한 하자진단의 결과에 따른 하자보수비용

③ **하자보수보증금의 사용내역 신고**: ①에 따라 하자보수보증금의 사용내역을 신고하려는 자는 별지 제14호 서식의 신고서에 다음의 서류를 첨부하여 시장 · 군수 · 구청장에게 제출하여야 한다(규칙 제18조).

> ㉠ 하자보수보증금의 금융기관 거래명세표(입 · 출금 명세 전부가 기재된 것을 말한다)
> ㉡ 하자보수보증금의 세부 사용명세

(4) 하자보수보증금의 청구 및 관리

① **하자보수보증금의 지급청구**: 입주자대표회의는 사업주체가 하자보수를 이행하지 아니하는 경우에는 하자보수보증서 발급기관에 하자보수보증금의 지급을 청구할 수 있다. 이 경우 다음의 서류를 첨부하여야 한다(영 제44조 제1항).

> ⊙ 영 제43조의 어느 하나에 해당하는 서류((3)의 ② ⓔ의 경우에는 판결서를 말하며, ⓜ의 경우에는 하자진단 결과통보서를 말한다)
>> ⓐ 법 제43조 제2항에 따라 송달된 하자 여부 판정서(같은 조 제8항에 따른 재심의 결정서를 포함한다) 정본에 따라 하자로 판정된 시설공사 등에 대한 하자보수비용
>> ⓑ 법 제44조 제3항에 따라 하자분쟁조정위원회(법 제39조 제1항에 따른 하자심사·분쟁조정위원회를 말한다)가 송달한 조정서 정본에 따른 하자보수비용
>> ⓒ 법 제44조의2 제7항 본문에 따른 재판상 화해와 동일한 효력이 있는 재정에 따른 하자보수비용
>> ⓓ 법원의 재판 결과에 따른 판결서
>> ⓔ 법 제48조 제1항에 따라 실시한 하자진단의 결과에 따른 하자진단 결과 통보서
> ⊙ 영 제47조 제3항에 따른 기준을 적용하여 산출한 하자보수비용 및 그 산출명세서((3)의 ② 각 호의 절차에서 하자보수비용이 결정되지 아니한 경우만 해당한다)

② **지급시기**: 위 ①에 따른 청구를 받은 하자보수보증서 발급기관은 청구일부터 30일 이내에 하자보수보증금을 지급해야 한다. 다만, (3) ② ⊙ 및 ⓜ의 경우 하자보수보증서 발급기관이 청구를 받은 금액에 이의가 있으면 하자분쟁조정위원회에 분쟁조정이나 분쟁재정을 신청한 후 그 결과에 따라 지급해야 한다(영 제44조 제2항).

③ **지급방법**: 하자보수보증서 발급기관은 하자보수보증금을 지급할 때에는 다음의 구분에 따른 금융계좌로 이체하는 방법으로 지급하여야 하며, 입주자대표회의는 그 금융계좌로 해당 하자보수보증금을 관리하여야 한다(영 제44조 제3항).

> ⊙ 의무관리대상 공동주택: 입주자대표회의의 회장의 인감과 법 제64조 제5항에 따른 관리사무소장의 직인을 복수로 등록한 금융계좌
> ⊙ 의무관리대상이 아닌 공동주택: 집합건물의 소유 및 관리에 관한 법률에 따른 관리인의 인감을 등록한 금융계좌(같은 법에 따른 관리위원회가 구성되어 있는 경우에는 그 위원회를 대표하는 자 1명과 관리인의 인감을 복수로 등록한 계좌)

④ **지급내역의 통보**
　⊙ **지급기한**: 하자보수보증금을 예치받은 자(하자보수보증금의 보증서 발급기관)는 하자보수보증금을 의무관리대상 공동주택의 입주자대표회의에 지급한 날부터 30일 이내에 지급내역을 국토교통부령으로 정하는 바에 따라 관할 시장·군수·구청장에게 통보하여야 한다(법 제38조 제3항).
　⊙ **하자보수보증금의 지급내역 통보**: ⊙에 따른 하자보수보증금의 보증서 발급기관은 별지 제14호의2의 하자보수보증금 지급내역서에 하자보수보증금을 사용할 시설공사별 하자내역을 첨부하여 관할 시장·군수·구청장에게 제출하여야 하며, 지급내역서는 담보책임기간별로 구분하여 작성하여야 한다(규칙 제18조의2 제1항·제2항).

⑤ **사업자 선정 제한**: 입주자대표회의는 하자보수보증금을 지급받기 전에 미리 하자보수를 하는 사업자를 선정해서는 아니 된다(영 제44조 제4항).

⑥ **사용명세의 통보**: 입주자대표회의는 하자보수보증금을 사용한 때에는 그날부터 30일 이내에 그 사용명세를 사업주체에게 통보하여야 한다(영 제44조 제5항).

⑦ **하자보수보증금의 사용내역 및 지급내역 제공**

    ㉠ 시장·군수·구청장은 하자보수보증금 사용내역과 하자보수보증금 지급내역을 매년 국토교통부령으로 정하는 바에 따라 국토교통부장관에게 제공하여야 한다(법 제38조 제4항).

    ㉡ 시장·군수·구청장은 해당 연도에 제출받은 하자보수보증금 사용내역 신고서(첨부서류는 제외한다)와 지급내역서(첨부서류를 포함한다)의 내용을 다음 해 1월 31일까지 국토교통부장관에게 제공해야 한다. 이 경우 제공방법은 하자관리정보시스템에 입력하는 방법으로 한다(규칙 제18조의3).

(5) 하자보수보증금의 반환

① **반환비율**: 입주자대표회의는 사업주체가 예치한 하자보수보증금을 다음의 구분에 따라 순차적으로 사업주체에게 반환하여야 한다(영 제45조 제1항).

> ㉠ 다음의 구분에 따른 날(이하 '사용검사일'이라 한다)부터 2년이 경과된 때: 하자보수보증금의 100분의 15
>   ⓐ 주택법 제49조에 따른 사용검사(공동주택단지 안의 공동주택 전부에 대하여 같은 조에 따른 임시사용승인을 받은 경우에는 임시사용승인을 말한다)를 받은 날
>   ⓑ 건축법 제22조에 따른 사용승인(공동주택단지 안의 공동주택 전부에 대하여 같은 조에 따른 임시사용승인을 받은 경우에는 임시사용승인을 말한다)을 받은 날
> ㉡ 사용검사일부터 3년이 경과된 때: 하자보수보증금의 100분의 40
> ㉢ 사용검사일부터 5년이 경과된 때: 하자보수보증금의 100분의 25
> ㉣ 사용검사일부터 10년이 경과된 때: 하자보수보증금의 100분의 20

② **사용한 하자보수보증금**: 위 ①에 따라 하자보수보증금을 반환할 경우 하자보수보증금을 사용한 경우에는 이를 포함하여 ①의 각 사항의 비율을 계산하되, 이미 사용한 하자보수보증금은 반환하지 아니한다(영 제45조 제2항).

CHAPTER 3 공동주택의 전문관리

01 관리주체의 업무 ★

(1) 관리주체의 업무 등

관리주체는 다음의 업무를 수행한다. 이 경우 관리주체는 필요한 범위에서 공동주택의 공용부분을 사용할 수 있다(법 제63조 제1항, 규칙 제29조).

① 공동주택의 공용부분의 유지·보수 및 안전관리
② 공동주택단지 안의 경비, 청소, 소독 및 쓰레기 수거
③ 관리비 및 사용료의 징수와 공과금 등의 납부대행
④ 장기수선충당금의 징수·적립 및 관리
⑤ 관리규약으로 정한 사항의 집행
⑥ 입주자대표회의에서 의결한 사항의 집행
⑦ 그 밖에 국토교통부령으로 정하는 다음의 사항
　㉠ 공동주택관리업무의 공개·홍보 및 공동시설물의 사용방법에 관한 지도·계몽
　㉡ 입주자 등의 공동사용에 제공되고 있는 공동주택단지 안의 토지, 부대시설 및 복리시설에 대한 무단점유행위의 방지 및 위반행위시의 조치
　㉢ 공동주택단지 안에서 발생한 안전사고 및 도난사고 등에 대한 대응조치
　㉣ 법 제37조 제1항 제3호에 따른 하자보수청구 등의 대행

(2) 법령 준수의무

관리주체는 공동주택을 이 법 또는 이 법에 따른 명령에 따라 관리하여야 한다(법 제63조 제2항).

02 관리사무소장 ★

(1) 관리사무소장의 배치의무

의무관리대상 공동주택을 관리하는 다음의 어느 하나에 해당하는 자는 주택관리사를 해당 공동주택의 관리사무소장으로 배치하여야 한다. 다만, 500세대 미만의 공동주택에는 주택관리사를 갈음하여 주택관리사보를 해당 공동주택의 관리사무소장으로 배치할 수 있다(법 제64조 제1항).

---

① 입주자대표회의(자치관리의 경우에 한정한다)
② 법 제13조 제1항에 따라 관리업무를 인계하기 전의 사업주체
③ 주택관리업자
④ 임대사업자

---

(2) 관리사무소장의 보조자

위 **(1)**의 각 자는 주택관리사 등을 관리사무소장의 보조자로 배치할 수 있다(영 제69조 제2항).

(3) 관리사무소장의 업무 등

① **관리사무소장의 집행업무:** 관리사무소장은 공동주택을 안전하고 효율적으로 관리하여 공동주택의 입주자 등의 권익을 보호하기 위하여 다음의 업무를 집행한다(법 제64조 제2항, 규칙 제30조 제1항).

㉠ 입주자대표회의에서 의결하는 다음의 업무
    ⓐ 공동주택의 운영 · 관리 · 유지 · 보수 · 교체 · 개량
    ⓑ ⓐ의 업무를 집행하기 위한 관리비, 장기수선충당금이나 그 밖의 경비의 청구 · 수령 · 지출 및 그 금액을 관리하는 업무
㉡ 하자의 발견 및 하자보수의 청구, 장기수선계획의 조정, 시설물 안전관리계획의 수립 및 건축물의 안전점검에 관한 업무. 다만, 비용지출을 수반하는 사항에 대하여는 입주자대표회의의 의결을 거쳐야 한다.
㉢ 관리사무소 업무의 지휘 · 총괄
㉣ 그 밖에 공동주택관리에 관하여 국토교통부령으로 정하는 다음의 업무
    ⓐ 01 **(1)**의 업무를 지휘 · 총괄하는 업무
    ⓑ 입주자대표회의 및 선거관리위원회의 운영에 필요한 업무지원 및 사무처리
    ⓒ 안전관리계획의 조정. 이 경우 3년마다 조정하되, 관리여건상 필요하여 관리사무소장이 입주자대표회의 구성원 과반수의 서면동의를 받은 경우에는 3년이 지나기 전에 조정할 수 있다.
    ⓓ 관리비 등이 예치된 금융기관으로부터 매월 말일을 기준으로 발급받은 잔고증명서의 금액과 장부상 금액이 일치하는지 여부를 관리비 등이 부과된 달의 다음 달 10일까지 확인하는 업무

---

② **입주자대표회의 대리**: 관리사무소장은 위 **(3)**의 ① ㉠ ⓐ 및 ⓑ와 관련하여 입주자 대표회의를 대리하여 재판상 또는 재판 외의 행위를 할 수 있다(법 제64조 제3항).

③ **선량한 관리자의 주의의무**: 관리사무소장은 선량한 관리자의 주의로 그 직무를 수 행하여야 한다(법 제64조 제4항).

(4) 관리사무소장의 배치신고

① **신고의무**: 관리사무소장은 그 배치내용과 업무의 집행에 사용할 직인을 국토교통부 령으로 정하는 바에 따라 시장·군수·구청장에게 신고하여야 한다. 신고한 배치 내용과 직인을 변경할 때에도 또한 같다(법 제64조 제5항).

② **신고절차**: 위 ① 전단에 따라 배치내용과 업무의 집행에 사용할 직인을 신고하려는 관리사무소장은 배치된 날부터 15일 이내에 별지 제33호 서식의 신고서에 다음의 서류를 첨부하여 주택관리사단체에 제출하여야 한다(규칙 제30조 제2항).

> ㉠ 법 제70조 제1항에 따른 관리사무소장 교육 또는 같은 조 제2항에 따른 주택관리사 등의 교육이수현황(주택관리사단체가 해당 교육이수현황을 발급하는 경우에는 제출하지 아니할 수 있다) 1부
> ㉡ 임명장 사본 1부. 다만, 배치된 공동주택의 전임(前任) 관리사무소장이 아래 ③에 따른 배 치종료신고를 하지 아니한 경우에는 배치를 증명하는 다음의 구분에 따른 서류를 함께 제 출하여야 한다.
>   ⓐ 공동주택의 관리방법이 자치관리인 경우: 근로계약서 사본 1부
>   ⓑ 공동주택의 관리방법이 위탁관리인 경우: 위·수탁계약서 사본 1부
> ㉢ 주택관리사보 자격시험 합격증서 또는 주택관리사 자격증 사본 1부
> ㉣ 영 제70조 및 제71조에 따라 주택관리사 등의 손해배상책임을 보장하기 위한 보증설정을 입증하는 서류 1부

③ **변경신고절차**: 위 ① 후단에 따라 신고한 배치내용과 업무의 집행에 사용하는 직인 을 변경하려는 관리사무소장은 변경사유(관리사무소장의 배치가 종료된 경우를 포 함한다)가 발생한 날부터 15일 이내에 별지 제33호 서식의 신고서에 변경내용을 증명하는 서류를 첨부하여 주택관리사단체에 제출하여야 한다(규칙 제30조 제3항).

④ **접수현황 보고**: 위 ② 또는 ③에 따른 신고 또는 변경신고를 접수한 주택관리사단 체는 관리사무소장의 배치내용 및 직인신고(변경신고하는 경우를 포함한다) 접수현 황을 분기별로 시장·군수·구청장에게 보고하여야 한다(규칙 제30조 제4항).

⑤ **증명서 발급**: 주택관리사단체는 관리사무소장이 위 ②에 따른 신고 또는 ③에 따른 변경신고에 대한 증명서 발급을 요청하면 즉시 별지 제34호 서식에 따라 증명서를 발급하여야 한다(규칙 제30조 제5항).

(5) 관리사무소장의 업무에 대한 부당간섭 배제 등

① **부당한 간섭 금지:** 입주자대표회의(구성원을 포함한다) 및 입주자 등은 (3) ①에 따른 관리사무소장의 업무에 대하여 다음의 어느 하나에 해당하는 행위를 하여서는 아니 된다(법 제65조 제1항).

> ㉠ 이 법 또는 관계 법령에 위반되는 지시를 하거나 명령을 하는 등 부당하게 간섭하는 행위
> ㉡ 폭행, 협박 등 위력을 사용하여 정당한 업무를 방해하는 행위

② **보고 및 사실조사 의뢰:** 관리사무소장은 입주자대표회의 또는 입주자 등이 ①을 위반한 경우 입주자대표회의 또는 입주자 등에게 그 위반사실을 설명하고 해당 행위를 중단할 것을 요청하거나 부당한 지시 또는 명령의 이행을 거부할 수 있으며, 시장·군수·구청장에게 이를 보고하고, 사실조사를 의뢰할 수 있다(법 제65조 제2항).

③ **사실조사 및 명령 등의 조치:** 시장·군수·구청장은 위 ②에 따라 사실조사를 의뢰받은 때에는 지체 없이 조사를 마치고, 위 ①을 위반한 사실이 있다고 인정하는 경우 입주자대표회의 및 입주자 등에게 필요한 명령 등의 조치를 하여야 한다. 이 경우 범죄혐의가 있다고 인정될 만한 상당한 이유가 있을 때에는 수사기관에 고발할 수 있다(법 제65조 제3항).

④ **결과 통보:** 시장·군수·구청장은 사실조사결과 또는 필요한 명령 등의 조치결과를 지체 없이 입주자대표회의, 해당 입주자 등, 주택관리업자 및 관리사무소장에게 통보하여야 한다(법 제65조 제4항).

⑤ **해임 등의 금지:** 입주자대표회의는 위 ②에 따른 보고나 사실조사 의뢰 또는 위 ③에 따른 명령 등을 이유로 관리사무소장을 해임하거나 해임하도록 주택관리업자에게 요구하여서는 아니 된다(법 제65조 제5항).

(6) 경비원 등 근로자의 업무 등

① **공동주택관리에 필요한 업무에 종사:** 공동주택에 경비원을 배치한 경비업자(경비업법 제4조 제1항에 따라 허가를 받은 경비업자를 말한다)는 경비업법 제7조 제5항에도 불구하고 대통령령으로 정하는 공동주택관리에 필요한 업무에 경비원을 종사하게 할 수 있다(법 제65조의2 제1항, 영 제69조의2 제1항·제2항).

㉠ ①에서 '대통령령으로 정하는 공동주택관리에 필요한 업무'란 다음의 업무를 말한다.

> ⓐ 청소와 이에 준하는 미화의 보조
> ⓑ 재활용 가능 자원의 분리배출 감시 및 정리
> ⓒ 안내문의 게시와 우편수취함 투입

ⓛ 공동주택 경비원은 공동주택에서의 도난, 화재, 그 밖의 혼잡 등으로 인한 위험발생을 방지하기 위한 범위에서 주차관리와 택배물품 보관업무를 수행할 수 있다.

② **처우개선 등**: 입주자 등, 입주자대표회의 및 관리주체 등은 경비원 등 근로자에게 적정한 보수를 지급하고, 처우개선과 인권존중을 위하여 노력하여야 한다(법 제65조의2 제2항).

③ **부당명령 등의 금지**: 입주자 등, 입주자대표회의 및 관리주체 등은 경비원 등 근로자에게 다음의 어느 하나에 해당하는 행위를 하여서는 아니 된다(법 제65조의2 제3항).

> ㉠ 이 법 또는 관계 법령에 위반되는 지시를 하거나 명령을 하는 행위
> ㉡ 업무 이외에 부당한 지시를 하거나 명령을 하는 행위

④ **서비스 제공**: 경비원 등 근로자는 입주자 등에게 수준 높은 근로서비스를 제공하여야 한다(법 제65조의2 제4항).

(7) 주택관리업자에 대한 부당간섭 배제 등

입주자대표회의 및 입주자 등은 (5) ① 또는 (6) ③의 행위를 할 목적으로 주택관리업자에게 관리사무소장 및 소속 근로자에 대한 해고, 징계 등 불이익 조치를 요구하여서는 아니 된다(법 제65조의3).

(8) 관리사무소장의 손해배상책임

① **손해배상책임**: 주택관리사 등은 관리사무소장의 업무를 집행하면서 고의 또는 과실로 입주자 등에게 재산상의 손해를 입힌 경우에는 그 손해를 배상할 책임이 있다(법 제66조 제1항).

② **보장방법**: 위 ①에 따른 손해배상책임을 보장하기 위하여 주택관리사 등은 대통령령으로 정하는 바에 따라 보증보험 또는 공제에 가입하거나 공탁을 하여야 한다(법 제66조 제2항).

③ **손해배상책임 보장서류의 제출**: 주택관리사 등은 위 ②에 따른 손해배상책임을 보장하기 위한 보증보험 또는 공제에 가입하거나 공탁을 한 후 해당 공동주택의 관리사무소장으로 배치된 날에 다음의 어느 하나에 해당하는 자에게 보증보험 등에 가입한 사실을 입증하는 서류를 제출하여야 한다(법 제66조 제3항).

> ㉠ 입주자대표회의의 회장
> ㉡ 임대주택의 경우에는 임대사업자
> ㉢ 입주자대표회의가 없는 경우에는 시장·군수·구청장

④ **공탁금의 회수**: 공탁한 공탁금은 주택관리사 등이 해당 공동주택의 관리사무소장의 직을 사임하거나 그 직에서 해임된 날 또는 사망한 날부터 3년 이내에는 회수할 수 없다(법 제66조 제4항).

⑤ **손해배상책임의 보장**

   ⑦ **보장금액 등**: 관리사무소장으로 배치된 주택관리사 등은 손해배상책임을 보장하기 위하여 다음의 구분에 따른 금액을 보장하는 보증보험 또는 공제에 가입하거나 공탁을 하여야 한다(영 제70조).

> ⓐ 500세대 미만의 공동주택: 3천만원
> ⓑ 500세대 이상의 공동주택: 5천만원

   ⓛ **보증설정의 변경**: 관리사무소장의 손해배상책임을 보장하기 위한 보증보험 또는 공제에 가입하거나 공탁을 한 조치를 이행한 주택관리사 등은 그 보증설정을 다른 보증설정으로 변경하려는 경우에는 해당 보증설정의 효력이 있는 기간 중에 다른 보증설정을 하여야 한다(영 제71조 제1항).

   ⓒ **보증기간 만료시 보증설정의 변경**: 보증보험 또는 공제에 가입한 주택관리사 등으로서 보증기간이 만료되어 다시 보증설정을 하려는 자는 그 보증기간이 만료되기 전에 다시 보증설정을 하여야 한다(영 제71조 제2항).

   ⓔ **보증설정의 변경시 보증서류 제출**: 위 ⓛ 및 ⓒ에 따라 보증설정을 한 경우에는 해당 보증설정을 입증하는 서류를 제출하여야 한다(영 제71조 제3항).

⑥ **보증보험금 등의 지급 등**

   ⑦ **손해배상금의 지급 청구**: 입주자대표회의는 손해배상금으로 보증보험금, 공제금 또는 공탁금을 지급받으려는 경우에는 다음의 어느 하나에 해당하는 서류를 첨부하여 보증보험회사, 공제회사 또는 공탁기관에 손해배상금의 지급을 청구하여야 한다(영 제72조 제1항).

> ⓐ 입주자대표회의와 주택관리사 등간의 손해배상합의서 또는 화해조서
> ⓑ 확정된 법원의 판결문 사본
> ⓒ ⓐ 또는 ⓑ에 준하는 효력이 있는 서류

   ⓛ **재설정**: 주택관리사 등은 보증보험금, 공제금 또는 공탁금으로 손해배상을 한 때에는 15일 이내에 보증보험 또는 공제에 다시 가입하거나 공탁금 중 부족하게 된 금액을 보전하여야 한다(영 제72조 제2항).

(9) 부정행위 금지 등

① 공동주택의 관리와 관련하여 입주자대표회의(구성원을 포함한다)와 관리사무소장은 공모(共謀)하여 부정하게 재물 또는 재산상의 이익을 취득하거나 제공하여서는 아니 된다(법 제90조 제1항).

② 공동주택의 관리(관리사무소장 등 근로자의 채용을 포함한다)와 관련하여 입주자 등, 관리주체, 입주자대표회의, 선거관리위원회(위원을 포함한다)는 부정하게 재물 또는 재산상의 이익을 취득하거나 제공하여서는 아니 된다(법 제90조 제2항).

③ 입주자대표회의 및 관리주체는 관리비, 사용료와 장기수선충당금을 이 법에 따른 용도 외의 목적으로 사용하여서는 아니 된다(법 제90조 제3항).

④ 주택관리업자 및 주택관리사 등은 다른 자에게 자기의 성명 또는 상호를 사용하여 이 법에서 정한 사업이나 업무를 수행하게 하거나 그 등록증 또는 자격증을 빌려주어서는 아니 된다(법 제90조 제4항).

⑤ 누구든지 다른 자의 성명 또는 상호를 사용하여 주택관리업 또는 주택관리사 등의 업무를 수행하거나 그 등록증 또는 자격증을 빌려서는 아니 된다(법 제90조 제5항).

⑥ 누구든지 위 ④나 ⑤에서 금지된 행위를 알선하여서는 아니 된다(법 제90조 제6항).

03 주택관리사 등 ★

(1) 주택관리사 등의 자격

① **주택관리사보 합격증서의 발급**: 주택관리사보가 되려는 사람은 국토교통부장관이 시행하는 자격시험에 합격한 후 시 · 도지사(지방자치법 제198조에 따른 서울특별시 · 광역시 및 특별자치시를 제외한 인구 50만 이상의 대도시의 경우에는 그 시장을 말한다)로부터 합격증서를 발급받아야 한다(법 제67조 제1항).

② **주택관리사 자격증의 발급**: 주택관리사는 다음의 요건을 갖추고 시 · 도지사로부터 주택관리사 자격증을 발급받은 사람으로 한다(법 제67조 제2항).

> ⊙ 주택관리사보 합격증서를 발급받았을 것
> ⓒ 대통령령으로 정하는 주택 관련 실무경력이 있을 것

③ **실무경력**: 특별시장 · 광역시장 · 특별자치시장 · 도지사 또는 특별자치도지사(이하 '시 · 도지사'라 한다)는 주택관리사보 자격시험에 합격하기 전이나 합격한 후 다음의 어느 하나에 해당하는 경력을 갖춘 자에 대하여 주택관리사 자격증을 발급한다 (영 제73조 제1항).

> ⊙ 주택법 제15조 제1항에 따른 사업계획승인을 받아 건설한 50세대 이상 500세대 미만의 공동주택(건축법 제11조에 따른 건축허가를 받아 주택과 주택 외의 시설을 동일 건축물로 건축한 건축물 중 주택이 50세대 이상 300세대 미만인 건축물을 포함한다)의 관리사무소장으로 근무한 경력 3년 이상
> ⊙ 주택법 제15조 제1항에 따른 사업계획승인을 받아 건설한 50세대 이상의 공동주택(건축법 제11조에 따른 건축허가를 받아 주택과 주택 외의 시설을 동일 건축물로 건축한 건축물 중 주택이 50세대 이상 300세대 미만인 건축물을 포함한다)의 관리사무소의 직원(경비원, 청소원 및 소독원은 제외한다) 또는 주택관리업자의 임직원으로 주택관리업무에 종사한 경력 5년 이상
> ⊙ 한국토지주택공사 또는 지방공사의 직원으로 주택관리업무에 종사한 경력 5년 이상
> ⊙ 공무원으로 주택 관련 지도 · 감독 및 인 · 허가업무 등에 종사한 경력 5년 이상
> ⊙ 법 제81조 제1항에 따른 주택관리사단체와 국토교통부장관이 정하여 고시하는 공동주택관리와 관련된 단체의 임직원으로 주택 관련 업무에 종사한 경력 5년 이상
> ⊙ ⊙부터 ⊙까지의 경력을 합산한 기간 5년 이상

④ **자격증 발급신청서**

⊙ **신청서 제출**: 주택관리사 자격증을 발급받으려는 자는 자격증 발급신청서(전자문서로 된 신청서를 포함한다)에 실무경력에 대한 증명서류(전자문서를 포함한다) 및 사진을 첨부하여 주택관리사보 자격시험 합격증서를 발급한 시 · 도지사에게 제출해야 한다(영 제73조 제2항).

⊙ **확인사항**: 시 · 도지사는 신청서를 받으면 다음의 사항을 확인해야 한다(규칙 제31조 제3항).

> ⓐ 주택관리사보 자격시험 합격증서
> ⓑ ③에 따른 다음의 실무경력 증명서류. 이 경우 전자정부법 제36조 제1항에 따른 행정정보의 공동이용을 통해 확인해야 하며, 신청인이 확인에 동의하지 않는 경우에는 해당 서류를 제출하도록 해야 한다.
> 　가. 국민연금가입자가입증명
> 　나. 건강보험자격득실확인서

(2) 주택관리사 등의 결격사유

다음의 어느 하나에 해당하는 사람은 주택관리사 등이 될 수 없으며 그 자격을 상실한다 (법 제67조 제4항).

> ① 피성년후견인 또는 피한정후견인
> ② 파산선고를 받은 사람으로서 복권되지 아니한 사람
> ③ 금고 이상의 실형을 선고받고 그 집행이 끝나거나(집행이 끝난 것으로 보는 경우를 포함한다) 집행이 면제된 날부터 2년이 지나지 아니한 사람
> ④ 금고 이상의 형의 집행유예를 선고받고 그 유예기간 중에 있는 사람
> ⑤ 주택관리사 등의 자격이 취소된 후 3년이 지나지 아니한 사람(① 및 ②에 해당하여 주택관리사 등의 자격이 취소된 경우는 제외한다)

(3) 주택관리사 등의 자격취소 등

① **주택관리사 등의 자격취소 등 사유**: 시 · 도지사는 주택관리사 등이 다음의 어느 하나에 해당하면 그 자격을 취소하거나 1년 이내의 기간을 정하여 그 자격을 정지시킬 수 있다. 다만, ㉠부터 ㉣까지, ㉾ 중 어느 하나에 해당하는 경우에는 그 자격을 취소하여야 한다(법 제69조 제1항).

> ㉠ 거짓이나 그 밖의 부정한 방법으로 자격을 취득한 경우
> ㉡ 공동주택의 관리업무와 관련하여 금고 이상의 형을 선고받은 경우
> ㉢ 의무관리대상 공동주택에 취업한 주택관리사 등이 다른 공동주택 및 상가, 오피스텔 등 주택 외의 시설에 취업한 경우
> ㉣ 주택관리사 등이 자격정지기간에 공동주택관리업무를 수행한 경우
> ㉤ 고의 또는 중대한 과실로 공동주택을 잘못 관리하여 소유자 및 사용자에게 재산상의 손해를 입힌 경우
> ㉥ 주택관리사 등이 업무와 관련하여 금품 수수(收受) 등 부당이득을 취한 경우
> ㉾ 법 제90조 제4항을 위반하여 다른 사람에게 자기의 명의를 사용하여 이 법에서 정한 업무를 수행하게 하거나 자격증을 대여한 경우
> ㉿ 법 제93조 제1항에 따른 보고, 자료의 제출, 조사 또는 검사를 거부 · 방해 또는 기피하거나 거짓으로 보고를 한 경우
> ㊀ 법 제93조 제3항 · 제4항에 따른 감사를 거부 · 방해 또는 기피한 경우

② **자격의 취소 및 정지처분에 관한 기준**: 주택관리사 등의 자격취소 및 정지처분에 관한 기준은 [별표 8]과 같다(영 제81조).

주택관리사 등에 대한 행정처분기준(영 제81조 관련 [별표 8])

1. 일반기준

   가. 위반행위의 횟수에 따른 행정처분의 기준은 최근 1년간 같은 위반행위로 처분을 받은 경우에 적용한다. 이 경우 기준 적용일은 위반행위에 대한 행정처분일과 그 처분 후에 한 위반행위가 다시 적발된 날을 기준으로 한다.

   나. 가목에 따라 가중된 처분을 하는 경우 가중처분의 적용 차수는 그 위반행위 전 처분 차수(가목에 따른 기간 내에 처분이 둘 이상 있었던 경우에는 높은 차수를 말한다)의 다음 차수로 한다.

   다. 같은 주택관리사 등이 둘 이상의 위반행위를 한 경우로서 그에 해당하는 각각의 처분기준이 다른 경우에는 다음의 기준에 따라 처분한다.

   1) 가장 무거운 위반행위에 대한 처분기준이 자격취소인 경우에는 자격취소처분을 한다.

   2) 각 위반행위에 대한 처분기준이 자격정지인 경우에는 가장 중한 처분의 2분의 1까지 가중할 수 있되, 각 처분기준을 합산한 기간을 초과할 수 없다. 이 경우 그 합산한 자격정지기간이 1년을 초과하는 때에는 1년으로 한다.

   라. 시·도지사는 위반행위의 동기·내용·횟수 및 위반의 정도 등 다음에 해당하는 사유를 고려하여 제2호의 개별기준에 따른 행정처분을 가중하거나 감경할 수 있다. 이 경우 그 처분이 자격정지인 경우에는 그 처분기준의 2분의 1의 범위에서 가중(가중한 자격정지기간은 1년을 초과할 수 없다)하거나 감경할 수 있고, 자격취소인 경우(법 제69조 제1항 제1호부터 제4호까지 또는 제7호의 어느 하나에 해당하는 경우는 제외한다)에는 6개월 이상의 자격정지처분으로 감경할 수 있다.

   1) 가중사유

   가) 위반행위가 고의나 중대한 과실에 따른 것으로 인정되는 경우

   나) 위반의 내용과 정도가 중대하여 입주자 등 소비자에게 주는 피해가 크다고 인정되는 경우

   2) 감경사유

   가) 위반행위가 사소한 부주의나 오류에 따른 것으로 인정되는 경우

   나) 위반의 내용과 정도가 경미하여 입주자 등 소비자에게 미치는 피해가 적다고 인정되는 경우

   다) 위반행위자가 처음 위반행위를 한 경우로서 주택관리사로서 3년 이상 관리사무소장을 모범적으로 해온 사실이 인정되는 경우

   라) 위반행위자가 해당 위반행위로 검사로부터 기소유예처분을 받거나 법원으로부터 선고유예의 판결을 받은 경우

   마) 제2호 마목 2)에 따른 자격정지처분을 하려는 경우로써 위반행위자가 제70조 각 호에 따른 손해배상책임을 보장하는 금액을 2배 이상 보장하는 보증보험가입·공제가입 또는 공탁을 한 경우

2. 개별기준

위반행위	근거 법조문	행정처분기준		
		1차 위반	2차 위반	3차 위반
가. 거짓이나 그 밖의 부정한 방법으로 자격을 취득한 경우	법 제69조 제1항 제1호	자격취소		
나. 공동주택의 관리업무와 관련하여 금고 이상의 형을 선고받은 경우	법 제69조 제1항 제2호	자격취소		
다. 의무관리대상 공동주택에 취업한 주택관리사 등이 다른 공동주택 및 상가·오피스텔 등 주택 외의 시설에 취업한 경우	법 제69조 제1항 제3호	자격취소		
라. 주택관리사 등이 자격정지기간에 공동주택관리업무를 수행한 경우	법 제69조 제1항 제4호	자격취소		
마. 고의 또는 중대한 과실로 공동주택을 잘못 관리하여 소유자 및 사용자에게 재산상의 손해를 입힌 경우	법 제69조 제1항 제5호			
1) 고의로 공동주택을 잘못 관리하여 소유자 및 사용자에게 재산상의 손해를 입힌 경우		자격정지 6개월	자격정지 1년	
2) 중대한 과실로 공동주택을 잘못 관리하여 소유자 및 사용자에게 재산상의 손해를 입힌 경우		자격정지 3개월	자격정지 6개월	자격정지 6개월
바. 주택관리사 등이 업무와 관련하여 금품 수수 등 부당이득을 취한 경우	법 제69조 제1항 제6호	자격정지 6개월	자격정지 1년	
사. 법 제90조 제4항을 위반하여 다른 사람에게 자기의 명의를 사용하여 이 법에서 정한 업무를 수행하게 하거나 자격증을 대여한 경우	법 제69조 제1항 제7호	자격취소		
아. 법 제93조 제1항에 따른 보고, 자료의 제출, 조사 또는 검사를 거부·방해 또는 기피하거나 거짓으로 보고를 한 경우	법 제69조 제1항 제8호			
1) 조사 또는 검사를 거부·방해 또는 기피하거나 거짓으로 보고를 한 경우		경고	자격정지 2개월	자격정지 3개월
2) 보고 또는 자료제출 등의 명령을 이행하지 않은 경우		경고	자격정지 1개월	자격정지 2개월
자. 법 제93조 제3항·제4항에 따른 감사를 거부·방해 또는 기피한 경우	법 제69조 제1항 제9호	경고	자격정지 2개월	자격정지 3개월

(4) 주택관리업자 등의 교육

① **공동주택관리에 관한 교육과 윤리교육**

㉠ **배치교육**: 주택관리업자(법인인 경우에는 그 대표자를 말한다)와 관리사무소장으로 배치받은 주택관리사 등은 국토교통부령으로 정하는 바에 따라 시·도지사로부터 공동주택관리에 관한 교육과 윤리교육을 받아야 한다. 이 경우 관리사무소장으로 배치받으려는 주택관리사 등은 국토교통부령으로 정하는 바에 따라 공동주택관리에 관한 교육과 윤리교육을 받을 수 있고, 그 교육을 받은 경우에는 관리사무소장의 교육의무를 이행한 것으로 본다(법 제70조 제1항).

㉡ **일정기간 종사한 경력이 없는 경우 교육**: 관리사무소장으로 배치받으려는 주택관리사 등이 배치예정일부터 직전 5년 이내에 관리사무소장, 공동주택관리기구의 직원 또는 주택관리업자의 임직원으로서 종사한 경력이 없는 경우에는 국토교통부령으로 정하는 바에 따라 시·도지사가 실시하는 공동주택관리에 관한 교육과 윤리교육을 이수하여야 관리사무소장으로 배치받을 수 있다. 이 경우 공동주택관리에 관한 교육과 윤리교육을 이수하고 관리사무소장으로 배치받은 주택관리사 등에 대하여는 ㉠에 따른 관리사무소장의 교육의무를 이행한 것으로 본다(법 제70조 제2항).

㉢ **근무 중인 주택관리사 등의 교육**: 공동주택의 관리사무소장으로 배치받아 근무 중인 주택관리사 등은 위 ㉠ 또는 ㉡에 따른 교육을 받은 후 3년마다 국토교통부령으로 정하는 바에 따라 공동주택관리에 관한 교육과 윤리교육을 받아야 한다(법 제70조 제3항).

② **교육의 실시**

㉠ **주택관리업자 등의 교육시기**: 주택관리업자(법인인 경우에는 그 대표자를 말한다) 또는 관리사무소장은 다음의 구분에 따른 시기에 교육업무를 위탁받은 기관 또는 단체(이하 '교육수탁기관'이라 한다)로부터 공동주택관리에 관한 교육과 윤리교육을 받아야 하며, 교육수탁기관은 관리사무소장으로 배치받으려는 주택관리사 등에 대해서도 공동주택관리에 관한 교육과 윤리교육을 시행할 수 있다(규칙 제33조 제1항).

> ⓐ 주택관리업자: 주택관리업의 등록을 한 날부터 3개월 이내
> ⓑ 관리사무소장: 관리사무소장으로 배치된 날(주택관리사보로서 관리사무소장이던 사람이 주택관리사의 자격을 취득한 경우에는 그 자격취득일을 말한다)부터 3개월 이내

ⓛ **교육내용**: 공동주택의 관리사무소장으로 배치받아 근무 중인 주택관리사 등이 받는 공동주택관리에 관한 교육과 윤리교육에는 다음의 사항이 포함되어야 한다(규칙 제33조 제3항).

> ⓐ 공동주택의 관리책임자로서 필요한 관계 법령, 소양 및 윤리에 관한 사항
> ⓑ 공동주택 주요 시설의 교체 및 수리방법 등 주택관리사로서 필요한 전문 지식에 관한 사항
> ⓒ 공동주택의 하자보수 절차 및 분쟁해결에 관한 교육

ⓒ **교육기간**: 공동주택관리에 관한 교육과 윤리교육의 교육기간은 3일로 한다(규칙 제33조 제4항).

ⓔ **교육 실시공고 등**: 주택관리에 관한 교육 및 관리사무소장의 직무에 관한 교육에 관한 업무를 위탁받은 기관은 교육 실시 10일 전에 교육의 일시, 장소, 기간, 내용, 대상자 및 그 밖에 교육에 필요한 사항을 공고하거나 관리주체에게 통보하여야 한다(규칙 제33조 제5항, 제7조 제4항).

부록

초보자를 위한 용어정리

01 주택관리관계법규

----

02 공동주택관리실무

개발행위허가 도시·군계획사업(도시개발사업, 정비사업, 도시·군계획시설사업) 외의 토지이용행위인 경우에 요건을 갖추어 행정청에 허가를 받아야 하는 것을 의미한다.

> ▶ 허가대상행위

① 건축물의 건축, 공작물의 설치

② 토지의 형질변경: 절토, 성토, 정지, 포장 등의 방법으로 토지의 형상을 변경하는 행위와 공유수면의 매립행위

③ 토석채취: 흙, 모래, 자갈, 바위 등의 토석을 채취하는 행위

④ 녹지, 관리, 농림, 자연환경보전지역 안에서 허가·인가 등을 받지 않고 행하는 토지의 분할, 건축법에 따른 분할제한면적 미만으로의 토지의 분할, 관계 법령에 의한 허가·인가 등을 받지 않고 행하는 너비 5m 이하로의 토지의 분할

⑤ 물건을 쌓아놓는 행위: 녹지지역, 관리지역 또는 자연환경보전지역 안에서 건축물의 울타리 안에 위치하지 아니한 토지에 물건을 1개월 이상 쌓아놓는 행위

건폐율 대지면적에 대한 건축면적의 비율로서 대지면적에서 건축물의 면적이 차지하는 비율이며, 용도지역별로 20~90%까지 그 상한이 정해져 있다.

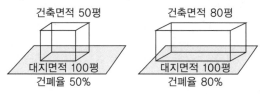

건축면적 50평	건축면적 80평
대지면적 100평	대지면적 100평
건폐율 50%	건폐율 80%

관리지역 도시지역의 인구와 산업을 수용하기 위하여 도시지역에 준하여 체계적으로 관리하거나 농림업의 진흥, 자연환경 또는 산림의 보전을 위하여 농림지역 또는 자연환경보전지역에 준하여 관리가 필요한 지역이다.

기명, 기명날인	기명(記名)은 단순히 이름을 적는다는 의미이기 때문에 타인이 이를 대행하는 방법으로 하여도 무방하다. 즉, 다른 사람이 대신하여 적거나 컴퓨터로 작성해도 되기 때문에 기명은 보통 본인의 진정한 의사를 확인하기 위해 일반적으로 기명과 함께 날인하는 기명날인이 요구된다. 예를 들어, 타인이 이름을 대신 써 주었다면, 이는 '서명'이 아닌 '기명'에 해당하며, 권리자의 날인이 있다면 '기명날인'의 요건은 갖춘 것이다.
기부채납	① 국가 또는 지방자치단체 외의 자가 재산의 소유권을 무상으로 국가 또는 지방자치단체에 이전하여 국가 또는 지방자치단체가 이를 취득하는 것을 말한다. ② 법률적으로 기부(寄附)는 민법상의 증여이고, 채납(採納)은 승낙을 말한다. 기부채납된 재산은 국유재산(국가의 재산) 또는 공유재산(지방자치단체의 재산)이 된다. 기부채납은 특정 사업과 관련하여 일종의 반대급부로서 이루어지는 경우가 대부분이다. 예컨대 개인이나 기업이 어떤 건물을 만들거나 시설물을 만들 때, 주변 지역을 매입해서 특정한 형태로 꾸며서 국가 또는 지방자치단체에 기부하는 것이다. 아파트단지 건설시, 아파트단지의 도로 진입로 등이 대표적인 기부채납 대상이며, 기부채납의 취지는 국토개발의 효율성 향상과 개발이익의 분배에 있다.
날인(捺印)	도장을 찍는 것을 의미하며, 이때 도장의 형태는 상관이 없으며, 무인(지장)도 유효하다. 인감은 도장 중 등기소에 등록한 도장을 뜻한다. ▶ 참고 용어: 서명, 서명날인
농림지역	도시지역에 속하지 아니하는 농지법에 따른 농업진흥지역 또는 산지관리법에 따른 보전산지 등으로서 농림업을 진흥시키고 산림을 보전하기 위하여 필요한 지역이다.

| 도시 · 군계획 시설 | 기반시설 중에서 도시 · 군관리계획으로 설치, 정비, 개량할 것을 결정한 시설이다. |

| 도시지역 | 인구와 산업이 밀집되어 있거나 밀집이 예상되어 그 지역에 대하여 체계적인 개발, 정비, 관리, 보전 등이 필요한 지역이다. |

| 보전산지 | 산지관리법령상 산지를 합리적으로 보전하고 이용하기 위해 전국의 산지를 보전산지와 준보전산지로 구분하며, 보전산지는 다시 임업용 산지와 공익용 산지로 구분한다. |

| 부기등기 | 어떤 등기가 다른 기존의 등기(주등기)의 순위를 그대로 보유하게 할 필요가 있는 경우에 대비하기 위하여 주등기의 번호를 그대로 사용하고, 주등기 번호의 아래에 부기xx호라는 번호를 붙여서 행하여지는 등기이다. 부기등기와 다른 등기와의 순서는 주등기의 순위에 의하고, 동일한 부기등기 상호간의 순위는 그 전후에 의한다. |

5	소유권이전	2020년2월6일 제24589호	2020년2월3일 신탁	수탁자　　회사 명　　신탁주식회사 0-0(사업자등록번호) 서울특별시 강남구　　주　소
	신탁			신탁원부 제(면도)-000 호
5-1	금지사항등기	2020년5월21일 제93068호	2020년5월21일 입주자모집공고 승인신청	이 토지는 주택법에 따라 입주자를 모집한 토지(주택조합의 경우에는 주택건설사업계획승인이 신청된 토지를 말한다)로서 입주예정자의 동의 없이는 양도하거나 제한물권을 설정하거나 압류, 가압류, 가처분 등 소유권에 제한을 가하는 일체의 행위를 할 수 없음

| 부속토지 | 건축물의 담장 등으로 둘러싸여 있는 안쪽의 토지를 의미한다. 즉, 해당 건축물의 보호를 위해 인접토지와 경계가 한 담장으로 둘러싸여 있는 안쪽의 토지를 말하는바, 그 경계는 철조망, 조경수 등 인위적으로 설치한 경우뿐 아니라 자연하천, 인공하천, 도로 등이 경계가 될 수 있다. 그 부속토지는 하나의 필지 또는 수개의 필지로 구성되기도 한다. |

서명(署名)

자기 고유의 필체로 자기의 이름을 제3자가 알아볼 수 있도록 쓰는 것을 말한다. 즉, 본인이 직접 자신의 이름을 쓰는 것을 말하므로, 타인이 대신 이름을 쓰는 것은 이에 해당하지 않는다.

▶ 참고 용어: 날인, 서명날인

서명날인 (署名捺印)

서명과 날인을 모두 하는 것을 의미하며, '성명을 자서하고 날인'하는 것이 서명날인이다.

▶ 참고 용어: 날인, 서명

수용재결

① 공익사업에 따른 토지 등 매수협의가 불능이 되거나 또는 협의가 성립되지 않은 때에 관할 토지수용위원회에 의하여 보상금의 지급 또는 공탁을 조건으로 하는 수용의 효과를 완성하여 주는 형성적 행정행위로, 사업시행자가 신청하는 수용의 종국적 절차를 말한다.

② 수용재결이 되어 보상금을 지급하거나 공탁하면 사업시행자는 토지수용위원회가 정한 수용시기에 그 토지 등에 대한 소유권을 취득하게 되고 그 토지 등에 있던 다른 권리도 소멸하게 된다. 만약 사업시행자가 수용개시일까지 보상금을 지급하거나 공탁하지 아니하면 그 수용재결은 효력을 잃게 된다.

수평투영면적	위에서 바라보았을 때 보이는 면적이다.

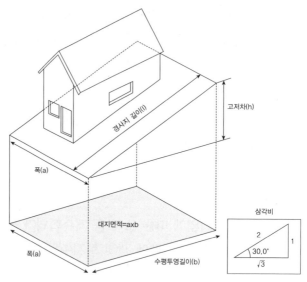

승인	일정한 사실을 인정하는 것으로 타인의 행위에 대하여 긍정적인 의사를 표시하는 것을 말하며, 그 법률상의 효력을 완성시키는 의미가 있다. ▶ 참고 용어: 신고, 인가, 허가

신고	일정한 행위를 하고자 할 때에 그 행위를 한다고 알리는 것이다. ▶ 참고 용어: 승인, 인가, 허가

신탁	① 금전이나 부동산 등 재산권을 소유한 자(위탁자)가 수탁자(신탁회사 등)에게 재산권(신탁재산)을 귀속시킴과 동시에 그 재산을 일정한 목적(신탁목적)에 따라 자기 또는 타인(수익자)을 위하여 관리·처분하는 법률관계이다. ② 위탁자로부터 수탁자에게로의 재산권의 이전(대내·외적으로 완전한 소유권 이전)을 수반하는 것이 가장 큰 특징이며, 재산은 대내·외적으로 수탁자에게 귀속되어도 경제상·실질상으로는 수익자에게 귀속된다. 신탁재산은 위탁자 및 수탁자로부터 독립되어 있다.

알선 분쟁당사자간의 화해를 유도하여 합의가 이루어지게 하는 것이다.

▶ 참고 용어: 조정, 재정, 중재

용도지역 전국의 모든 토지를 대상으로 토지의 이용 및 건축물의 용도, 건폐율, 용적률, 높이 등을 제한함으로써 토지를 경제적·효율적으로 이용하고 공공복리의 증진을 도모하기 위하여 서로 중복되지 아니하게 도시·군 관리계획으로 결정하는 지역을 말하고 다음과 같이 크게 구분된다.

대분류(4개)	중분류(9개)	소분류(21개)
도시지역	주거지역	전용제1종·제2종 주거지역 일반제1종·제2종·제3종 주거지역, 준주거지역
	상업지역	중심, 일반, 유통, 근린상업지역
	공업지역	전용, 일반, 준공업지역
	녹지지역	보전, 생산, 자연녹지지역
관리지역	보전관리지역	보전관리지역
	생산관리지역	생산관리지역
	계획관리지역	계획관리지역
농림지역	농림지역	농림지역
자연환경 보전지역	자연환경 보전지역	자연환경보전지역

용적률 대지면적에 대한 지상층 연면적의 비율로서 대지에서 건축물의 총용량이 차지하는 비율이다. 용도지역별로 80~1,500%까지 그 상한이 정해져 있다.

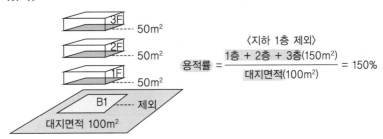

$$\text{용적률} = \frac{1층 + 2층 + 3층(150m^2)}{대지면적(100m^2)} = 150\%$$

〈지하 1층 제외〉

인가
제3자의 법률행위를 보충하여 그 법률상의 효력을 완성시켜 주는 행정행위를 말한다. 법률상 요건을 충족하면 행정관청에서는 인가를 해주게 되어 있다.

▶ 참고 용어: 신고, 승인, 허가

자연환경보전지역
자연환경, 수자원, 해안, 생태계, 상수원 및 문화재의 보전과 수산자원의 보호·육성 등을 위하여 필요한 지역이다.

재정
알선, 조정으로 해결이 곤란한 손해배상 사건 등에 대하여 재정위원회가 인과관계의 유무 및 피해액을 판단하여 결정하는 재판에 준하는 절차이다.

▶ 참고 용어: 알선, 조정, 중재

접도구역
도로 구조의 파손 방지, 미관(美觀)의 훼손 또는 교통에 대한 위험 방지를 위하여 필요하면 소관 도로의 경계선에서 5m(고속국도의 경우는 30m)를 초과하지 아니하는 범위에서 도로법에 따라 지정·고시된 구역을 말한다. 접도구역은 도시지역(주거, 상업, 공업, 녹지)에서는 지정하지 않고 도시지역 외의 지역, 즉 관리지역, 농림지역, 자연환경보전지역의 도로에서 필요한 경우에 지정하게 된다.

조정
알선으로 해결이 곤란한 분쟁사건에 대하여 조정위원회가 사실조사 후 조정안을 작성하여 양측에 일정한 기간을 정하여 권고함으로써 분쟁의 해결을 도모하는 방법이다.

▶ 참고 용어: 알선, 재정, 중재

| 중재 | 양 당사자의 합의하에 신청이 가능하며, 중재위원회가 인과관계의 유무 및 피해액을 판단하여 그 결과를 양 당사자에게 통보하는 절차이며, 중재결정에 대해서는 이의신청을 할 수 없으며 중재법에 의한 중재결정의 취소소송만을 법원에 제기할 수 있다.

▶ 참고 용어: 알선, 재정, 조정

지구단위계획
구역

도시계획 수립대상 지역의 일부에 대하여 토지이용을 보다 합리화하고 기능 증진 및 미관 개선을 통해 양호한 환경을 확보함으로써 그 지역을 체계적·계획적으로 관리하기 위하여 수립하는 도시·군관리계획의 한 유형이며, 그 일부가 '지구단위계획구역'이다. 인천시를 예를 들면, 도시계획 수립대상 지역은 인천시 전체이고 그 일부(송도국제도시, 청라국제도시 등)를 지구단위계획구역으로 정해서 구체적(건축물의 용도, 건폐율, 용적률, 높이 등)으로 수립하는 토지이용계획이 지구단위계획인 것이다.

체비지

환지방식의 도시개발사업의 사업시행자가 도시개발법의 규정에 의거하여 사업구역 내의 토지소유자 또는 관계인에게 동 구역 내의 토지로써 사업비용을 부담하게 할 경우에 그 토지를 체비지라 한다. 이에 관하여 환지예정지가 지정된 때에는 시행자는 사업의 비용에 충당하기 위하여 이를 사용 또는 수익하게 하거나 이를 처분할 수 있고, 처분되지 아니한 체비지는 사업시행자가 환지처분의 공고가 있은 날의 다음 날에 그 소유권을 취득한다.

표준설계도서

표준설계도서란 설계에 필요한 비용과 시간을 절감할 수 있도록 미리 작성하여 검토를 끝낸 설계도서로 국토교통부장관이 인정하고 공고하여 국민 누구나 무료로 이용할 수 있다.

필로티	① 일반적으로 지상층에 면한 부분에 기둥, 내력벽 등 하중을 지지하는 구조체 이외의 외벽, 설비 등을 설치하지 않고 개방시킨 구조를 말한다.

② 필로티나 그 밖에 이와 비슷한 구조(벽면적의 2분의 1 이상이 그 층의 바닥면에서 위층 바닥 아래 면까지 공간으로 된 것)의 부분은 그 부분이 공중의 통행이나 차량의 통행 또는 주차에 전용되는 경우와 공동주택의 경우에는 바닥면적에 산입하지 아니한다.

③ 건축물의 1층 전체에 필로티(건축물을 사용하기 위한 경비실, 계단실, 승강기실, 그 밖에 이와 비슷한 것을 포함)가 설치되어 있는 경우에는 일조 등의 확보를 위한 건축물 높이제한에 따른 건축물 높이 산정시 필로티의 층고를 제외한다.

필지

① 토지의 수를 세는 단위이고 소유권을 구분하기 위해 만들어졌다. 필지는 토지의 면적을 정해주는 단위가 아니기 때문에 1필지는 100평이 될 수도 있고, 200평 또는 1,000평이 될 수도 있다. 필지별로 1개의 지번과 1개의 지목이 부여되어 있다. 1개의 필지를 나누어 2인의 소유주가 된다면 필지를 '분할'하여 1개의 필지를 2개로 나누어야 한다.

② 일반적으로 토지를 거래할 때에는 필지 단위로 거래하고 소유권을 이전하고 필지 단위로 등기부에 등기한다 하여 '권리변동'의 단위라고도 한다. 지적도는 토지의 경계선을 그려놓은 지도이고 하나의 토지마다 지번이 붙어 있어 이것을 필지라 한다.

허가

일반적으로 금지되어 있는 행위를 특정한 경우에 그 특정인에 대하여 해제해 주는 행정처분을 말한다.
▶ 참고 용어: 승인, 신고, 인가

| 환지 | 도시개발사업 또는 정비사업과 토지개량사업(농지)을 행함에 있어 토지의 효용을 증진하기 위하여 종전의 토지에 존재하던 권리관계에 변동을 가하지 아니하고 사업 전의 각 토지의 위치, 면적, 수리, 이용상황 및 환경 등을 고려하여 이에 대응할 수 있게 이것을 사업 후의 대지에 이동(환지, 재분배)시키는 것을 말한다. |

공동주택	건축물의 벽, 복도, 계단이나 그 밖의 설비 등의 전부 또는 일부를 공동으로 사용하는 각 세대가 하나의 건축물 안에서 각각 독립된 주거생활을 할 수 있는 구조로 된 주택을 말한다.
공동주택관리 분쟁조정 위원회	공동주택관리 분쟁(공동주택의 하자담보책임 및 하자보수 등과 관련한 분쟁은 제외한다)을 조정하기 위하여 국토교통부에 중앙 공동주택관리 분쟁조정위원회를 두고, 시·군·구에 지방 공동주택관리 분쟁조정위원회를 두는데, 이를 공동주택관리 분쟁조정위원회라 한다.
공동주택관리 정보시스템	국토교통부에서 2015년부터 대한주택관리사협회에서 한국부동산원으로 위탁운영기관을 변경하여 개편·운영하고 있는 서비스로, 입주자와 일반 주민에게 아파트 관리비 등 공동주택관리통합정보를 제공함으로써 투명하고 효율적인 공동주택관리가 되도록 지원해 오고 있는 정부 주관의 통합정보시스템이다.
관리규약	공동주택의 입주자 등을 보호하고 주거생활의 질서를 유지하기 위하여 입주자 등이 정하는 자치규약을 말한다.
관리비	의무관리대상 공동주택의 입주자 등이 그 공동주택의 유지관리를 위하여 필요하여 관리주체에게 납부하여야 하는 비용으로 다음의 비목의 월별 금액의 합계액으로 한다. ① 일반관리비 ② 청소비 ③ 경비비 ④ 소독비 ⑤ 승강기유지비 ⑥ 지능형 홈네트워크 설비 유지비 ⑦ 난방비(난방열량을 계량하는 계량기 등이 설치된 공동주택의 경우에는 그 계량에 따라 산정한 난방비를 말한다)

⑧ 급탕비

⑨ 수선유지비(냉방·난방시설의 청소비를 포함한다)

⑩ 위탁관리수수료

관리비 예치금 해당 공동주택의 공용부분의 관리 및 운영 등에 필요한 경비로 관리주체 또는 사업주체가 공동주택의 소유자로부터 징수할 수 있다.

관리주체 공동주택을 관리하는 다음의 자를 말한다.

① 자치관리기구의 대표자인 공동주택의 관리사무소장

② 관리업무를 인계하기 전의 사업주체

③ 주택관리업자

④ 임대사업자

⑤ 주택임대관리업자(시설물 유지·보수·개량 및 그 밖의 주택관리업무를 수행하는 경우에 한정한다)

동별 대표자 입주자대표회의를 구성하기 위하여 동별 세대수에 비례하여 관리규약으로 정한 선거구에 따라 선출된 대표자를 말한다.

복리시설 주택단지의 입주자 등의 생활복리를 위한 다음의 공동시설을 말한다.

① 어린이놀이터, 근린생활시설, 유치원, 주민운동시설 및 경로당

② 그 밖에 입주자 등의 생활복리를 위하여 대통령령으로 정하는 공동시설

부대시설 주택에 딸린 다음의 시설 또는 설비를 말한다.

① 주차장, 관리사무소, 담장 및 주택단지 안의 도로

② 건축설비

③ ① 및 ②의 시설·설비에 준하는 것으로서 대통령령으로 정하는 시설 또는 설비

분쟁재정
건축물의 하자와 관련된 민사에 관한 분쟁을 위원회가 재판에 준하는 절차에 따라 인과관계의 유무 및 피해액 등에 대한 법률적 판단을 내려 분쟁을 해결하는 것을 말한다.

분쟁조정
공동주택의 하자와 관련된 민사에 관한 분쟁을 정식재판이 아닌 간단한 절차에 따라 당사자간에 상호 양해를 통하여 관계법규 및 조리를 바탕으로 실정에 맞게 해결하는 것을 말한다.

사업주체
주택건설사업계획 또는 대지조성사업계획의 승인을 받아 그 사업을 시행하는 다음의 자를 말한다.
① 국가 · 지방자치단체
② 한국토지주택공사 또는 지방공사
③ 등록한 주택건설사업자 또는 대지조성사업자
④ 그 밖에 이 법에 따라 주택건설사업 또는 대지조성사업을 시행하는 자

사용료 등
관리주체는 입주자 등이 납부하는 다음의 사용료 등을 입주자 등을 대행하여 그 사용료 등을 받을 자에게 납부할 수 있다.
① 전기료(공동으로 사용하는 시설의 전기료를 포함한다)
② 수도료(공동으로 사용하는 수도료를 포함한다)
③ 가스사용료
④ 지역난방방식인 공동주택의 난방비와 급탕비
⑤ 정화조오물 수수료
⑥ 생활폐기물 수수료
⑦ 공동주택단지 안의 건물 전체를 대상으로 하는 보험료
⑧ 입주자대표회의 운영경비
⑨ 선거관리위원회 운영경비

사용자
공동주택을 임차하여 사용하는 사람(임대주택의 임차인은 제외한다) 등을 말한다.

선거관리 위원회	입주자 등이 동별 대표자나 입주자대표회의의 임원을 선출하거나 해임하기 위하여 구성된 조직을 말한다.
세대구분형 공동주택	공동주택의 주택 내부공간의 일부를 세대별로 구분하여 생활이 가능한 구조로 하되, 그 구분된 공간의 일부를 구분소유할 수 없는 주택을 말한다.
안전관리계획	의무관리대상 공동주택의 관리주체가 해당 공동주택의 시설물로 인한 안전사고를 예방하기 위하여 수립하는 계획을 말한다.
안전점검	공동주택관리법령상 의무관리대상 공동주택의 관리주체가 그 공동주택의 기능유지와 안전성 확보로 입주자 등을 재해 및 재난 등으로부터 보호하기 위하여 시설물의 안전 및 유지관리에 관한 특별법 제21조에 따른 지침에서 정하는 안전점검의 실시방법 및 절차 등에 따라 실시하여야 하는 점검을 말한다.
위탁관리	의무관리대상 공동주택의 입주자 등이 공동주택을 위탁관리할 것을 정한 경우에는 입주자대표회의는 주택관리업자를 선정하여야 한다.
의무관리대상 공동주택	해당 공동주택을 전문적으로 관리하는 자를 두고 자치의결기구를 의무적으로 구성하여야 하는 등 일정한 의무가 부과되는 공동주택으로서, 다음 중 어느 하나에 해당하는 공동주택을 말한다. ① 300세대 이상의 공동주택 ② 150세대 이상으로서 승강기가 설치된 공동주택 ③ 150세대 이상으로서 중앙집중식 난방방식(지역난방방식을 포함한다)의 공동주택 ④ 건축허가를 받아 주택 외의 시설과 주택을 동일 건축물로 건축한 건축물로서 주택이 150세대 이상인 건축물 ⑤ ①부터 ④까지에 해당하지 아니하는 공동주택 중 전체 입주자 등의 3분의 2 이상이 서면으로 동의하여 정하는 공동주택

입주자	공동주택의 소유자 또는 그 소유자를 대리하는 배우자 및 직계존비속(直系尊卑屬)을 말한다.
입주자 등	입주자와 사용자를 말한다.
입주자대표회의	공동주택의 입주자 등을 대표하여 관리에 관한 주요 사항을 결정하기 위하여 구성하는 자치의결기구를 말한다.
입주자대표회의 임원	입주자대표회의에는 다음의 임원을 두어야 한다. ① 회장 1명 ② 감사 2명 이상 ③ 이사 1명 이상
자치관리	의무관리대상 공동주택의 입주자 등이 공동주택을 자치관리할 것을 정한 경우에는 입주자대표회의는 사업주체로부터 관리방법 결정 요구가 있은 날(의무관리대상 공동주택으로 전환되는 경우에는 입주자대표회의의 구성신고가 수리된 날을 말한다)부터 6개월 이내에 공동주택의 관리사무소장을 자치관리기구의 대표자로 선임하고, 대통령령으로 정하는 기술인력 및 장비를 갖춘 자치관리기구를 구성하여야 한다.
장기수선계획	공동주택을 오랫동안 안전하고 효율적으로 사용하기 위하여 필요한 주요 시설의 교체 및 보수 등에 관하여 수립하는 장기계획을 말한다.
주택	세대(世帶)의 구성원이 장기간 독립된 주거생활을 할 수 있는 구조로 된 건축물의 전부 또는 일부 및 그 부속토지를 말하며, 단독주택과 공동주택으로 구분한다.

주택관리업 공동주택을 안전하고 효율적으로 관리하기 위하여 입주자 등으로부터 의무관리대상 공동주택의 관리를 위탁받아 관리하는 업(業)을 말한다.

주택관리업자 주택관리업을 하는 자로서 시장·군수·구청장에게 등록한 자를 말한다.

주택단지 주택건설사업계획 또는 대지조성사업계획의 승인을 받아 주택과 그 부대시설 및 복리시설을 건설하거나 대지를 조성하는 데 사용되는 일단(一團)의 토지를 말한다.

준주택 주택 외의 건축물과 그 부속토지로서 주거시설로 이용 가능한 시설 등을 말한다.

하자감정 하자분쟁조정위원회가 다음의 어느 하나에 해당하는 사건의 경우에 안전진단기관에 그에 따른 감정을 의뢰하여 확인하는 절차를 말한다.
① 하자진단 결과에 대하여 다투는 사건
② 당사자 쌍방 또는 일방이 하자감정을 요청하는 사건
③ 하자원인이 불분명한 사건

하자담보책임 다음의 사업주체는 공동주택의 하자에 대하여 분양에 따른 담보책임(③ 및 ④의 시공자는 수급인의 담보책임을 말한다)을 진다.
① 국가·지방자치단체, 한국토지주택공사 또는 지방공사, 주택건설사업자 또는 대지조성사업자, 그 밖에 이 법에 따라 주택건설사업 또는 대지조성사업을 시행하는 자
② 건축허가를 받아 분양을 목적으로 하는 공동주택을 건축한 건축주
③ 세대간의 경계벽, 바닥충격음 차단구조, 구조내력(構造耐力) 등 주택의 구조·설비기준 행위를 한 시공자
④ 리모델링을 수행한 시공자

하자보수	사업주체는 담보책임기간에 하자가 발생한 경우에는 해당 공동주택 입주자대표회의 등 또는 공공임대주택의 임차인 또는 임차인대표회의에 해당하는 자의 청구에 따라 그 하자를 보수하여야 한다. 이 경우 하자보수의 절차 및 종료 등에 필요한 사항은 대통령령으로 정한다. ① 입주자 ② 입주자대표회의 ③ 관리주체(하자보수청구 등에 관하여 입주자 또는 입주자대표회의를 대행하는 관리주체를 말한다) ④ 집합건물의 소유 및 관리에 관한 법률에 따른 관리단 ⑤ 공공임대주택의 임차인 또는 임차인대표회의
하자보수 보증금	사업주체가 하자보수를 보장하기 위하여 담보책임기간(보증기간은 공용부분을 기준으로 기산한다) 동안 예치하여야 하는 보증금을 말한다.
하자심사	당사자가 건축물의 내력구조부별 또는 각종 시설물별로 발생하는 하자의 존부 또는 정부에 관한 의문이나 다툼이 있는 사건에 대하여 하자심사·분쟁조정위원회에서 하자 여부를 판정하는 것을 말한다.
하자심사· 분쟁조정 위원회	하자담보책임 및 하자보수 등과 관련한 사무를 관장하기 위하여 국토교통부에 두는 기구를 말한다.
하자진단	사업주체 등이 입주자대표회의 등 또는 임차인 등의 하자보수 청구에 이의가 있는 경우, 입주자대표회의 등 또는 임차인 등과 협의하여 안전진단기관에 보수책임이 있는 하자범위에 해당하는지 여부 등의 진단을 위하여 의뢰하여 확인하는 절차를 말한다.
혼합주택단지	분양을 목적으로 한 공동주택과 임대주택이 함께 있는 공동주택단지를 말한다.

저자 약력

조민수 교수

현 | 해커스 주택관리사학원 주택관리관계법규 대표강사
　　해커스 주택관리사 주택관리관계법규 동영상강의 대표강사
　　여성의 광장 부동산공법 강사
　　씨엠에스디벨로퍼 대표이사(부동산개발, PM)
　　국가유공자임대주택단지 관리회사 대표
전 | 삼성화재 인제개발원 근무
　　우송대학교 자산관리학과 부동산공법 초빙교수(2011, 2012)
　　박문각/한국법학원/에듀윌 주택관리관계법규 강사 역임

김성환 교수

현 | 해커스 주택관리사학원 공동주택관리실무 대표강사
　　해커스 주택관리사 공동주택관리실무 동영상강의 대표강사
　　메디셋 경영연구소 소장
　　중부대학교 사회교육원 공동주택관리실무 전임강사
전 | 국토교통부 인재개발원 주택관리사 과정 강사 역임
　　국방부, 한국 금융연수원(KBI), 인천광역시 공동주택관리실무 전임강사
　　역임

2025 해커스 주택관리사
2차 기초입문서

초판 1쇄 발행	2024년 7월 25일
지은이	조민수, 김성환, 해커스 주택관리사시험 연구소
펴낸곳	해커스패스
펴낸이	해커스 주택관리사 출판팀
주소	서울시 강남구 강남대로 428 해커스 주택관리사
고객센터	1588-2332
교재 관련 문의	house@pass.com
	해커스 주택관리사 사이트(house.Hackers.com) 1:1 수강생 상담
학원 강의 및 동영상강의	house.Hackers.com
ISBN	979-11-7244-249-1(13590)
Serial Number	01-01-01

주택관리사 시험 전문,
해커스 주택관리사(house.Hackers.com)

해커스 주택관리사

- 해커스 주택관리사학원 및 인터넷강의
- 해커스 주택관리사 무료 온라인 전국 실전모의고사
- 해커스 주택관리사 무료 학습자료 및 필수 합격정보 제공
- 해커스 주택관리사 입문이론 단과강의 20% 할인쿠폰 수록

해커스 합격 선배들의
생생한 합격 후기!

전국 최고 점수로 8개월 초단기합격
해커스 커리큘럼을 똑같이 따라가면 자동으로 반복학습을 하게 되는데요. 그러면서 자신의
부족함을 캐치하고 보완할 수 있었습니다. 또한 해커스 무료 **모의고사**로 실전 경험을 쌓는
것이 많은 도움이 되었습니다.

전국 수석합격생
최*석 님

해커스는 교재가 **단원별로 핵심 요약정리**가 참 잘되어 있습니다. 또한 커리큘럼도 매우
좋았고, 교수님들의 강의가 제가 생각할 때는 **국보급 강의**였습니다. 교수님들이 시키는 대로,
강의가 진행되는 대로만 공부했더니 고득점이 나왔습니다. 한 2~3개월 정도만 들어보면,
여러분들도 충분히 고득점을 맞을 수 있는 실력을 갖추게 될 거라고 판단됩니다.

해커스 합격생
권*섭 님

해커스는 주택관리사 커리큘럼이 되게 잘 되어있습니다. 저같이 처음 공부하시는 분들도
입문과정, 기본과정, 심화과정, 모의고사, 마무리 특강까지 이렇게 최소 5회독 반복하시면
처음에 몰랐던 것도 알 수 있을 것입니다. 모의고사와 기출문제 풀이가 도움이 많이 되었는데,
실전 모의고사를 실제 시험 보듯이 시간을 맞춰 연습하니 실전에서 도움이 많이 되었습니다.

해커스 합격생
전*미 님

해커스 주택관리사가 **기본 강의와 교재가 매우 잘되어 있다고 생각**했습니다. 가장 좋았던
점은 가장 기본인 기본서를 뽑고 싶습니다. 다른 학원의 기본서는 너무 어렵고 복잡했는데, 그런
부분을 다 빼고 **엑기스만 들어있어 좋았고** 교수님의 강의를 충실히 따라가니 공부하는 데 큰
어려움이 없었습니다.

해커스 합격생
김*수 님